内燃机先进技术译丛

燃料与内燃机

［英］高塔姆·卡尔加特吉（Gautam Kalghatgi） 编著

李孟良 银增辉 译

机械工业出版社

在可预见的未来，传统化石燃料仍将占汽车燃料的大多数，但它们必须适应发动机技术的变化。非常规运输燃料，如生物燃料、气液燃料、压缩天然气、液化石油气也将发挥作用。如果氢克服了生产、运输、储存和安全方面的障碍，如果燃料电池变得可行，氢可能成为一种重要的运输燃料。

本书第1章介绍了这些问题，第2章介绍了典型的交通燃料。第3章是关于发动机沉积物的形成及影响，这是一个重要的热点话题。关于燃料如何影响发动机，通常其他书籍中均没有涉及。第4~6章讨论了发动机的自燃现象。燃料的自燃特性是最重要的燃料性能之一，因为它限制了火花点火发动机的效率，决定了压缩点火发动机的性能。此外，燃料的制造主要是需要满足燃料规格规定的自燃质量要求。第7章介绍了未来技术发展对燃料的影响。

本书涵盖了燃料和发动机相互作用的许多重要方面，包括燃料需要如何改变以满足未来发动机的要求，以及技术变化对燃料制造和规格的影响。

Fuel/Engine Interactions/by Gautam Kalghatgi/ISBN：978 − 0 − 7680 − 6458 − 2

Originally published in the English language by SAE International, Warrendale, Pennsylvania, USA, as Fuel/Engine Interactions, Copyright © 2013 SAE International.

图书在版编目（CIP）数据

燃料与内燃机/（英）高塔姆·卡尔加特吉（Gautam Kalghatgi）编著；李孟良，银增辉译. —北京：机械工业出版社，2021.4
（内燃机先进技术译丛）
书名原文：Fuel/Engine Interactions
ISBN 978-7-111-67552-5

Ⅰ. ①燃… Ⅱ. ①高…②李… ③银… Ⅲ. ①内燃机 Ⅳ. ①TK4

中国版本图书馆 CIP 数据核字（2021）第 030460 号

机械工业出版社（北京市百万庄大街22号　邮政编码100037）
策划编辑：李 军　责任编辑：李 军　刘 煊
责任校对：樊钟英　封面设计：鞠 杨
责任印制：张 博
保定市中画美凯印刷有限公司印刷
2021 年 7 月第 1 版第 1 次印刷
169mm×239mm·13 印张·2 插页·266 千字
0 001—1 900 册
标准书号：ISBN 978 - 7 - 111- 67552-5
定价：149.00 元

电话服务　　　　　　　　网络服务
客服电话：010-88361066　机 工 官 网：www.cmpbook.com
　　　　　010-88379833　机 工 官 博：weibo. com/cmp1952
　　　　　010-68326294　金 书 网：www.golden-book.com
封底无防伪标均为盗版　机工教育服务网：www.cmpedu. com

中文版序

　　随着经济和社会的发展以及人类生活条件的改善，汽车已成为大众化的交通工具。传统内燃机汽车保有量的增长和频繁使用，其排放的尾气对空气污染的影响不断加剧，尤其是在人口密度大车辆多的城市。不断加严汽车尾气排放标准和提高油品质量标准是减少汽车尾气污染的通行措施。近几十年，全球气候逐步变暖，极端天气增加，越来越多的人认为，大量使用化石燃料造成的二氧化碳排放增加是气候变暖的主要因素，人类应该使用无碳和低碳能源。20世纪20年代中叶，石油及炼油工业的发展和内燃机技术的进步使内燃机汽车的优势凸显，曾经是汽车主体的电动汽车退出市场。鉴于空气污染和防止气候变暖两方面的考虑，可以使用可再生的太阳能发电和风电的无碳电力、行驶过程中无污染物排放的电动汽车重新受到世界关注和重视，动力电池技术的进步则为电动汽车的发展注入了新的活力。2010年以来，国际上纯电动汽车的产销量逐年增长，2018年已达到201.8万辆，还有少数国家提出了禁销燃油车的时间表。

　　在中央和地方政府两级财政补贴政策支持下，加上北京等城市对内燃机汽车限购限行，而电动汽车不受限制，我国电动汽车的发展速度会领先世界。2018年国家对电动汽车的财政补贴开始减少。2017年9月，工信部出台了双积分政策，以防止财政补贴退坡后电动汽车产销减速。2018年纯电动汽车销售量达98.37万辆，占世界总量的48.75%，2018年年底保有量为211万辆，占全国汽车保有量的0.88%。借鉴国际上少数国家制定内燃机汽车禁售时间表的做法，我国也有人呼吁制定同样的时间表。2018年4月，海南省公开发布讯息，2030年禁售燃油车。一些舆论认为，电动汽车将在不久的将来全部取代内燃机汽车。

　　以氢为动力的燃料电池汽车能效可达55%～60%，使用过程只产生水，氢气利用弃光弃风的太阳能发电和风电电解水获得，而且比电能容易储存，燃料电池汽车加注氢气如同加油，使用方便，行车里程长。鉴于燃料电池汽车有别于电动汽车的优势，近两年我国又出现了燃料电池汽车发展热。

　　电动汽车、燃料电池汽车代表了汽车动力发展的新方向，但是也必须看到它们发展中的瓶颈和制约因素。电动汽车行驶里程短，行车里程受环境影响大；充电时间长，使用不方便；发展快充技术既会影响电池寿命，还会给供电网带来苛刻要求；我国汽车保有量大的城镇中，停车难，建设充电设施更难；动力电池成本高、制造成本高，未来受资源供应影响成本下降不确定性大；解决电池材料生产及废电池回收过程的环境污染问题还缺少先进可靠的技术支撑；使用过程中容易发生着火爆炸事故，安全性令消费者担忧。燃料电池汽车造车成本高、氢气储存运输成本高、加氢站建设投资大，这些制约其发展的技术经济因素不是短时间内可以解决的。

既要有拥抱汽车新动力的热情，又要有严谨认真的科学态度。汽车动力从高碳转向无碳在一些小国家相对容易实现，在我国这样一个幅员辽阔、人口众多的大型经济体绝非短期内可以完成的。这与国家政治社会稳定，经济健康发展密切相关，是一个旷日持久的长期和渐进的过程。未来的汽车动力是以内燃机动力为主体，电动汽车、燃料电池汽车多种动力共存，新动力市场份额逐步增长的时代。实现内燃机污染物和碳超低排放，开发清洁高效的内燃机，是汽车业界科技工作者的光荣使命。机—油必须匹配和契合，支持清洁高效内燃机，开发高质量燃油和润滑油是炼油行业科技工作者的光荣使命，两个行业的科技工作者比过去任何时候都应该紧密合作。令人欣喜的是，双方都开始认识到开展合作的必要性和重要性，而且有些合作已经起步。

中国汽车技术研究中心李孟良教授级高工、银增辉博士等科技工作者近期翻译了《燃料与内燃机》一书，该书最显著的特点是区别于独立介绍发动机技术发展或燃料技术的书籍，将发动机与燃料作为有机整体，从燃料特性到对应的发动机性能排放；从燃料基础燃烧分析到发动机新技术的实践应用；从未来发动机的技术特征到燃料优化的匹配创新，从内燃机与燃料的相互作用的角度进行深入剖析，是一本非常难得的专业技术书籍。我在得到该书的初译稿后，用较短时间读完了全书，虽然由于专业的局限，对发动机的有关描述还不能很好地理解，但我感到该书不论是对发动机领域还是燃料领域的同仁来说，都能启迪开发思路，促进协同创新。当银增辉博士邀我作序时，我欣然接受。

现在该书由机械工业出版社出版，我衷心希望该书能够成为内燃机及燃料工业的学者、工程师、高校师生喜欢和经常参阅的一本藏书，为我国车用内燃机实现更加清洁更加高效的目标发挥各自的专业特长，紧密合作，做出自己的贡献。

译者的话

当前，能源消耗、环境污染以及气候变化给汽车产业带来的压力日益加剧。最新数据显示，2019 年中国石油净进口高达 5 亿吨，石油对外依存度已升至 72%，远超国际上 50% 的能源安全警戒线。日益严苛的油耗法规不仅带来技术成本的大幅提升（五阶段 2025 年 4L/100km，六阶段 2030 年 3.2L/100km），也对内燃机的热效率极限提出了严峻的挑战。此外，为了有效降低有害气体和颗粒物排放，国家不断加快汽车排放法规的升级，给内燃机汽车带来了巨大的生存挑战。尽管面临严峻挑战，但内燃机的发展潜力也不容小觑，也正在迎来前所未有的优化机遇。一是动力系统电气化的机遇。伴随着汽车动力总成的电气化发展，一方面，将会促使内燃机采用更加先进的技术革新实现超高效率和超低排放；另一方面，内燃机将作为机电耦合系统中的重要组成部分，其性能需求和开发理念都将发生变化，向高效、定工况、简单、低成本的方向不断进化，从而给整个产业带来全新的发展机遇。二是燃料改质设计与多元化的机遇。燃料改质与多元化使用也是当前重要的发展趋势之一，而内燃机则是全球燃料革命的重要载体。内燃机经过 100 多年的发展，在技术上已经足够成熟，通过对燃烧过程及燃料特性的协同改善与控制，几乎可以有效使用任何种类的不同燃料。未来，通过燃烧系统的进一步优化与智能控制，同时对燃料进行有针对性的改性设计，将有更多不同种类的燃料，特别是碳中性燃料、低辛烷值燃料以及基于可再生能源制备的燃料，提供给内燃机使用，从而延长内燃机的寿命，并使其更加高效、绿色、清洁地服务人类。在传统汽车动力技术中占据绝对主体地位的车用内燃机，仅靠自身优化提升已经越来越难以达标，内燃机与其他关键系统的相互关系就显得尤为重要。

Fuel/Engine Interactions 一书由美国 SAE International 出版社出版，是内燃机与燃料领域不可多得的经典畅销图书。本书从内燃机和燃料相互作用的创新视角介绍了燃料对发动机性能的影响及发动机新技术发展对燃料的新要求，涉及了积炭、自燃、早燃、超级爆震、未来燃料等热点、难点，剖析深刻，并引证了大量学术文献，技术数据翔实，对发动机工程设计和燃料革新具有较强的指导意义。

中国汽车技术研究中心有限公司首席专家李孟良教授级高级工程师访问美国雅富顿化学公司时，作为馈赠礼物，Michael W. Meffert 博士推荐了这本图书，李孟良教授级高级工程师阅读后，认为该书极有学习和参考价值，决定将该书在国内翻译并出版发行。本书由李孟良教授、银增辉博士翻译，同时，很荣幸得到曹湘洪院士的指导并作序。另外，冯谦博士、王斌博士、梁克坚技术总监、王银辉博士、吴铭定、侯莹、王威等也参与了本书的校对并提出了宝贵意见，在此对为本书付出努力的译者和审校者等各位专家，致以真诚的谢意。

本书内容精深，译者水平有限，难免存有瑕疵，敬请广大读者对本书翻译的不当之处给予指正。

译者

导　论

交通只是能源消耗情景中的一部分，能源消耗情景是由政治和经济因素决定的，包括能源安全和当地环境问题，以及气候变化等全球问题。全世界对能源的总体需求正在迅速增加，特别是对运输领域应用到的能源需求更为迫切。其中，商业运输领域预计会是运输能源需求增长的主要来源。以石油衍生的液体燃料作为主要燃料的内燃机（ICE），在过去的一个世纪中一直是交通运输领域的主要动力来源，在可预见的未来，很可能仍将保持如此。即使以电力为动力来源的交通运输工具在未来也将发挥重要的作用。然而，发动机领域正在发生着深刻的变革，高热效率是变革的主要驱动力。未来发动机不仅要满足严格的排放法规，而且还要兼顾消费者的购买力以及消费需求，如更好的舒适性，更好的驾驶性能。为了进一步减小自身在生产和使用过程中对环境的危害，燃料也在持续进步。在可预见的未来，传统的化石燃料将依旧是汽车燃料的主要组成部分，但它们必须做出改变以适应发动机技术的变化。生物燃料、天然气合成油（GTL）、压缩天然气（CNG）和液化石油气（LPG）等非常规燃料也将发挥作用。如果可以克服氢气在生产、输送、储存和安全方面遇到的重大障碍，它可能会成为一种可行的清洁燃料。而且，氢燃料电池也将变得可行。

本书第1章简要介绍了这些背景问题，第2章介绍了实际生活中的交通燃料。第3章讨论了一个关于燃料对发动机影响的重要的实际应用性话题，这在发动机的教科书中通常没有被考虑到——发动机的沉积物问题。但是，本书的重点是关于内燃机发展趋势对未来燃料的影响。实际燃料的自燃现象提供了发动机变革对燃料影响的关键线索。因此，本书尝试对涉及自燃的各种基础研究进行综述，例如，激波管中滞燃期的测量和内燃机的实验研究。

汽油机强化的技术路线虽然能够提高汽油机的热效率，但是也会增加缸内的温度和压力。这将增加爆燃（一种限制效率的异常燃烧现象）的可能性。为了满足强化汽油机的使用要求，燃料需要具有足够的抗爆性能。燃料的抗爆性能参数包括研究法辛烷值（RON）和马达法辛烷值（MON）。RON和MON测量主要基于基础参考燃料（PRF），其自燃化学特性与实际燃料区别很大。在给定的温度条件下，与PRF相比，随着气缸中压力的增加，实际燃料抗爆性更强。自20世纪30年代以来，随着发动机变得更加高效，MON的重要性已经逐渐下降。实际上，现代汽车使用的燃料都是以RON作为抗爆性指标，在给定RON指标下，燃料的MON值越低，其抗爆性越高。但是，目前的燃料规格假设高的MON是有利于燃料抗爆性的，因此在美国，抗爆特性定义为（RON + MON）/2，而在欧洲，最低的MON规格定为85。从某种意义上说，已经开始达不到预期，因为炼油厂在花费更多的资金和能源制造可能不太适合现代发动机的燃料。随着发动机变得更加高效，燃料规格和发动机要求之间的这种不匹配将变得更加明显，因此需要改变燃料规格以适应现代发动机的需求。

在HCCI（均质压燃）发动机中，燃料和空气被完全预混（在点燃式发动机中也一样），并且通过自燃进行能量释放，这种现象在点燃式（SI）发动机中就会导致爆燃。HCCI发动机也可以运行在特定温度和压力的SI发动机工况下。同时，对HCCI发动机的研究极大地帮助我们更加深入地认识燃料对自燃的影响。未来的涡轮增压SI发动机也将更容易发生自燃，这可能会导致非常严重的爆燃，称为超级爆震。第4章和第5章讨论了这些问题。

在柴油发动机中，可以通过低温燃烧来降低NO_x，并且可以通过高比例预混燃烧来降低炭烟。如果要避免炭烟的生成，则可以使用高比例的废气再循环（EGR）来控制NO_x而不增加发动机的炭烟排放。但是，如果柴油燃料在喷入气缸后很快就被点燃，那么柴油会很难实现预混燃烧。实际上，柴油发动机为了延长柴油滞燃期，实现预混燃烧，采用了昂贵且复杂的技术（例如，高喷射压力）。不仅如此，为了满足更加严格的排放法规，还需要采用复杂且昂贵的后处理系统来降低NO_x和颗粒物的排放。最近的研究表明，十六烷值更低的汽油燃料更容易在压燃式发动机上实现超低的NO_x和炭烟排放。

此外，与现今的汽油相比，未来发动机的最佳燃料的辛烷值要低得多（RON 70–85），且生产环节更少，因此与传统汽油或柴油相比，其生产所需的能源更少。在压燃（CI）发动机中使用较轻馏分（如石脑油）的技术，也将有助于使未来的燃料需求与燃料供应相匹配。否则，如果期待的燃料需求向更重的组分发展，那么这些轻组分燃料将会是过剩的。使用这种燃料的CI发动机，喷射系统将采用与直喷式SI发动机相当的低喷射压力，并且后处理系统主要用于降低HC和CO而不是NO_x。该发动机至少与目前的柴油发动机一样高效。因此，未来的高效CI发动机相比于现在的CI发动机而言，将会更加简单和便宜，其使用的燃料在生产过程中的能耗也会低于目前的柴油生产能耗。但是，采用这种燃料的发动机还有一些实际问题需要解决，例如，冷起动、燃油喷射系统、EGR以及涡轮增压（第6章）。

第7章讨论了这种发动机技术的发展对未来燃料的影响。根据未来动力系统的发展方向以及市场预测，SI发动机占比将会变小，CI发动机将会占大多数，因为CI发动机比SI发动机更高效。高效的SI发动机将需要高RON和低MON的燃料。像乙醇这样的成分将在制造这种燃料方面发挥重要作用。汽油燃料规格需要符合现代发动机的要求。大多数燃料将用于更加高效的CI发动机，这其中就包含了对挥发性没有严格要求的RON为70~85的燃料，而对于目前使用的柴油燃料的需求未来将逐渐减少。常见的燃料组分可同时用于SI发动机和CI发动机，提高了燃料混合的灵活性。当前具有高十六烷值的生物柴油的吸引力将会减弱，而且当前高十六烷值的 GTL 也不会有额外的收益。原油中较重的成分需要被裂解而不是进行升级加工。

作者假设本书的读者熟悉内燃机的基本概念。书中的材料已被用于一些欧洲大学的研究生课程讲座。除了关于早燃和超级爆震的章节，一门更为全面的名为"燃料—发动机之间的相互关系"的研究生课程包括了本书中讨论的所有主题。此课程主要根据学生提交的报告，以及所做的内燃机中的燃料应用主题演讲进行安排。

最后，我要感谢壳牌和各个大学的所有同事、朋友和导师，感谢他们让我在这个非常有趣的领域工作。我还要感谢对一些章节进行评审和评论的同事和朋友，以及我在沙特阿拉伯国家石油公司的现任雇主，他们鼓励并支持我撰写这本书。

目　录

中文版序
译者的话
导论
第1章　能源与交通运输燃料的展望 ……… 1
1.1　全球能源需求 …………………… 2
1.2　全球能源及供应 ………………… 5
1.2.1　化石燃料 …………………… 5
1.2.2　可再生能源 ………………… 9
1.2.3　核能 ………………………… 10
1.2.4　能效改善 …………………… 10
1.3　交通能源及燃料 ………………… 11
1.3.1　传统交通燃料 ……………… 11
1.3.2　替代交通燃料 ……………… 13
1.3.3　电动化 ……………………… 17
1.4　总结及展望 ……………………… 19
1.5　参考文献 ………………………… 20

第2章　内燃机典型燃料的加工、组分及性质 ……………………… 26
2.1　典型燃料的加工和组分 ………… 29
2.2　燃料的组分和性质及其对发动机性能和排放的影响 ……………… 31
2.2.1　汽油 ………………………… 32
2.2.2　柴油 ………………………… 37
2.3　燃料添加剂 ……………………… 41
2.3.1　汽油性能添加剂 …………… 41
2.3.2　柴油性能添加剂 …………… 42
2.3.3　燃料储存及运输添加剂 …… 43
2.4　参考文献 ………………………… 43

第3章　内燃机中的沉积物 ………… 50
3.1　沉积物的特点和形成 …………… 53
3.1.1　喷油器沉积物 ……………… 54
3.1.2　进气系统沉积物 …………… 57

3.1.3　燃烧室沉积物 ……………… 59
3.2　发动机沉积物对其性能和排放的影响 ………………………… 63
3.2.1　喷油器沉积物的影响 ……… 63
3.2.2　进气门沉积物的影响 ……… 63
3.2.3　燃烧室沉积物的影响 ……… 64
3.3　沉积物控制 ……………………… 70
3.4　其他沉积物 ……………………… 72
3.5　参考文献 ………………………… 73

第4章　燃油对预混系统中自燃的影响——点燃式发动机的爆燃及均质压燃式发动机的燃烧 ………………………… 90
4.1　自燃 ……………………………… 90
4.1.1　化学反应动力学模型 ……… 91
4.1.2　滞燃期和 Livengood – Wu 积分 ………………………… 92
4.1.3　实际燃料的自燃特性 ……… 97
4.2　SI 发动机中的爆燃和燃料的抗爆特性 ………………………… 98
4.2.1　爆燃强度和爆燃极限的点火提前角 ………………………… 98
4.2.2　爆燃极限特性 ……………… 99
4.2.3　实际燃料的抗爆性能——辛烷指数和 K 值 …………… 100
4.2.4　辛烷值需求 ………………… 104
4.3　燃料对均质压燃的作用 ………… 106
4.3.1　基于辛烷指数的 HCCI 发动机燃料作用框架 …………… 107
4.3.2　描述 HCCI 发动机中燃料特性的其他方法 ……………… 113
4.3.3　HCCI 发动机的燃料需求 … 115
4.4　一种新的测试来评估燃料的自燃特性的必要性 ……………… 117

4.5　本章小结 ⋯⋯⋯⋯⋯⋯⋯ 120

4.6　参考文献 ⋯⋯⋯⋯⋯⋯⋯ 121

第5章　点燃式涡轮增压发动机
中的早燃和超级爆震 ⋯⋯ 130

5.1　早燃 ⋯⋯⋯⋯⋯⋯⋯⋯⋯ 132

5.1.1　点火条件 ⋯⋯⋯⋯⋯ 132

5.1.2　起始条件 ⋯⋯⋯⋯⋯ 134

5.1.3　量化早燃的方法 ⋯⋯⋯ 134

5.1.4　压力和温度对早燃的
影响 ⋯⋯⋯⋯⋯⋯⋯ 135

5.1.5　混合气浓度对自燃的
影响 ⋯⋯⋯⋯⋯⋯⋯ 136

5.1.6　燃料对早燃的影响 ⋯⋯ 136

5.2　超级爆震 ⋯⋯⋯⋯⋯⋯⋯ 139

5.3　本章小结 ⋯⋯⋯⋯⋯⋯⋯ 143

5.4　参考文献 ⋯⋯⋯⋯⋯⋯⋯ 144

第6章　燃料对压燃的影响——对于
先进柴油机而言低辛烷值的
汽油是否是最佳燃料 ⋯⋯ 149

6.1　预混压燃 ⋯⋯⋯⋯⋯⋯⋯ 152

6.2　常规柴油机运行时柴油自燃范围内
燃料的影响 ⋯⋯⋯⋯⋯⋯ 154

6.2.1　对放热过程和噪声的
影响 ⋯⋯⋯⋯⋯⋯⋯ 154

6.2.2　对预混压燃柴油机运行参数、
燃烧相位及排放的影响 ⋯ 157

6.2.3　对柴油机大负荷工况的
影响 ⋯⋯⋯⋯⋯⋯⋯ 160

6.2.4　柴油燃料压燃点火燃烧
综述 ⋯⋯⋯⋯⋯⋯⋯ 162

6.3　长滞燃期燃料对预混压燃的
影响 ⋯⋯⋯⋯⋯⋯⋯⋯⋯ 163

6.3.1　小负荷 ⋯⋯⋯⋯⋯⋯ 163

6.3.2　大负荷 ⋯⋯⋯⋯⋯⋯ 166

6.3.3　汽油性质对预混压燃的
影响 ⋯⋯⋯⋯⋯⋯⋯ 170

6.3.4　喷油压力、喷射策略以及喷
油器设计对汽油预混压燃的
影响 ⋯⋯⋯⋯⋯⋯⋯ 174

6.3.5　双燃料或活性控制压燃
技术 ⋯⋯⋯⋯⋯⋯⋯ 176

6.3.6　全负荷工况的汽油压燃 ⋯ 177

6.3.7　汽油压燃的燃料经济性 ⋯ 177

6.3.8　汽油预混压燃模型 ⋯⋯ 177

6.4　本章小结 ⋯⋯⋯⋯⋯⋯⋯ 178

6.5　参考文献 ⋯⋯⋯⋯⋯⋯⋯ 181

第7章　未来运输燃料 ⋯⋯⋯⋯ 189

7.1　SI发动机发展趋势对燃料的
影响 ⋯⋯⋯⋯⋯⋯⋯⋯⋯ 189

7.1.1　抗爆性能要求 ⋯⋯⋯⋯ 190

7.1.2　其他燃料规格 ⋯⋯⋯⋯ 191

7.2　压燃式发动机发展趋势对
燃料的影响 ⋯⋯⋯⋯⋯⋯ 192

7.3　本章小结 ⋯⋯⋯⋯⋯⋯⋯ 193

7.4　参考文献 ⋯⋯⋯⋯⋯⋯⋯ 194

第1章　能源与交通运输燃料的展望

运输业对现代工业社会至关重要。目前，全球机动车辆已经超过10亿辆[1]，交通运输业也已成为许多发达经济体的主要组成部分。在美国，交通运输产品及其服务约占社会消费总支出的20%，大约每16个美国人中就有1个受雇于此行业[2]，而如果包括间接就业人员，这一比例将上升至七分之一。在2011年，运输业几乎占据全球总能耗的20%[3]。

许多组织都发布了包括交通运输能源在内的能源详细信息及预测[3-8]。其中，部分组织通过方案预设的方式，在每种方案中针对政府政策做出不同的假设，同时基于人口增长以及宏观经济条件背景也给出了一些较为通用的设定[3,6,8]，然后根据燃料、能源部门以及各地区所做的这些详细预测，判定能源供需的发展趋势以及这种趋势所带来的结果。例如，对当地和全球二氧化碳排放的影响。政府政策的目的在于确保能源安全性，以及治理当地环境污染，全球气候的变化也会自然地影响能源的供需发展趋势。

其中大多数预设仅仅是基于对未来几十年的增长率、技术改进以及政府政策等市场因素的判断。发布这些预测信息的各部门机构做出了各自的假设，并涵盖了不同的时间节点：英国石油公司的展望[5]预测到2030年；国际能源署（IEA, International Energy Agency）[3]以及美国能源信息管理局（EIA, Energy Information Administration）[7]则预测至2035年；埃克森美孚公司[4]预测到2040年；壳牌公司[6]以及世界能源会议（WEC）[8]预测到2050年。这些预测高度依赖于其开发过程中所应用到的数据、方法、结构模型以及假设，并非是未来发展的既定事实，而是基于预设方案下的一种可能性。

正如斯米尔所指出的：值得慎重考虑的是，以往对能源的预测通常被证明是极度不可靠的，尤其是当他们假定能量转换速度非常快，并且可以从根本上脱离现状去预测时[9,10]。例如，在20世纪七八十年代，一些权威研究人员曾预言"核能或可持续能源将占据非常大的能源市场份额"，截至目前这仍未成为现实。虽然上述预测存在的差异仅是基于来源不同的预估，但在许多核心发现和趋势上却表现出了显著的一致性。除了这些预测以外，相关能源记录的历史性实际统计数据都可以在上文提到的几处来源里下载[11,12]。

1.1　全球能源需求

现如今，能源需求主要受制于人口总数以及社会发展程度。预计到 2050 年，世界人口总数将从目前的 70 亿增长至约 90 亿[13]，其中大多数的人口增长都来自于发展中国家——主要是印度和非洲地区。然而在这些地区，正处于工作年龄（15 ~ 65 岁）的人口数量也在急剧上升。如果他们的人均 GDP 上涨[4]，人均能源使用量也将增加。正如世界各国在历史发展进程中表现的一样，人均能源使用量总是随人均 GDP 的增长而增加。然而，历史数据也表明，一旦 GDP 达到一定水平，人均能源使用量将不再随 GDP 的增长而进一步增加（例如，壳牌 2050 能源展望的第 29 页[6]）。这似乎说明廉价能源是世界上一些相对贫困地区经济发展的先决条件。

正如美国能源信息管理局的预测，在未来几十年，世界能源需求预计将不断增加，而增加部分几乎全部来自经合组织之外的国家，如图 1-1 所示[7]。

同其他预测一样，这些评估的目的在于获得贸易交换中初级能源的真实可靠的统计数据。初级能源，即未经过任何加工过程的原始能源。在许多发展中国家，尤其是在其国内的使用份额中，非贸易燃料（例如像木头和牲畜粪便这类易燃的可再生能源）仍旧非常重要。国际能源署曾发表评论：在 2005 年，大约有 27 亿人口依赖于这一类的生物燃料用于生活起居，对于非经合组织国家而言，59% 的国内能源消耗都来自于这种可持续能源[15]。

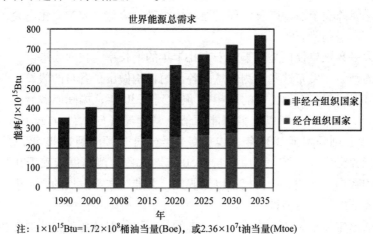

注：$1×10^{15}$Btu$=1.72×10^8$桶油当量(Boe)，或$2.36×10^7$t油当量(Mtoe)

图 1-1　世界能源需求（美国能源信息管理局[7]。2008 年之后的数据是基于预测得到，并且大部分的增长预计来自非经合组织国家）

然而，这一部分可能只占世界能源消耗总量的一小部分，且占有量正在不断减少。如图 1-2 所示，初级能源需求在 2009 年至 2035 年期间的预计增长率约为 50%，高于同期的"新政策"预案下，埃克森美孚预测的约 35% 增长率[4]或国际能源署预测的约 40% 增长率[3]。然而，国际能源署预测的能源需求年增长率约为 1.6%[7]，与英国石油公司所作的预测差值很小[5]。

　　能源强度（定义为单位国内生产总值的能源使用量）在全球范围内呈稳步降低的态势，1990 年至 2008 年间平均每年下降 1.4%；自 2004 年以来，已经达到逐年递增 1.9% 的比率[5,15,16]。几乎所有关于未来能源需求的预测都认为，能源使用效率的改善形势将在未来持续。同时，这些效率的提高预计将来自于技术和能源管理实践的改进。倘若达不到上述的效率提升程度，那么能源需求的增长将会异常显著。

　　电力产能将成为未来能源需求中最大的增长部分[4,5]，其中最大增长比例仍旧来自于非经合组织国家。在 2008 年，全球总能耗的 50% 来自于工业（能源、制造业及化工业）行业，30% 来自于住宅及商业，交通运输业则占据剩余的 20%[7]。估计在未来的几十年，这种份额占有量将不会发生根本性的变化[3]。

　　全球能源结构主要受技术演变的影响，但是能源系统变化的速度相对较慢，大约需要几十年的时间。直到 19 世纪，能源的主要来源都是以生物质（主要是木材），以及以人类和动物肌肉力量的形式出现的可再生能源。事实上，对于世界上几乎没有现代能源系统的数十亿贫困人口来说，至今这仍旧是生活中的现实。随着蒸汽机、电力和内燃机的发明，以及工业化进程的加快，煤炭、石油相继并入能源结构。根据斯米尔的调查研究，在第二次世界大战之后，得益于新型合金钢、精湛的焊接技术、科学的管道铺设，以及各种新型压缩机等技术手段，便捷的管道运输得以实现，天然气的应用才开始出现"井喷式"发展。

　　图 1-2 所示为各能源类型的消耗历史及预测数据，数据来自参考文献 [7]。图 1-2a 为不同燃料的消耗量，图 1-2b 为不同燃料占世界总能耗的份额。

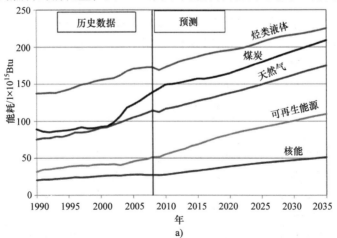

图 1-2　各类能源总能耗和各能源占世界总能耗的份额（数据来源：美国能源信息管理局[7]）

a）不同燃料的消耗量

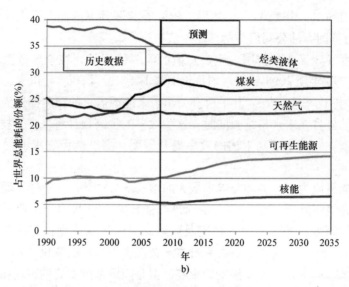

图 1-2　各类能源总能耗和各能源占世界总能耗的份额（数据来源：美国能源信息管理局[7]）（续）
b）不同燃料的份额

如果全球廉价页岩气供应变得丰富，那么未来天然气的市场份额或许将高于图 1-2b 中的预测值（参见本章第 1.2.1 节）。在 2008 年，世界上大约 84% 的能源需求来自化石燃料：煤炭、石油和天然气[7]。尽管替代燃料比重增加，但到 2035 年这一份额预计仅会略微下降至 79% 左右，其他预测也得出类似的结论。因此，由于担心全球气候变化而引起关注的二氧化碳排放量，预计在未来几十年内将以与近期相同的速度继续增长。随着能源需求的缓和，政府对提高燃油效率和减少二氧化碳排放提出更严格的要求，并且随着可再生能源的份额增加，经合组织国家的二氧化碳排放量增长率可能会有所下降，但这很可能会被非经合组织国家所抵消，因为这些国家的能源需求可能会迅速增加，而最贫穷人口也会为了他们的基本能源需求而放弃可再生能源。

表 1-1 所示为不同预测中使用的不同单位能量转换因子。

表 1-1　能量转换因子

单位	1×10^{15} Btu
1 桶油当量/Boe	1.724×10^{8}
1t 油当量/Mtoe	3.57×10^{6}
$1m^3$ 天然气	28.32×10^{9}
1t 煤当量/Mtce	36.02×10^{6}
1×10^{12} W·h	293

注：Btu 为英热单位，1Btu = 1.055kJ，1 桶 = 159L = 42USgal。

1.2　全球能源及供应

当今世界所面临的重要问题包括，能否满足全球日益增长的能源需求，以及相应的财政和环境成本如何。不可避免地，社会上对这一问题存在许多不同观点，尤其是关于环境成本问题。例如，由于温室气体排放和气候变化的加剧，促使许多国家采取相应的政策措施，从化石燃料转向可再生能源。而环保组织却认为，能源成本应反映真实的环境成本——因此需要征收碳排放税，但这样的税收将会使所有能源在中、短期内更加昂贵。

如果过去的经验值得借鉴，那么可负担的能源是贫困国家经济增长的先决条件。尽管在工业化发达的社会中仍有一些观点认为，未来的增长更有可能通过转向基于新型能源系统的新技术来刺激。有关能源方面的争论极度复杂，并且经常会有一些异想天开者不断试图提出一些"一劳永逸"的理想方式。然而，这在现实中绝不可能发生。历史告诉我们，能源系统的转变跨越了一个世纪，并且这种变化是渐进发生的[9,10]，因此，这将是未来解决方案的折中选择。

下面，我们将简要地讨论几种不同能源结构的供应前景。下文中，术语"储备"是指通过现有技术可实现经济性开采的已知资源储量。

1.2.1　化石燃料

目前，世界能源需求的 80% 是由传统化石燃料供应的，其中包括传统石油、天然气以及常规工艺生产的煤炭。这些燃料相对更加容易开采且通常质量很高。然而，当前已知的非常规化石燃料资源，包括油砂、页岩油、重油、页岩气和煤层气（CBM），已经远远超过传统化石燃料的储量。但必须采用特殊的采矿技术来开发这些非常规资源，并需要进一步加工以提高其质量。如果能源价格足够高，那么它们的使用在经济上是可行的，并且只有在能源价格保持预计高位的情况下，才能维持对其开发的投资。这种增强性开采技术正处于研发当中，并且将会有越来越多的非常规资源逐渐发挥作用。

许多正在研发的技术，如用于提高天然气采收率的水平井工艺和水力压裂（压裂技术）法，可以显著提高现有油田的产量[21]。另外，在深海和冰川的海洋沉积物中捕获到的甲烷也是一种巨大的资源[22]。然而，目前没有任何技术可以利用这种巨大的能源资源，并且任何开采技术都有很大的风险。例如，甲烷作为温室气体的效力是二氧化碳的数倍，任何可能实现开发利用天然气水合物的技术，都必须确保不会发生大规模的甲烷泄漏等意外事故。

图 1-3、图 1-4 所示为 1980 年至 2010 年的石油及天然气储量的发展进程。

图中同样包括了储备与年产量水平的比率。可以看出，在过去的三十多年中，储备稳步增长，并且随着需求的增加而增长。因此，在 1980 年，以当时的生产水平，大约有可供持续使用 29 年的充足石油储量，而到 2010 年底，约有可供持续使用 46 年的充足石油储量。另外，在这三十年中，每年都保持了可供使用超过 60 年的足够的天然气储量。EIA 评估数据[12]描述了类似的情况——以当时的年产量水平约 8.4×10^7 桶/天为准，2009 年的世界石油储备将可持续使用约 44 年。

因为每年都会发现新的化石能源资源，并且开采率也在一直提高，所以石油和天然气的储量也在增加。在目前已知的油田中是不可能开采和生产出所有储藏的石油的。例如，据估算，在 2007 年，全球平均采收系数（即技术上可开采的地层原油的比例）仅为 22%[23]。石油采收率的变化很大，最佳采收率可能达到 70%，但这种高效采收率油田相对很少[23]。然而，提升石油开采（EOR）技术，如注入液体或气体（如二氧化碳）将石油压出，可以显著提高采收率。例如，在美国，平均采收率从 1979 年的约 22% 提高到 2007 年的约 39%[23]。当石油价格较高时，这种 EOR 技术可行性相对提高，同时这显然也会对储备产生巨大影响。与普遍认为的"石油峰值"相反，石油供应能力在全球范围内正以前所未有的速度增长，并拥有充裕的能源储备可以满足未来的石油需求[10,21]。

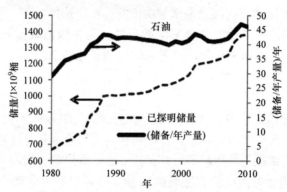

图 1-3　已探明石油储备和储备/年产量之比（2010 年，石油储备可供持续使用 46 年）
（数据来源：2012 年英国石油公司统计审查[11]）

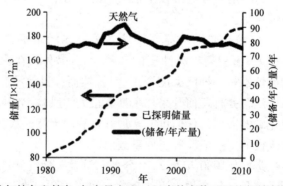

图 1-4　已探明天然气储备和储备/年产量之比（以当前产值，天然气储备可供持续使用 75 年）
（数据来源：英国石油公司统计审查[11]）

煤炭是使用最为广泛的化石燃料，全球煤炭储量[20,24]相当巨大。以当前的消耗率水平，目前的煤炭储备预计可供使用约 120 年。同时，全球超过 40% 的电力来自煤炭，并且这一份额预计将在未来几十年内会持续增长[20]。电力需求增长最快的中国和印度，同样拥有着丰富的煤炭储备，并且现在严重依赖于煤炭发电——中国和印度分别约有 80% 和 70% 的电力来自于煤炭发电[20]。

在所有化石燃料中，相同单位能量的煤燃烧产生的二氧化碳最多（天然气产生的最少）。因此，由于担心气候变化，许多西方政府正试图阻止煤炭的使用，有些政府要求新建立的燃煤发电站必须配备二氧化碳捕集和储存（CCS）装置。CCS 技术将二氧化碳与化石燃料的其他燃烧产物分开，然后将其压缩并经管道输运，且安全地储存在深层地下结构中，例如枯竭的油、气储藏库和深层的盐碱含水层[25,26]中。据估算，二氧化碳捕集会使动力装置的效率降低约 15%[27]，压缩、运输和储存需要消耗额外的能源。虽然这项技术正在研发当中[25]，但所需的巨大努力和成本[26]，使得 CCS 技术在全球范围内不太可能在短期内实现广泛部署。

非常规资源预计将在未来几十年中发挥越来越重要的作用。现在已经在能源供应上产生重要影响的非常规化石燃料包括油砂、页岩气和煤层气。然而，开发这类资源需要解决一些伴生的环境影响。

油砂是指沙子、泥土和水的混合物，且水中混合着一种致密且极其黏稠的石油，一般称之为沥青或焦油。油/沥青砂中的沥青无法以其自然形态从地下抽出。相反，油砂沉积物通常是经条带采矿或露天采矿技术开采，或者通过地下加热提取石油再进行改质[28]。相关的非常规石油资源属于重油或超重油，非常黏稠，不像传统石油那样容易流动[20,28]。总的来说，这两种石油资源量是巨大的——WEC 预计：全世界有超过 5×10^{12} 桶的非常规石油，大约是已知常规石油储量的四倍（见文献［20］中的表 4-1、表 4-2）。然而，在 2008 年底，WEC 仅将这些资源中约 2.4×10^{11} 桶沥青（其中 70% 在加拿大）和约 5.9×10^{10} 桶超重油（几乎全部在委内瑞拉）归类为储备（即可采资源）。

此外，另一种储量丰富且尚未开发的石油资源以页岩油的形式存在。"油页岩"一词通常是指任何含有被称为"油母"的固体有机物质的沉积岩，当岩石被加热时，有机物以石油状液体的形式释放出来。WEC 估计全球页岩油资源储量约为 4.8×10^{12} 桶[20]。然而，由于开采油页岩和从岩石中提取石油的成本很高，目前世界各地仅生产极少量的页岩油（每天约 1.8×10^{4} 桶)[20]。如果石油需求增加且价格足够高，那么将会有更多的这类非常规资源发挥作用。

由于页岩气的储量（另一种非常规化石燃料）极其丰富，世界能源供给结构正处于转换之中[29,30]。像页岩这样具有低渗透性，并且可燃气（主要是在岩石形成期间沉积的有机物质形成的甲烷）被捕获在孔隙中的沉积岩，可以通过钻井平台和水力压裂（压裂法）技术来开采这种岩石中的可燃气。详细的叙述和历史发展过程可以参考文献［29－31］。

EIA 曾预测，2011 年全球页岩气的技术性开采量约为 $188 \times 10^{12}\,m^{3[30]}$，这与目前常规天然气的储量相同（图 1-4）。美国在开采页岩气方面处于世界领先地位：2010 年，页岩气产量约占美国天然气总产量的三分之一，这意味着在过去十年中增加了 11 倍[32]。

煤层气（CBM，Coal - bed methane）以澳大利亚煤层气著称，是指吸附在煤炭内部孔隙内表面上的甲烷。它通过渗透煤层的水的静水压力保持在适当的位置。若要从煤层中得到甲烷，必须首先抽出这些水以降低压力，以便甲烷可以从煤层间隙中流出[33-35]。煤层气约占美国天然气总产量的 7%，并将成为澳大利亚重要的能源资源[35]。美国石油委员会（NPC，National Petroleum Council）在 2007 年的一项评估中表明，目前虽然仅在少数几个国家能够实现技术开采，但全球煤层气储量可达约 $256 \times 10^{12}\,m^{3[36]}$。

致密地层天然气，是冻结在极度不透水的坚硬岩石、砂岩或石灰岩地层中的天然气，这类岩层都属于非典型的无渗透性或无孔隙岩石，也称为致密砂岩[36,37]。只有通过压裂技术将这种岩石击碎才能开采其中所含的天然气。一项评估[36]表明：尽管这类资源目前尚未在美国以外的地区开采，但世界上大约有 $180 \times 10^{12}\,m^3$ 的致密地层天然气储量。

廉价的非常规天然气的供应，同样可能对二氧化碳排放产生重大影响。例如，丰富的页岩气储量使得 2011 年美国的天然气价格大幅降低，而且在发电过程中，从煤炭变为天然气对于降低二氧化碳排放具有显著的作用[38]。中国同样拥有较为丰富的页岩气资源[30]，页岩气必将在未来对世界能源供应产生重大影响。上述对于储量、生产水平以及能源使用所产生的影响的评估，很可能会在一个快速发展的领域逐渐发生变化。表 1-2 为上文中提到的世界化石燃料储量与资源，表 1-3 为非常规资源储量。

表 1-2　世界化石燃料储量

燃料	储量	数据源，评估年份	按当前生产率的储备年	储量/1×10^{15} Btu
传统石油	1.383×10^{12} 桶	BP[11]，2010	46	8022
油砂油	6.5×10^{11} 桶	WEC[8]，2011	22	3770
重油/超重油	4.34×10^{11} 桶	WEC[8]，2011	14.5	342
传统天然气	$187 \times 10^{12}\,m^3$	BP[11]，2010	58.5	6603
页岩气	$188 \times 10^{12}\,m^3$	U.S. EIA[30]，2010	59	6638
煤炭	8.61×10^{12} t	WEC[20]，2008	128	23900

注：

1. Btu 的转换请参阅表 1-1。

2. 储量是可以使用现有技术经济性开采的资源。因新的资源发现和采收率的提高储量每年都在增加。

3. 2008 年世界能源年需求量（包括可再生能源和核能），共 506×10^{15} Btu[7]。

4. 2008 年化石燃料能源产量达到 426×10^{15} Btu[7]。

表1-3 其他非常规资源储量（可开采率尚不确定）

燃料	储备	数据源
页岩油	4.8×10^{12} 桶	WEC[20]，2008
煤层气（CBM）	$256 \times 10^{12} \, m^3$	NPC[36]，2007
致密地层天然气	$210 \times 10^{12} \, m^3$	NPC[36]，2007
可燃冰	$2800 \times 10^{12} \, m^3$	CRS[22]，2010

1.2.2 可再生能源

可再生能源包括太阳能、风能、水力发电、地热能和生物质能。与化石燃料不同，它们的供应在理论上并不受限制，并且它们的直接使用不会导致二氧化碳排放的净增加。世界各国政府正在通过许多政策举措来促进可再生能源发展，以提高能源安全性，使能源结构多样化，并减少二氧化碳排放。大多数可再生能源主要用于发电，但许多贫困人群为了满足其基本能源需求而燃烧可燃性可再生能源，如木材。燃烧生物质产生的二氧化碳是碳循环的一部分，并不会增加大气中的二氧化碳浓度，因为它将被新的植物生长所吸收。目前，使用可再生能源产生的发电量迅速增加。例如，全球风力发电量已从2000年的约18GW增加到2011年底的238GW，将太阳能直接转换为电力的太阳能光伏电池（PV）容量已从同期的约1.5GW增长为67GW[17]。在2011年之前的五年中，风能的年增长率约为25%，太阳能光伏电池发电的年增长率约为50%。预计这种快速增长将继续保持，而可再生能源的份额预计将从2008年的约10%增加到2035年总能源的14%（图1-2b）。

从理论上讲，如果有足够的时间和投资，世界上所有的能源需求都可以由可再生能源提供，但是有几个与可再生能源发电相关的问题，需要在其能够大量替代化石燃料之前得到解决。大多数可再生能源是间歇性的。因为风不会一直吹，太阳在夜间或阴天时不会照射在太阳能电池板上。在实际运行中，风能的负载系数（平均输出的能量占最大装机容量的百分比）为20%~25%，太阳能光伏电池为16%左右，而美国燃煤发电站平均为74%[9,26]。这意味着总是需要传统的备用电源来解决风能或太阳能无法输送的情况——通常是在最需要能量时（例如，在寒冷的冬夜）。它们的分布通常也是分散的——由于风力涡轮机的容量比传统的火电厂低大约两个数量级，因此需要在更广泛的地理区域建造更多的风力涡轮机，从而满足大量的能源需求。不过，这将需要对电网和其他基础设施进行相当大的投资[26]。可再生能源发电通常比传统发电贵得多。图1-5所示为EIA计算的不同能源发电技术的平准化成本[39]。

平准化成本考虑了资本投资、运营、维护和燃料的成本，以及每种技术的单机发电容量或负载因子（发电效率）。在获取可再生电能的众多途径中，水力发电最便宜，尽管会受到选址和再发展的限制。太阳能热力发电和海上风能是最昂贵的。

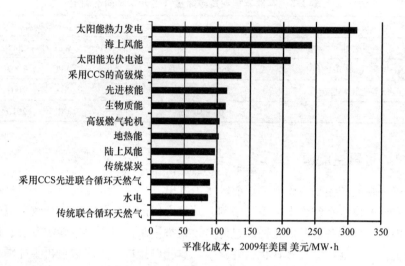

平准化成本，2009年美国 美元/MW·h

图 1-5　来自 EIA 的不同能源发电技术的平准化成本[39]

在大多数情况下，政府必须对可再生能源进行补贴，以使其能与更便宜的能源竞争。随着技术的发展，可再生能源的成本将下降，但其实质性的前景增长取决于政府政策以及煤炭和天然气的成本高低。即使在 2009 年至 2035 年的 EIA 核心预案中实现了三倍增长，但可再生能源的比例也只从 13% 增加到 18%。虽然廉价天然气在美国的直接影响一直是取代煤炭作为电力的能源，但现在人们担心如果天然气因页岩气而变得更加便宜，那么可再生能源的增长可能会停滞不前[38]。

1.2.3　核能

曾经有人认为，世界上所有的能源问题都将由核能解决，但这并没有实现，因为关于核废料的成本、安全、处置，以及恐怖分子可能窃取裂变材料的安全问题等，都尚未得到解决并存有激烈争论。核能为世界提供了约 5.8% 的主要能源[7]和约 13% 的电力。在中国、韩国和印度的带动下，预计在 2009 年至 2035 年将增长约 70%，到 2035 年将占全球主要能源份额的 7% 左右[7]。核能发电不会产生任何二氧化碳，因此被许多人认为是缓解由二氧化碳所驱动的气候变化的关键要素。

1.2.4　能效改善

有效利用能源将是减少能源需求、控制排放和提高相关国家能源安全性的重要因素。能源强度（人均能源使用与人均国内生产总值的比率）在全球范围内一直在稳步下降，在 1990 年至 2008 年间平均每年下降 1.4%[5,15,16]。这一变化趋势的一个例外是中东地区，该地区的能源强度一直在增加[16]。如果没有这些改进措施，从 1973 年到 2005 年的世界主要能源消耗量将比实际水平高出 58%[15]。

几乎在所有地区都有提高能源效率的巨大潜力。例如，在印度和中国，对电力的需求正急剧上升。目前，印度大约 70% 的电力来自煤炭（中国，80%），但平均效率只有 27%（中国，32%）。然而，同类最佳的燃煤电站的效率可达 48%[40]。同样，对于钢铁、水泥生产以及家用电器等而言，目前的全球平均效率明显低于同类最佳效率，尤其是在新兴经济国家[16]。政府的经济、财政和立法激励措施对于促进能源的有效利用至关重要，但这些措施必须确保能够被有效地设计并实施[16]。

1.3　交通能源及燃料

由于液体燃料具有很高的能量密度，而且易于运输、储存和处理，因此在过去一个世纪中，它们已成为交通工具的首选燃料。因此，全世界已经建立了一套非常广泛的基础设施，用于生产和销售价值数万亿美元的液体燃料。常温常压下，与汽油相比，天然气每升能量减少约 800 倍，氢气减少 3000 倍以上。因此，当使用气体燃料为运输提供动力时，它们必须被压缩或液化以增加其体积能量含量。这就需要额外的能源和基础设施。表 1-4 列出了部分交通燃料的典型特性。

表 1-4　一些交通燃料的部分特性

性能	低热值 /(MJ/kg)	密度 /(kg/L)	低热值 /(MJ/L)	初馏点 (IBP)/℃	终馏点 (FBP)/℃
汽油	43.5	0.74	32.1	28	198
柴油	43.2	0.83	36.0	165	352
天然气[41]	50	7.35×10^{-3}	0.04	—	—
液化天然气（LNG）[41]	55	0.45	24.8	−160	—
液化石油气（LPG）[41]	46.2	0.522	24.1	−40	0
氢气	120	8.52×10^{-4}	0.0102	—	—
液氢	120	0.071	8.5	−253	—

注：天然气中大部分（70%~90% 质量分数）为甲烷，尽管它也含有二氧化碳、氮气、丙烷、硫化氢和乙烷，但它们的含量却各不相同。LNG = Liquefied Natural Gas，液化天然气，LPG = Liquefied Petroleum Gas，液化石油气，设定其中含有 70% 丙烷，30% 丁烷（质量分数）。液化石油气和液化天然气的成分各不相同。

1.3.1　传统交通燃料

世界交通能源的很大一部分来自石油，尽管运输行业预计会发生各种变化，但这种情况很可能会继续存在。根据资料[4]叙述，2010 年大约 95% 的交通能源来自石油，到 2040 年，这一比例将减少到 90% 左右。全球交通燃料需求一直很大。表 1-5 所示为 2012 年 4 月石油产品需求的概况[42]。

交通燃料对汽油、柴油、煤油或喷气燃料以及瓦斯油的需求约为 54×10^6（桶油当量/天）（每年约 114×10^{15} Btu 或 120.3×10^{18} J），占石油产品需求的 60% 左右。其余的石油产品主要用于化学工业及供暖。随着车辆总数的增加，交通燃料的需求预计将迅速增长，同样的，这部分增长的需求几乎全部来自非经合组织国家[3-8]。图 1-6 为对 EIA 数据进行的解释说明。

表 1-5 石油产品需求的概况

[单位：1×10^6（桶油当量/天）]

燃料	经合组织国家	非经合组织国家	总量
总量	43.9	43.8	87.7
汽油	13.8	8.6	22.4
柴油/瓦斯油	11.9	14.0	25.9
喷气燃料或煤油	3.4	2.7	6.1
渣油	2.8	5.6	8.4
其他	12.0	12.9	24.9

注：其他包括轻石油、液化石油气以及乙烷。

来源：2012 年 IEA 统计数据[42]。

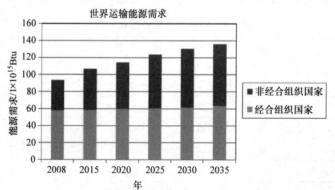

图 1-6 交通能源需求（2008 年之后的数据皆是预测数据。需求上涨几乎完全是
因为非经合组织国家的增长所致）（数据来自 EIA[7]）

然而，所有运输行业的能源需求增长并不一致[4,5,8]。例如，与 2010 年相比，预计到 2040 年私人车辆的数量将增加一倍，达到 16 亿辆，但预计运输行业的燃料需求不会增加[4]。这是因为与当今车辆相比，那时车辆的预期效率将大幅提高（例如通过混合动力，参见本章第 1.6 节）、平均车辆尺寸减小，以及平均车辆行驶里程有所下降，特别是在中国和印度这些汽车数量预计增加最多的国家。相比之下，尽管效率有所提升[4]，但包括重型货车、航空和海运在内的商业运输部门的能源需求，预计将比同期增加约 75%。

根据一项预测[4]，如果发动机技术没有发生重大变化，尽管假设效率可提高 30%，最受重型车辆欢迎的柴油燃料的需求仍将增加 85%。而在 2010 年至 2040 年期间，汽油需求则将下降约 10%。WEC 预测轻质和重质燃料的需求增长也会出现类似的不一致现象[8]。目前，柴油需求与航空煤油和汽油需求之和的比率约为 1.4（表 1-5）。WEC 预测在市场因素占主导地位的"高速公路"情景下，到 2040 年该比率将增加到 2.4 左右（见参考文献［8］中的图 18）。在 WEC 更加规范的"收费公路"预测情景下（见参考文献［8］中的图 24），该比率预计到 2040 年将增加到 3.8 左右。因此，无论实际数字如何，燃料需求在未来都将更加显著地向重馏分燃油转换[4,5,8]，而这可能会使从原油的初始蒸馏中提炼的诸如轻石油和直馏汽油等轻质组分资源出现富余。

世界上大部分地区，正在采取强有力的举措以减少运输部门对石油的依赖，从而降低石油进口，使得能源安全性得以提高并改善贸易平衡。另一个目标则是减少与运输相关的二氧化碳排放，以解决全球气候变化问题。各国政府正在努力通过制定越来越苛刻的燃油效率和车辆二氧化碳排放标准以及其他举措（如促进公共交通的使用），来管理对运输能源的需求以实现上述目标。通过更高的效率减少车辆的二氧化碳排放，必然减少使用碳氢燃料时的燃料消耗。

二氧化碳和燃油经济性标准通常要求车辆制造商不要超过在特定测试中测得的某个设定值，并且规定销售的所有车辆的参数平均值要满足要求。如果不符合要求，法规同样规定了处罚条例。如果一家公司想要销售具有高油耗及高二氧化碳排放的大型汽车，那么它将必须通过出售足够数量的、更省油的车辆以满足公司车辆平均值的法规要求义务。例如，到 2015 年在欧盟注册的所有新车实现的车辆平均二氧化碳排放量为 130g/km，比 2006 年减少了 19%；到 2020 年要求进一步减排至限定值 95g/km。此外，控制炭烟（soot）、氮氧化物（NO_x）、未燃碳氢化合物（HC）和一氧化碳（CO）等排放，以改善当地空气质量也是一个非常重要的问题。为了改善本土的空气质量，世界各地的地方排放标准也在不断加严，并且在非经合组织国家中，随着交通水平的提高，严格遵守这些标准的重要性越来越高。然而，这些措施有时会与减少燃料消耗的要求相冲突，因而必须协调管理这些冲突以满足双赢目标。全球排放和燃油经济性标准可以在不同的资料中进行查阅（参考文献［44］中的资料）。

目前，许多国家也正在积极推广不以石油为基础的替代燃料，如生物燃料。用电动汽车取代碳氢燃料汽车，将会消除汽车尾气中的二氧化碳排放，并使车辆制造商能够满足严苛的车辆平均二氧化碳排放标准，但综合表现取决于电力的产生方式。动力系统通过混合动力方式实现部分电气化，使得内燃机可以运行在更高效的工况之下，这样也可以提高燃油经济性。下面我们将简要地介绍一些石油基燃料的替代燃料。

1.3.2　替代交通燃料

我们将替代交通燃料定义为不是源于石油的能源（当今，石油仍提供大部分运输能源)。目前对交通燃料的需求非常之大——可将表1-5中列出的需求转化为每年约 11.5×10^8 t (约 1.55×10^{12} L) 的汽油和每年约 13.4×10^8 t (约 1.6×10^{12} L) 柴油或瓦斯油。即使替代燃料的使用迅速增长,但它仍很难在未来几十年内极大程度地取代石油。

1. 生物质燃料

生物质燃料[45-49]通常由甘蔗、甜菜、玉米和植物油等作物中的糖分和淀粉制成,也可以用麻风树等能源作物,或者废油和食品加工废料等废弃物,以及作物秸秆等农业残留物、林业残留物和藻类等新型原料制成。由于诸多复杂原因,包括通过减少石油进口、利用农业盈余、增加农村就业和废物管理,以及可能的温室气体效益来提高能源安全等因素,世界各国政府都在推广使用生物质燃料。

最常见的生物燃料包括:由甘蔗和玉米中的糖分和淀粉进行发酵及蒸馏制成的乙醇;由植物油的酯化作用制成的生物柴油。与传统的液体燃料相比,生物燃料通常是含氧化合物并且能量密度较低。例如,每升乙醇的能量密度仅为传统汽油能量密度的60%~65%,而一升生物柴油的能量密度约为一升传统柴油燃料能量密度的85%~90%。但是,许多生物燃料具有理想的燃烧特性。例如,乙醇具有非常高的抗爆性,可以提高火花塞点火发动机的效率——见第4章。2010年全球生物燃料产量约为 1.9×10^6 桶/天[11]。2011年全球乙醇产量约为 8.5×10^{10} L[50],其中超过85%的产量来自美国和巴西,约相当于 4.1×10^7 t 汽油,不到全球汽油需求的4%。

目前,生物燃料是由可用于食品加工的作物生产的,被称为第一代生物燃料。据估计,2011年美国种植的玉米超过40%用于生产乙醇[45]。燃料和食品之间的土地竞争逐渐引起人们的关注(见参考文献[45-49]),人们已经对由此导致的食品价格上涨大肆指责。第二代生物燃料[45,51]旨在使用非食品纤维素生物材料,如稻草、玉米秸秆和林业残留物。其中一种方式是:首先使用酶将纤维素分解成单糖,然后进行发酵和蒸馏以产生乙醇[45,51]。另一种方法是通过热化学途径将生物质转化为液体——生物质液化(BTL)。在初始汽化过程中,生物材料在蒸汽环境下被加热产生合成气——一氧化碳和氢气的混合物,然后通过费托原理将合成气转化为液体燃料[52]。

早期预期的第二代生物燃料快速发展尚未实现。2007年美国颁布了一项法律,要求到2011年在美国销售 2.5×10^8 USgal 的第二代生物燃料。接着美国环境保护署(EPA)将此任务下调至 6.6×10^6 USgal,但实际上,在2011年几乎没有第二代生物燃料可供使用,燃料生产商因无法使用尚未问世的燃料而不得不支付罚款[53]。即使在乐观的情况下[51],预计只有在2020年之后的某个时候,第二代生物燃料才会做出重大贡献。

生物燃料在运输领域的任何重大突破都将对土地使用产生巨大的需求。国际能源署(IEA)发布了一份路线图,要求到2050年实现生物燃料达到交通能源27%

的份额，而这将需要 $1 \times 10^8 \mathrm{hm}^2$ 的土地[48]。从这个角度来看，整个美国拥有约 $1.65 \times 10^8 \mathrm{hm}^2$ 的耕地，约占其陆地总面积的 18%[54]。在人口增长和食物需求增加的环境下，如此大规模的耕地需求可能极难管理。然而，如果将雨林或草原等原始土地转化为种植燃料作物，与通过用生物燃料替代化石燃料实现的年温室气体减排量相比，它会向大气释放高达 400 多倍的 CO_2[49]。如果必须专门种植燃料作物，鉴于由土地利用变化产生的影响和使用化肥及农药等相关问题的最新研究，现在对于生物燃料环境效益的担忧及不确定因素日益增加[45-49]。

与传统燃料相比，生物质燃料的生产成本更高。因此，大多数经合组织国家都需要公众支持，以使得基于农作物的生物质燃料生产具有经济可行性[46]。近年来，如果利用甘蔗生产，乙醇的生产成本为每升汽油当量（GE）0.35 美元到 0.50 美元不等。如果用谷物或甜菜生产，每升价格将为 0.45 美元到 1 美元以上。而基于植物油的生物柴油以每升柴油当量（DE）约 0.70~1.00 美元的价格生产。相比之下，近年来汽油和柴油价格（税后净额）已降到每升 0.35 美元至 0.60 美元[46]。

目前，美国正在开展利用藻类生产生物燃料的相关重点研究[55-57]，这种方式不会与粮食作物竞争土地资源。微藻是单细胞的光合生物，因其高能量密度而闻名。在某些情况下，微藻中超过一半的质量由脂质组成，与植物油中的脂质相同。这类藻类的生长速度非常快，一些藻类菌株一天能够多次实现自身质量翻倍。但是，这种生物燃料的制作成本却非常高：保守结果显示，以现有技术大量生产藻类生物燃料的成本将超过 8 美元/USgal[55]。在撰写本文时，并没有足够数量的藻类燃料可供使用，但藻类很可能成为未来交通燃料的重要来源，特别是当对转基因藻类的研究[57]能够取得重大成果的情况下。有关藻类生物燃料的潜力和挑战请见参考文献 [56，57]。

总而言之，在 2012 年，生物燃料在全球范围内提供的运输能源平均不到 4%。而且与传统燃料相比，其生产成本更高。人们也越来越担心粮食和燃料之间的土地竞争问题。虽然第二代生物燃料旨在解决这个问题，但目前尚不清楚它们何时以及能够发挥何种程度的作用。同时，关于生物燃料的环境效益也越来越受到关注和怀疑。尽管如此，大多数政府都制定了促进生物燃料使用的政策，主要目的是为了减少石油进口，并在一定程度上支持农业和农村就业发展。

2. 天然气合成油

合成气是一氧化碳和氢气的混合气，可以通过用蒸汽加热天然气、煤炭或生物质制造而成；然后通过费托合成工艺，在催化剂的作用下将气体转化为液体[52]。其他的燃料，如汽油和柴油，以及合成蜡、润滑剂、化学原料、甲醇和二甲醚（DME）都可以使用这些方法生产制造。当使用煤作为生产原料时，缩写为 CTL（coal to liquids），即煤制油。当采用生物质作为生产原料时，缩写为 BTL；通用缩写词 XTL 也用于描述该过程，这种燃料通常称为合成燃料。

目前，商业量产的高质量柴油是由壳牌公司以天然气为原材料生产制造的[58]。南非拥有唯一的商业 CTL 工业[59]，自 1955 年以来一直使用煤炭生产汽油。ASFE（欧洲合成燃料联盟）估计[60]到 2015 年将生产 8×10^4 桶合成燃料（小于总燃料需求的 0.2%）。美国石油委员会的另一项研究预测到 2030 年，可能有 5×10^5 桶天然气合成油（GTL），不过估计到 2020 年，GTL 仍不太可能成为全球交通燃料供应的主要组成部分[61]。

GTL 工厂的资本成本可能会非常高，并且 GTL 生产的经济性受许多因素的影响[62]。此外，气体可以直接燃烧产生热量或发电。因此，当天然气处于"商业搁浅"时，GTL 就有了用武之地，也就是说，它的经济效益不高。然而，全球正在进行的页岩气革命可能会影响 GTL 的发展前景。如果天然气储备丰富且价格相对较低，政府将鼓励其在运输行业的使用，以减少对于石油的进口依赖度。由于 GTL 几乎可以完美地与现有的液体燃料相混合，因此可以使用现有的配送基础设施进行输运，而这也是将天然气输送到整个运输行业的最为便捷方式。如果上述理论得以实现，它还有助于缓解将来可能发生的柴油和汽油之间的需求不平衡问题。

3. 其他可替代燃料

诸如甲烷、丙烷和氢气这些可燃气体也可用于火花塞点火发动机，而诸如 DME（二甲醚）的燃料也可用于柴油发动机。燃料的储存容量在车辆上是有限的，而这些燃料的主要缺点是它们在常温、常压下的体积能量密度较低，并且与液体燃料不同，在全球范围内没有对它们建立广泛分布的基础设施。它们的能量密度必须通过压缩或液化来增加，而这需要消耗额外的能量，以及进一步的基础设施投资。其次，除非将其作为液体喷入发动机，否则它们会占据大量的进气空间，并降低发动机的容积效率，从而降低可达到的最大功率。尽管它们在燃烧方面具有优势（例如，更高的辛烷值），并且可以减少车辆的污染物排放，但是气体燃料不可能在全球实际运输应用中对液体燃料产生任何实质性的取代。再次强调，由于某些国家的页岩气革命措施，廉价而丰富的天然气可能会在一定程度上改变这种前景。

用于运输行业的燃料包括 CNG（压缩天然气）、LPG（液化石油气）和有限的 LNG（液化天然气），这些燃料在汽车行业中已经得到广泛的应用发展。燃用 CNG 燃料的大多数车辆都是在拥有集中加气设施的大型车队中。如在巴基斯坦和伊朗等国家，CNG 已经得到更为普遍的使用，并且已经开发了广泛的 CNG 加气网络。全球估计有 1480 万辆汽车燃用天然气[63]。LPG 是丙烷和丁烷的混合物，是在中等压力下精炼变成液体而得到的副产物。预计到 2007 年，全球将有 1300 万辆汽车使用 LPG 燃料[64]。

氢气作为交通燃料引起了人们的极大兴趣，特别是作为燃料电池的燃料。然而，可实际应用的燃料电池迄今尚未实现。由于氢气的分子量和密度非常低，因此，氢气的运输和储存问题较大，并且在基础设施方面需要的投资成本均大于其他的气体燃料。更重要的是，氢能与电能一样，是必须通过加工制造才能得到的一种能量载体。不过它可以使用各种各样的原材料生产，从水到化石碳氢化合物等都可以成为其生产来源，从能源安全的角度来看，这确实是其吸引力之一。然而，这些制造过程非常耗费能源，如果其生产中使用的能源不是来自可再生能源，那么在大多数情况下，使用氢气作为车辆燃料将会增加温室气体的总排放量[65]。因此，在氢能成为可实际应用的运输燃料之前，必须克服其在生产、运输和储存等方面的重大技术障碍。

1.3.3　电动化

电动化是另一种可以减少交通燃料需求的途径。对汽车制造企业来说，电动化的最大动力是世界上许多地方对车辆二氧化碳排放的标准日益严格。而这些措施的目的也是为了减少石油进口以及二氧化碳排放对气候变化所造成的影响。此外，通过减少或消除尾气排放，还可以帮助改善拥挤城市的当地空气质量。

所有的电动车辆通常都装备有一个动力电池（通常是锂离子电池）和一个驱动车轮的电机，而且混合动力还配有一台内燃机。动力电池可执行以下部分或全部操作：起动发动机，运行电动机构，起动汽车，驱动车轮，在需要驱动车轮时辅助发动机提供动力，并存储多余的能量供以后使用。内燃机的效率在很大程度上取决于其运行工况。电力驱动有助于管理车辆系统的能量流，以使发动机能够在其最有效的或邻近的工况处运行，而不用考虑车辆的工作要求。动力电池是电动汽车中最昂贵的部件：其尺寸和成本取决于电气化程度。如果要代替动力电池，可以使用诸如飞轮或压缩空气系统等机械装置来存储不需要的或其他未利用的能量以供以后使用。这种系统一般比动力电池组的成本低，但尚未开发用于实际应用。

最简单的电动化形式是轻型混动，即在车辆停止、制动或滑行时可以关闭发动机，但又可以迅速重新起动。最常见的形式是混合动力电动汽车（HEV），例如丰田普锐斯。这种方式集成了一台内燃机（ICE）、一台驱动电机，包括"再生制动"系统，以及用于管理系统能量流的动力电池，以提高效率。在再生制动过程中，驱动电机反向运行，充当发电机。来自发电机的负载可用作制动器以制动车辆，同时，还可以用通常由传统机械摩擦制动所造成的以热能形式损失的能量为车载电池充电。当 ICE 提供的动力不足以满足车辆需要时，从动力电池接收能量的电机有助于驱动车轮。这允许 ICE 在最有效或邻近的工况点运行，并且降低燃料消耗。在低负荷时，当车辆动力需求较低时，ICE 产生的多余能量可以存储在动力电池中供以后使用。然而，使用 HEV 技术驱动车辆的能源均来自于燃料，并未从电网中获取电能。相对来讲混动方式更易在轻、小型车辆中实现，因为其不需要过大的动力电池组，而且当 ICE 在低负载下频繁地起、停运行时，其所实现的效益最明显。因此，混动方式最适合城市驾驶中的轻型客车，并且所有的相关预测都认为，混合动力电动汽车将在这一领域得到广泛应用，这将显著提高燃油效率。

插电式 HEV（PHEV）或增程式 EV（REV），例如通用汽车（GM）的 Volt，

装配有更大的动力电池组，通常是将汽车连接到电网充电。动力电池可以在有限的里程内驱动汽车。这类车辆还有一个小型内燃机，可以为动力电池充电以及延长续驶里程。因此，如果车辆行驶里程超出了动力电池的续行能力，则必须由燃料燃烧提供动力（即如果动力电池没电，则发动机单独驱动汽车）。纯电动汽车（BEV）都拥有一个大的动力电池组而没有内燃机，即所有能量都来自电网，例如，日产Leaf。然而，它的续驶里程是有限的，并且由于动力电池的尺寸和成本问题，其在现有的电动方式中成本最高。由于动力电池尺寸和成本的限制，PHEV或BEV只能适用于轻、小型车辆。表1-6比较了传统汽车电动化的不同选择。

表1-6　电动化的不同选择

参数	传统车辆	混合动力（HEV）	插电式（PHEV）	纯电动（BEV）
总续驶里程数	350mile	450～550mile	330～370mile	80～100mile
续驶里程数（纯电动）	—	<2mile	30～70mile	80～100mile
续驶里程数（汽油）	350mile	450～500mile	300mile	—
充能方式	油泵加注	油泵加注	插电（日常使用）；油泵加注（长途使用）	插电式
溢价	—	2000～5000美元	>8000美元	>12000美元

　　BEV和PHEV的价格非常昂贵，比同类型的传统汽车高出15 000美元至25 000美元。对于私人驾驶人而言，额外费用的回收期取决于传统燃料和电力的相对成本以及每年的平均行驶里程。美国忧思科学家联盟（Union of Concerned Scientists，UCS）估算出：在美国，相比于汽油的价格为3.5美元/USgal，以汽油为动力的车辆在27mile/USgal⊖（每加仑行驶的英里数，11.5km/L）情况下，每年行驶里程为11000mile⊖，通过使用BEV，每年的燃料节约成本约为770～1220美元。但是大多数原始设备制造商（Original Equipment Manufacturers，OEM）都拥有型号相当的传统小型车，这些小型车的价格要便宜得多，油耗也比27mile/USgal（11.5km/L）低。

　　目前，大多数经合组织政府都在补贴BEV和PHEV以促进它们的发展应用，但这些补贴将会逐渐减少并最终停止。当这种情况发生时，动力电池组的成本需要足够低，以便这些车辆在价格上对私人客户更具有吸引力。另一个缺点是，相比于使用加油枪加满整个油箱所需的几分钟而言，动力电池的充电时间长达数小时，因此需要广泛建设动力电池充电基础设施。斯米尔指出，如果电力将占据运输行业的很大一部分，则所需的额外电力生产将是巨大的，并且这种额外的电力生产量无法在理想的时间内满足需要[10]。欧洲的一份相关报告也得出了类似的结论[67]。

　　对于汽车制造商来说，BEV和PHEV是极具有吸引力的选择，因为汽车本身很少产生或几乎不产生（对于BEV而言）二氧化碳排放，并且有利于提高公司的

⊖　1mile/USgal≈0.426km/L。

⊖　1mile≈1.6km。

车辆平均二氧化碳排放限制通过率。然而，根据整个循环分析，二氧化碳排放总量或总能耗取决于发电的方式和效率。在法国，核能发电占据很大的份额，发电过程中产生的二氧化碳排放量比中国还要少，因为在中国火力发电仍占有很大比例。因此，从整体二氧化碳排放的角度来看，BEV 在法国的应用比在中国更有实际意义。根据文献资料显示[67]，在欧洲，应用电动汽车对二氧化碳排放的总体影响将在 2030 年之前略有下降，此外还将在很大程度上取决于发电方式。在其整个生命周期内，电动汽车只有在使用由可再生能源或核能源产生的电力时才能减少二氧化碳的排放。

然而，就全生命周期能效而言，与传统车辆相比，BEV 和 PHEV 并没有优势，而事实上，如果发电效率低，很可能会使得现在的形势更加严峻。制造交通燃料的炼油效率高达 90%[68]，相比之下，发电效率非常低（参见本章第 1.5 节）。斯米尔计算出，假设平均发电效率为 40%（印度实际为 27%），并考虑到其他损失，例如输送损失，在能源利用方面，一辆小型电动汽车将相当于 38mile/USgal 的传统汽车[10]。UCS 对二氧化碳排放量进行了类似的计算[66]：在二氧化碳密集度最高的美国部分地区，像日产 Leaf 这样的电动汽车相当于 33mile/USgal 传统汽车。鉴于许多大型传统汽车具有更好的燃油效率和更低的成本，只有显著提高发电效率，BEV 和 PHEV 才能在能效方面更具优势。

总之，混合动力汽车的广泛使用将显著提高乘用车领域的燃油效率。然而 BEV 和 PHEV 想要实现市场应用，必须显著改善电池技术、降低成本，并且建设广泛的电池充电基础设施，以及日益增长的电力需求等，这些难点将不得不解决。在世界上大多数地区，尤其是新兴经济体，仍旧采用煤炭发电的方式且效率低下，这就使得 BEV 和 PHEV 将增加全生命周期能耗和二氧化碳排放。在任何情况下，按照目前的价格来看，它们不太可能达到——像 Tata Nano 这样的小型汽车既满足能源和二氧化碳排放的法规要求，但成本又几乎要低 8~10 倍的程度。

1.4　总结及展望

与所有能源需求一样，交通能源需求预计将在未来几十年内大幅增加，而其中大部分增长几乎完全来自非经合组织国家。然而，由于增长的差异、提高效率的潜力以及不同行业之间的使用模式和车辆尺寸的变化，这种需求增长将主要倾向于商业运输，包括海运和航空（而不是私人运输）。如果内燃机技术没有显著提高，这可能意味着在未来三十年内，柴油燃料需求将大幅增加超过 80%，而对汽油的需求可能不变甚至会有所下降[4,8]，从而使得直馏汽油之类的轻组分产品过剩。

当前，交通能源主要由石油炼制成的液体燃料所供应。尽管目前有许多减少对石油依赖的举措，但根据资料[4]显示，其份额将仅仅从 2010 年的 95% 略微下降至 2040 年的 90%。全球交通燃料需求非常之大，即使考虑像生物质燃料等替代燃料出现较大增长，但其也无法在运输业应用中完全取代石油。混合动力将显著提高乘用车行业的效率，并有助于减少车辆数量增加所带来的需求增长。动力来自于电能而非石油的 BEV 和 PHEV，其上升空间主要由于其成本、便利性，以及发电效率低和二氧化碳过量排放等因素而受到制约。

在接下来的章节中，我们将讨论交通燃料的制造和性能与内燃机之间的相互作用，以及发动机技术发展趋势对未来交通燃料的影响。

1.5 参考文献

1.1 "World's Vehicle Population Tops 1 Billion Units." Wards Auto, August 15, 2011. http://wardsauto.com/ar/world_vehicle_population_110815. Accessed December 19, 2012.

1.2 "Transportation and Energy Issues." APS. http://www.aps.org/policy/reports/popa-reports/energy/transportation.cfm. Accessed December 19, 2012.

1.3 "World Energy Outlook 2011." International Energy Agency (IEA), 2011. http://www.iea.org/publications/worldenergyoutlook/publications/weo-2011/. Accessed July 4 2012.

1.4 "ExxonMobil 2012 Energy Outlook." ExxonMobil. http://www.exxonmobil.co.uk/corporate/files/news_pub_eo2012.pdf. Accessed May 2, 2013.

1.5 "BP Energy Outlook 2030, January 2012." http://www.bp.com/liveassets/bp_internet/globalbp/STAGING/global_assets/downloads/O/2012_2030_energy_outlook_booklet.pdf. Accessed December 19, 2012.

1.6 "Shell Energy Scenarios to 2050." Shell. http://s09.static-shell.com/content/dam/shell/static/public/downloads/brochures/corporate-pkg/scenarios/shell-energy-scenarios2050.pdf. Accessed January 16, 2013.

1.7 "International Energy Outlook 2011." DOE/EIA-0484(2011), U.S. Energy Information Administration. http://www.eia.gov/forecasts/ieo/pdf/0484(2011).pdf. Accessed December 19, 2012.

1.8 World Energy Council. 2011. *Global Transport Scenarios 2050*. WEC, London.

1.9 Smil, V. 2010. *Energy Transitions: History, Requirements, Prospects*. Praeger, Santa Barbara, CA.

1.10 Smil, V. 2010. *Energy Myths and Realities: Bringing Science to the Energy Policy Debate*. American Enterprise Institute, AEI Press, Washington, DC.

1.11 "Statistical Review of World Energy 2012." BP. http://www.bp.com/sectionbodycopy.do?categoryId=7500&contentId=7068481. Accessed July 7, 2012.

1.12 "International Energy Statistics." U.S. Energy Information Administration. http://www.eia.gov/cfapps/ipdbproject/IEDIndex3.cfm?tid=5&pid=53&aid=1. Accessed August 11, 2012.

1.13 "World Population Prospects: The 2008 Revision." *Population Newsletter* 87. Population Division, Department of Economic and Social Affairs, United Nations Secretariat. http://www.un.org/esa/population/publications/popnews/Newsltr_87.pdf. Accessed December 19, 2012.

1.14 "World Energy Outlook." International Energy Agency (IEA), http://www.iea.org/publications/worldenergyoutlook/resources/energydevelopment/. Accessed December 19, 2012.

1.15 "Worldwide Trends in Energy Use And Efficiency." International Energy Agency (IEA). http://www.iea.org/publications/freepublications/publication/Indicators_2008.pdf. Accessed December 19, 2012.

1.16 "Energy Efficiency: A Recipe for Success." World Energy council. http://www.worldenergy.org/documents/fdeneff_v2.pdf. Accessed December 19, 2012.

1.17 "Frequently Asked Questions," U.S. Energy Information Administration, http://www.eia.gov/tools/faqs/faq.cfm?id=447&t=1. Accessed May 22, 2013.

1.18 "World Energy Book: Unconventional Hydrocarbons: A Hidden Opportunity." http://www.petroleum-economist.com/Article/2745687/World-Energy-Book-Unconventional-hydrocarbons-a-hidden-opportunity.html. Accessed December 19, 2012.

1.19 "Unconventional Resources." CGGVeritas. http://www.cggveritas.com/default.aspx?cid=3527&lang=1. Accessed December 19, 2012.

1.20 "2010 Survey of Energy Resources." World Energy Council. http://www.worldenergy.org/documents/ser_2010_report_1.pdf. Accessed January 8, 2013.

1.21 Maugeri, L. 2012. "Oil: The Next Revolution. The Unprecedented Surge of Oil Production and What It Means to the World." The Geopolitics of Energy Project. Kennedy School of Government, Harvard University,

Cambridge, MA. http://belfercenter.ksg.harvard.edu/files/Oil-%20 The%20Next%20Revolution.pdf, Accessed December 19, 2012.

1.22 Folger, P. 2010. "Gas Hydrates: Resource and Hazard." Congressional Research Service. http://www.fas.org/sgp/crs/misc/RS22990.pdf. Accessed December 19, 2012.

1.23 Sandrea, I., and Sandrea, R. 2007. "Global Oil Reserves—Recovery Factors Leave Vast Target for EOR Technologies." *Oil and Gas Journal*, Part 1: November 5, 2007; Part 2: November 12, 2007. http://www.ipc66. com/publications/Global_Oil__EOR_Challenge.pdf. Accessed December 19, 2012.

1.24 "Coal: Energy for Sustainable Development (2012)." World Coal Association. http://www.worldcoal.org/resources/wca-publications/. Accessed January 8, 2013.

1.25 "The Global Status of CCS: 2011." Global CCS Institute. http:// www.globalccsinstitute.com/publications/global-status-ccs-2011. Accessed December 19, 2012.

1.26 Smil, V. 2011. "Global Energy: The Latest Infatuations." *American Scientist* 99: 212. http://www.vaclavsmil.com/wp-content/uploads/ docs/smil-article-2011-AMSCI.11.pdf. Accessed December 19, 2012.

1.27 "Electric Generation Efficiency." National Petroleum Council (NPC). http://www.npc.org/study_topic_papers/4-dtg-electricefficiency.pdf. Accessed December 19, 2012.

1.28 "Oil Shales/Tar Sands Guide." U.S. Department of the Interior. http:// ostseis.anl.gov/guide/index.cfm. Accessed December 19, 2012.

1.29 Ridley, M. 2011. "The Shale Gas Shock." GWPF. http://thegwpf.org/ images/stories/gwpf-reports/Shale-Gas_4_May_11.pdf. Accessed December 19, 2012.

1.30 "World Shale Gas Resources: An Initial Assessment of 14 Regions Outside the United States." U.S. EIA, 2011. http://www.eia.gov/analysis/ studies/worldshalegas/. Accessed December 19, 2012.

1.31 "Shale Gas." Wikipedia, http://en.wikipedia.org/wiki/Shale_gas. Accessed December 19, 2012.

1.32 "FAQs: Natural Gas." International Energy Agency. http://www.iea.org/ aboutus/faqs/gas/. Accessed December 19, 2012.

1.33 "Coal-Bed Methane: Potential and Concerns." US Geological Survey. http://pubs.usgs.gov/fs/fs123-00/fs123-00.pdf. Accessed December 19, 2012.

1.34　"Future Supply and Emerging Resources: Coal Bed Natural Gas." U.S. DOE. http://www.netl.doe.gov/technologies/oil-gas/futuresupply/coalbedng/coalbed_ng.html. Accessed July 16, 2012.

1.35　"What Is Coal Seam Gas?" Australia Pacific LNG. http://www.aplng.com.au/home/what-coal-seam-gas. Accessed December 19, 2012.

1.36　"Unconventional Gas." National Petroleum Council, 2007. http://www.npc.org/study_topic_papers/29-ttg-unconventional-gas.pdf. Accessed December 19, 2012.

1.37　"What Is Tight Gas and How Is It Produced?" Rigzone. http://www.rigzone.com/training/insight.asp?insight_id=346&c_id=4. Accessed December 19, 2012.

1.38　"Annual Energy Outlook 2012." DOE/EIA-0383(2012), June 2012. http://www.eia.gov/forecasts/aeo/pdf/0383(2012).pdf. Accessed on December 19, 2012.

1.39　"Levelized Cost of New Generation Resources in the Annual Energy Outlook 2011." U.S. EIA. http://www.eia.gov/oiaf/aeo/electricity_generation.html. Accessed on December 19, 2012.

1.40　"Energy Efficiency Indicators for Public Electricity Generation from Fossil Fuels." International Energy Agency (IEA), 2008. http://www.iea.org/publications/freepublications/publication/En_Efficiency_Indicators.pdf. Accessed on January 9, 2013.

1.41　"Energy Statistics Manual." International Energy Agency (IEA). http://www.iea.org/stats/docs/statistics_manual.pdf. Accessed on December 19, 2012.

1.42　"Oil Market Report—13 June 2012." International Energy Agency (IEA). http://omrpublic.iea.org/currentissues/full.pdf. Accessed on August 10, 2012.

1.43　"Reducing CO_2 Emissions from Passenger Cars." European Commission. http://ec.europa.eu/clima/policies/transport/vehicles/cars/index_en.htm. Accessed January 8, 2013.

1.44　"Worldwide Emissions Standards." Delphi. http://delphi.com/manufacturers/auto/powertrain/emissions_standards/. Accessed January 8, 2013.

1.45　"Biofuels Information." European Biofuels Technology Platform. http://www.biofuelstp.eu/global_overview.html. Accessed January 8, 2013.

1.46　"Biofuels for Transport: Policies and Possibilities." Organisation for Economic Co-operation and Development (OECD), 2007. http://www.oecd.org/dataoecd/18/8/39718027.pdf. Accessed January 8, 2013.

1.47 "Biofuel." Wikipedia. http://en.wikipedia.org/wiki/Biofuel. Accessed January 8, 2013.

1.48 "Technology Roadmap: Biofuels for Transport, 2011." International Energy Agency (IEA). http://www.iea.org/papers/2011/biofuels_roadmap.pdf. Accessed July 2012.

1.49 Giampietro, M., and Mayumi, K. 2009. *The Biofuel Delusion: The Fallacy of Large Scale Agro-Biofuels Production*. Earthscan, London and Sterling, VA.

1.50 Renewable Fuels Association. June 2012. http://www.ethanolrfa.org/news/entry/global-ethanol-production-to-reach-85.2-billion-litres-in-2012/. Accessed July 21, 2012.

1.51 Eisentraut, A. 2010. *Sustainable Production of Second Generation Biofuels—Potential and Perspectives in Major Economies and Developing Countries*. International Energy agency (IEA). Also http://www.oecd.org/berlin/44567743.pdf. Accessed January 9, 2013.

1.52 "Fischer-Tropsch Process." Wikipedia. http://en.wikipedia.org/wiki/Fischer%E2%80%93Tropsch_process. Accessed July 22, 2012.

1.53 "A Fine for Not Using a Biofuel That Doesn't Exist." *New York Times*, January 9, 2012. http://www.nytimes.com/2012/01/10/business/energy-environment/companies-face-fines-for-not-using-unavailable-biofuel.html. Accessed January 9, 2013.

1.54 "CIA: The World Fact Book." Central Intelligence Agency. https://www.cia.gov/library/publications/the-world-factbook/geos/us.html. Accessed January 9, 2013.

1.55 "Algal Biofuels." U.S. Department of energy. http://www1.eere.energy.gov/biomass/pdfs/algalbiofuels.pdf. Accessed January 8, 2013.

1.56 Hannon, M., Gimpel, J., Tran, M., Rasala, B., and Mayfield, S. 2010. "Biofuels from Algae: Challenges and Potential." *Biofuels* 1(5):763–784. http://www.ncbi.nlm.nih.gov/pmc/articles/PMC3152439/?tool=pubmed. Accessed January 5, 2013.

1.57 "Sustainable Development of Algal Biofuels in the United States." National Academies Press, 2012. http://www.nap.edu/catalog.php?record_id=13437. Accessed January 9, 2013.

1.58 "Gas-to-Liquids." Shell Global. http://www.shell.com/home/content/future_energy/meeting_demand/natural_gas/gtl/. Accessed July 23, 2012.

1.59　"Coal to Liquids." World Coal Association. http://www.worldcoal.org/coal/uses-of-coal/coal-to-liquids/. Accessed January 8, 2013.

1.60　"About Synthetic Fuels: Availability." Alliance for Synthetic Fuels Europe (ASFE). http://www.synthetic-fuels.eu/about_synthetic_fuels/availability_en.php. Accessed July 23, 2012.

1.61　"Gas to Liquids (GTL)." National Petroleum Council. 2007. http://www.npc.org/Study_Topic_Papers/9-STG-Gas-to-Liquids-GTL.pdf. Accessed January 8, 2013.

1.62　Economides, M.J. 2005. "The Economics of Gas to Liquids Compared to Natural Gas." World Energy Magazine 8(1):136–140. http://www.worldenergysource.com/articles/pdf/economides_we_v8n1.pdf. Accessed June 6, 2013.

1.63　"About NGVs." Natural Gas Vehicles for America. http://www.ngvc.org/about_ngv/index.html. Accessed July 24, 2012.

1.64　"Liquefied Petroleum Gas (LPG) in Transport." ClimateTechWiki. http://climatetechwiki.org/technology/lpg. Accessed July 24, 2012.

1.65　"Well-to-Wheels Analysis of Future Automotive Fuels and Powertrains in the European Context." CONCAWE and EUCAR, European Commission 2007. http://ies.jrc.ec.europa.eu/uploads/media/WTW_Report_010307.pdf. Accessed January 8, 2013.

1.66　"State of Charge." Union of Concerned Scientists, 2012. http://www.ucsusa.org/assets/documents/clean_vehicles/electric-car-global-warming-emissions-report.pdf. Accessed January 8, 2013.

1.67　"How to Avoid an Electric Shock. Electric Cars from Hype To Reality." European Federation for Transport and Environment, 2009. http://www.transportenvironment.org/sites/default/files/media/2009%2011%20Electric%20Shock%20Electric%20Cars.pdf. Accessed January 8, 2013.

1.68　Palou-Rivera, I., and Wang, M. 2010. "Updated Estimation of Energy Efficiencies of U.S. Petroleum Refineries." http://www.transportation.anl.gov/pdfs/TA/635.PDF. Accessed January 8, 2013.

第2章 内燃机典型燃料的加工、组分及性质

液态碳氢燃料具有较高的体积能量密度和易加工、储存及运输等特点，是内燃机的主要燃料。因此，全球范围内建立了液态燃料的供应链及分布网络。1895年，美国首次挖掘油井开采石油[1]。最初，石油经过蒸馏加工，产出煤油用于照明。直到19世纪末汽车的出现，比煤油更轻的汽油才被认为是一种有用的燃料。19世纪90年代，鲁道夫·狄赛尔发明了柴油机，其最初的目的是希望发动机能燃用从煤油到煤尘所有类型的燃料。他尤其热衷于发动机燃用植物油的想法，因为他相信农场主们将会从他们自制的燃料中获益[2]。

1920年，全美境内汽车保有量达到900万辆[1]，石油精炼工业亟需扩张以满足日益增长的汽车数量。同时伴随内燃机的发展及传播，其所需的燃油品质也需要提高。在火花塞点火发动机（SI）中，随着设计者追求发动机更高的效率，爆燃（详情见第4章）成了主要问题。最初，改善燃料的抗爆性通过加入焦油中蒸馏出的芳香烃物质[3]。后来，通用汽车公司的托马斯·米奇利于1921年发现了四乙基铅（TEL）。由此，为提高汽油的抗爆性，含铅添加剂被普及使用，尽管基于健康方面的考虑其受到广泛反对[4]。

由于爆燃受到普遍关注，抗爆性也变成汽油最重要的性质。随之而来的是，1929年辛烷值和辛烷值等级的引入。随着石油精炼技术的改进，燃料的抗爆性也得以改善，这又反过来提高了汽油机的热效率。最终，三效催化剂被发明来减少现代汽油机的污染物排放。然而，燃料中的铅和硫含量会影响三效催化剂的效果。因此，从1970年起，类似后处理装置的采用以及公众对尾气毒性的关注，使得在主流汽油燃料市场上，汽油中的铅化物被移除，硫含量也被降低。同时，20世纪伴随着柴油机的发展，柴油机燃料在硫含量、黏度、沉积物形成趋势、低温性能、润滑性以及着火性等方面也日渐改善。而汽油和柴油都是含碳氢成分的复杂混合物，表2-1列出了欧洲标准无铅汽油中质量分数超过1%的化合物。

在燃料成分中，这些化合物的质量分数通常超过70%，剩下的部分则由100多种已分析出的化合物组成。目前已发现的碳氢成分主要分为石蜡（烷烃）、烯烃（烷基烯烃）、环烷烃（烷基环烷烃）、单环及多环芳香烃和醇类。汽油和柴油中还分别含有醚类和酯类物质。另外，燃料中一般也含有硫化物、氮化物以及微量的金

属化合物成分。为了提高燃料性能或者弥补燃料性能缺陷，燃料中通常会包含一些添加剂成分，这些化合物的量很小，一般体积分数不超过 0.5%。

表 2-1　欧洲某款高标号无铅汽油（RON 约为 98）中质量分数超过 1% 的化合物组分

化合物	质量分数（%）
甲苯	11.7
异戊烷	11.43
间二甲苯	6.93
正丁烷	5.41
异辛烷	4.34
邻二甲苯	4.04
乙苯	3.04
1，2，4 – 三甲基苯	2.69
对二甲苯	2.58
2 – 甲基丁 – 2 烯（2 – methylbut – 2 – ene）	2.3
2 – 甲基戊烷	2.07
正戊烷	2.02
异丁烷	1.87
转戊烯（Trans – pent – 2 – ene）	1.7
间乙基甲苯	1.65
2 – 亚甲基（2 – methyl – 1 – ene）	1.39
2 – 甲基丁烯（2 – methylbut – 1 – ene）	1.39
3 – 甲基戊烷	1.31
2，3，4 – 三甲基戊烷	1.3
2 – 甲基己烷	1.24
苯	1

表 2-2 列出了通常被作为测试燃料的一些其他特质和成分。汽油和柴油的不同主要在于各自的自燃性。对汽油来说，自燃性通过研究辛烷值法（RON）和马达辛烷值法（MON）来测量；对柴油来说，则选用十六烷值来表示。相比汽油需要有一定的抗自燃能力，柴油则需要容易发生自燃。此外，汽油相比柴油更易挥发。图 2-1 所示为欧洲典型的汽油、柴油挥发性特征。

如今，在很多国家和地区，燃料中需要加入的生物物质通常是含氧成分，这些物质往往需要通过传统精炼产业以外的渠道来获得（详情见第 1 章）。接下来的部分，将讨论燃料的加工、特性，以及这些特性对发动机性能和排放的影响。

表 2-2　欧洲典型汽油和柴油的性能参数

性质	汽油	柴油
RON	95.4	
MON	85.6	
十六烷值		54
能量密度(气态)/(MJ/kg)	43.5	43.2
密度@15℃/(kg/L)	0.738	0.833
初沸点（IBP）/℃	28	165
终沸点（FBP）/℃	198	352
正烷烃体积百分比（下同）（%）	10.8	
异构烷烃（%）	43.4	
总烷烃（%）	54.2	44
环烷烃（%）	2.9	29
烯烃（%）	8.6	
总芳香烃（%）	33.6	25.6
单环芳烃（%）		22.1
双环芳烃（%）		3.2
三环芳烃（%）		0.3
苯（%）	0.88	
硫/1×10^{-6}	20	9
平均分子式		
碳元素	6.64	15.4
氢元素	12.11	30.1

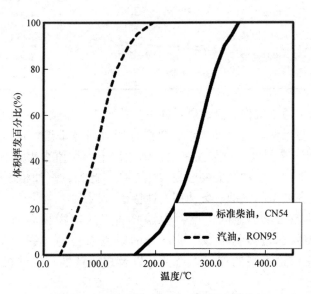

图 2-1　欧洲典型汽油、柴油的挥发性特征

2.1　典型燃料的加工和组分

交通运输中的液态燃料主要通过提炼工艺来生产,从原油开始[5],并与多种提炼过程中间产物进行混合[3,6]。炼油厂也向其他产业提供原材料以及制造特殊化学品产物。全球范围内,大约有95%的交通运输能源来自于石油,这一比例有望在2040年降至90%[5]。

原油含有数以千计的不同碳氢化合物,其中的每一种都有不同的沸点。最初,原油通过蒸馏技术分离成不同沸点范围的材料:蒸馏压力可以是大气压或负压力,后者压力范围为7~13kPa,同时蒸馏温度限制在350℃[6]。原油成分中接近2%的质量分数是溶解在其中的气体,当蒸馏温度高于环境温度时,这些气体就会挥发出来成为液化石油气(LPG)。LPG中的主要成分(约75%,质量分数)是丙烷。汽油中较轻的部分一般称为石脑油,其蒸馏和沸点范围是20~160℃。柴油中20~160℃蒸馏区间的中间馏分是煤油/瓦斯油。40%~60%(这个质量分数的多少取决于不同的原油)的原油质量,可能是沸点高于380℃的蒸馏残余物。

对于上述提炼流程,如果不进一步将原油残余物中低价值的重质成分转化成可作为燃料的轻质成分的话,就无法满足交通运输业对液态燃料的需求。大多数复杂的精炼流程正是为了这样的转化,同时提高从最初蒸馏过程开始后各流程产物的抗爆性。抗爆性与燃料的分子结构密切相关[7]。比如,碳原子数相同时,支链烷烃比直链烷烃有更好的抗爆性;增加碳链的长度会使得爆燃趋势增加。提炼工艺通常涉及大分子物质分裂成小分子、组分的改变、污染物去除,以及通过去碳或加氢的方法实现分子中碳氢比例的再分配[6]。本节后面的部分是燃料成分有关的精炼工艺,以及其他处理过程的简单总结,详细介绍可见参考文献[3,6]。

焦化处理是将通过一系列的热处理过程后仍不挥发的残余物质转化为流动的可蒸馏产物。这些处理过程包括延迟焦化、流态固体焦化和灵活焦化。在这些处理工艺中,石油残余物质在焦炭鼓或者流化床上加热,生成的蒸气被收集起来。处理后剩下碳含量较高的石油焦,它可以用作燃料或者作为电极的生产原料。

减黏裂化过程是通过将残余油在0.3~2MPa压力下加热到450~510℃来热化裂解较大的碳氢分子,从而降低残余油的黏度,这一过程中不需用催化剂。

催化裂化过程是将重油在催化剂中加热到700~1000K来热解生成一系列较轻的、包含较多芳香烃和烯烃的产物。流化床催化裂解已经替代了热裂解工艺,后者曾在早期工艺中用来转化可蒸馏油。

催化重组过程被广泛用来增加石脑油的抗爆性。该化学处理过程涉及通过脱氢将环烷烃转化为芳香烃、将直链烃异构化为支链烃,以及去除芳香烃的侧链。这一处理产生的大量氢气被广泛用到精炼过程中。

加氢裂化需要在催化剂中加热伴有氢气的高沸点的原料。氢气的存在终止了很多焦化反应,并生成一些低沸点的成分。加氢裂化通常在温度高于 350℃、压力在 7～20MPa 的环境下进行。氢化裂化器中的一些产物通常要经过进一步的催化重整处理。氢化处理也专门用来转化原料中的硫化物和氮化物,生成可去除的硫化氢和氨气,从而降低成分中的硫含量和氮含量。原料在氢环境下加热到 350℃,环境压力一般为 3.5～7MPa,分离程度取决于催化剂和环境温度。

烷基化处理是将催化裂解生成的烯烃转化为 C6～C9 支链烷烃。

异构化处理是在催化剂中将直链烷烃转化为支链烷烃。

图 2-2 中描述了一个完整复杂的精炼过程中不同处理单元的关联。

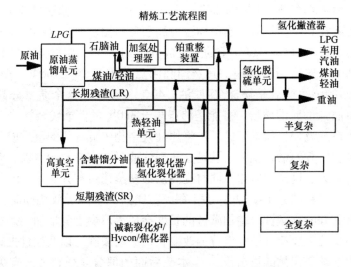

图 2-2　完整复杂精炼工艺的流程图

类似的流程是为了将简单蒸馏处理得到的低价值产物转化为汽油、柴油等高价值产物。表 2-3 所列为典型北海原油在完整复杂精炼厂加工后的典型产物产量。

表 2-3　复杂精炼工艺的产物产量——以北海原油为例

产物产量（%,质量分数）	简单蒸馏	完整复杂 HCU/VBU	完整复杂 CCU/VBU
LPG	1.5	2.3	5
石脑油	23.2	6.3	7.2
汽油	0	20.4	28.8
煤油	11	16.7	11.1
柴油	24.8	40	27.5
重油	37.5	6	13.7
重油和损失部分	2	8.3	6.7

　　原油加工后的产物产量会有所不同，这取决于与减黏裂解单元（VBU）连接的是催化裂解单元还是氢化裂解单元。相比于简单的蒸馏工艺，采用完整复杂的精炼处理后，类似汽油之类的有用产物产量将会显著提高。另外，精炼工艺的产量也非常依赖于原油品质。比如，当选用的原油不同时，经相同精炼处理后的汽油产量会在 25%～35% 间波动。

　　现代精炼工艺需要在处理不同品质原油时具有足够的灵活性，以满足对不同产物的要求，同时保证这些产物满足要求的规格标准。

　　图 2-3 比较了不同精炼产物的沸点范围。

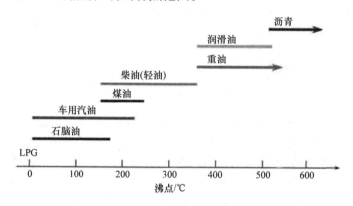

图 2-3　不同精炼产物的沸点范围

　　此外，传统精炼工艺之外还有一些处理流程，可生产一些液态燃料中常用的成分。

　　醚合成工艺能生成支链醚。比如，醇类和异丁烯等支链烯烃，经反应可生成甲基叔丁基醚（MTBE）。MTBE 是一种非常好用的提高汽油抗爆性的成分，世界范围内很多国家和地区至今仍在使用。但是，也有一些国家和地区，如美国，出于对地下水污染的考虑已经停止使用 MTBE。

　　天然气合成油方法是用费托法将一氧化碳和氢气的混合气合成为液态燃料，这种方法可追溯到 1920 年。使用此方法生成的汽油和柴油组分取决于催化剂的选用以及催化过程的温度（详情见第 1 章和本章参考文献 [8]）。

　　生物燃料则来于对糖、淀粉、菜籽油、纤维残渣和生物质废料加工处理，并且逐渐被用作燃料成分。

2.2　燃料的组分和性质及其对发动机性能和排放的影响

　　众所周知，燃料成分和某些燃料性质会影响发动机的性能和排放[3]。如今，检测这些性质的标准已经被标准化，比如，国际 ASTM 国标（原名为美国试验材料学会，见参考文献 [9]）或者能源协会的国际石油（IP）测试法[10]。多数情况下，这些测试方法之间可进行换算，从而使得 ASTM 测试法结果能按 IP 测试法得出等量值。燃料品质由选定的特性以及成分决定，同时，在世界燃料规格的每个部分都试图确保有最低限度的燃料质量。这样的标准要求对于某种确定的燃料性质，根据标准化测试程序测量，其结果必须符合在销售地区规定的质量参数范围。这些燃料参数目的在于保证发动机在低温环境下的快速起动、快速热机、运转流畅、在所用条件下输出足够大的功率、保证较好的燃油经济性以及较低的污染物排放。这些参数还要保证燃料不会生成有害的发动机沉积物、引起过度磨损，不会损害用来控制污染物排放的后处理系统以及不会污染或者腐蚀燃油系统。

欧盟标准化委员会（CEN[11]）在欧洲设置了燃料相应的标准，其中覆盖车用燃料质量的三个标准为：针对汽油的 EN228、针对柴油的 EN590 和针对液化石油气（LPG）的 EN589。在美国境内，则由 ASTM 国际设定燃料的标准参数，其中 ASTMD4814 包含了火花点火（SI）发动机的燃料，ASTMD975 则覆盖了柴油[9]。除了这些标准外，在美国销售的燃料还需满足美国环境保护署（EPA，见参考文献[12]）制定的法律、法规及豁免条款和相关州和地区制定的法规，比如，在加州使用的燃料需满足加州空气资源委员会的要求。

美国的空气质量改善研究项目（AQIRP）也被称为车/油项目[13]，和欧盟的排放、燃料及发动机技术项目（EPEFE)[14]都曾开创性地进行一些大规模系统性研究，旨在发现燃料质量对发动机排放的影响。AQIRP 项目是 1989—1992 年在 14 家燃料公司和 3 家美国主要汽车制造商之间进行的合作研究。该项目主要考虑 1983—1989 年间生产的美国汽车。欧盟项目随后跟进，因此研究对象也就是更现代化的车型。不久后，1996 年[15]，日本开展了类似的项目研究。这些研究极大地影响了美国、欧盟以及日本等国家和地区的燃料标准。因世界范围内燃料质量多种多样，为使燃料质量统一，发动机及相关设备制造商做了很多尝试[16]。

本节后面两部分将讨论汽油和柴油的一些重要性质和成分特点。但需要注意的是，很多性质和成分参数之间具有高度相关性。在研究燃料对发动机性能和排放的影响时，很难实现仅研究某一特定参数的影响而不顾其他参数变化。而且，燃料同发动机设计、运转条件以及控制策略一样，也会影响发动机的燃烧、性能和排放。这种影响因发动机而异。针对燃料对排放影响的完整总结可参考文献[17]。下文讨论中偶尔会提及的燃料参数是为了给出所选燃料的典型范围。对于各地区燃料的详细参数可在网上查阅。

2.2.1 汽油

1. 汽油抗爆性

爆燃是一种不正常燃烧现象，会对火花塞点火发动机造成损坏[7]。当发动机缸内混合气（又称为末端气体）早于火焰前锋面到达前发生自燃，就会引起爆燃。有时为了避免爆燃发生不得不降低发动机效率。RON 法的测试是在一台单缸爆燃发动机上进行，发动机转速为 600r/min，进气温度为 52℃；MON 法的测试工况为转速 900r/min，进气温度较高为 149℃。这些测试在进行时要与设定的程序严格一致，对应 RON 法和 MON 法分别为 ASTMD2699 和 ASTMD2770[9]。辛烷值是基于两种烷烃——正庚烷和异辛烷设定的。这两种主要成分的混合物被称作基准燃料（PRFs），并且定义了 RON 值或 MON 值的中间点。在 PRF 中，RON 和 MON 是异辛烷的体积分数。因此，当某种混合物中含有 95% 体积分数的异辛烷和 5% 体积分数的正庚烷时，其 RON 法和 MON 法对应的辛烷值定为 95。当某种燃料在 RON 法（或 MON 法）中的爆燃表现与某 PRF 相当时，该 PRF 的 RON（或 MON）值即为这种燃料的辛烷值。RON 值和 MON 值是实用汽油燃料最重要的性质之一，因此为了满足 RON 和 MON 参数的要求，交通燃料的生产商和市场深受影响。

所有的实用汽油都是芳香烃、烯烃、环烷烃、氧化物以及烷烃的混合物。这种实用燃料的着火化学性质与 PRF 有所不同。在 RON 法测试中，实用汽油与辛烷值较高的 PRF 匹配，因此用 RON 法测得的辛烷值通常较 MON 法高。RON 法和 MON 法的差异在于燃料的敏感性。火花塞点火发动机燃料的 RON 值一般为 90 ~ 100，同时敏感性范围为 7 ~ 12；在欧洲地区最常用燃料的 RON 辛烷值为 95，MON 为 85。辛烷指数（OI）最能表征燃料的抗爆性。

$$OI = RON - K \cdot S$$

式中　S——表示燃料敏感性；

　　　K——仅依赖于发动机设计和运转工况的经验常数。

对于大多数现代发动机，K 一般是负值，因此，对于特定 RON 值的燃料，较低的 MON 值和较高的敏感性表示更好的抗爆性。对该问题更详细的讨论参考第 4 章。

2. 挥发性

燃料的蒸馏特性（挥发性）对燃料的安全和性能有重要影响。根据 ASTMD86[9] 指定的处理步骤，燃料的沸点范围是由大气压下蒸馏工艺决定的，该方法是 ASTM 定义的最早的测试方法之一。如图 2-1 和图 2-4 所示，该测试能得到在给定温度下燃料蒸发的总体积分数。用来定义挥发性的方法有两种：参数 $T(Txx)$ 和参数 $E(Eyy)$。前者是指蒸发 xx% 体积燃料时的温度，后者指在 yy 温度下燃料蒸发的体积分数。图 2-4 展示了 $T50 = 100℃$ 和 $E100 = 50$% 的样例。

另外一个与燃料挥发性有关的重要参数是瑞德蒸气压（RVP）。RVP 指在 100℉（37.8℃）下燃料释放的绝对蒸气压，可根据 ASTM D519 测量得到[9]。

通常，低温条件下的挥发性会影响发动机的冷起动和热机性能。比如，如果燃料的 RVP 太低或者 E50 太小，发动机在低温环境下起动会变得困难。相反，如果 RVP 过大的话，发动机变得过热时，燃油系统就会被燃油蒸气阻塞。较高的 RVP 也会导致老旧车辆的碳氢蒸发排放增加[18,19]。但是，对 1996 年起受联邦法律限制的美国车辆来说，燃料的 RVP 对蒸发排放的影响非常小。燃料 RVP 的参数值在夏

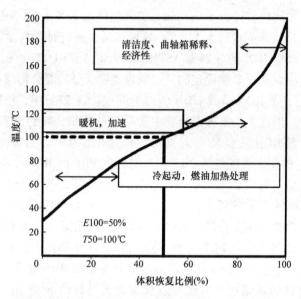

图 2-4　挥发性的测量及挥发性对发动机性能的影响

季和冬季往往是不同的，目的是为了满足不同环境温度下车辆对燃料挥发性的要求。醇类和其他含氧物质（如 MTBE）会增加燃料低温条件下的挥发性[3]。燃料低程度的挥发性不利于发动机热机和加速性能。当燃料中包含高浓度的高沸点组分时，其在高温条件下的挥发性就会变差，可能导致润滑油稀释或者大量沉积物的形成（参考第 3 章）。另一方面，如果燃料挥发性过高的话，燃油的经济性就会变差，这可能是由于在这种情况下燃料的密度变低引起的。

由不同挥发性参数组合而成的驾驶性能指数（DI），通常被用来综合评价燃料挥发性对车辆运行的影响。经过训练的评级人员驾驶车辆完成一个特定的测试循环，通过主观评价来定义车辆的驾驶性能。评级人员通过整合反应迟滞（节气门打开响应延迟）、stumble（间断性功率损失）、喘振（功率循环脉动）、空转稳定性、起停困难等方面的问题，总结车辆驾驶性的缺点[20,21]。驾驶性能的缺点通常与 DI 有关。DI 由 ASTM 给出[式(2-1)]：

$$DI = 1.5T10 + 3.0T50 + 1.0T90 + 2.4（乙醇浓度）\tag{2-1}$$

式中　T——温度（℉）。

乙醇浓度可从 CRC（科研写作委员会）在 2003 年负责的一项研究项目中[22]查出。在 ASTMD4814 中，DI 设置的最大值为 1250[9]。除了上述参数以外，研究也发现较高的 $T70$ 和 $T30$ 值也会导致驾驶性能恶化以及用户满意度变差[23]。冷起动差和热机性能不佳同样会导致碳氢（HC）排放增加[24,25]。

3. 密度

较低的燃料密度会使得体积油耗增加，而较高的密度会导致润滑油稀释和燃烧室沉积物增加。欧盟的 EN228 技术规范要求汽油密度为 $0.72 \sim 0.775 g/mL$。

4. 胶质含量

胶质是能溶于汽油且具有高沸点的氧化产物的统称。胶质含量越高，意味着在发动机不同部位形成沉积物的可能越大（见第 3 章）。因此，燃料中最大胶质含量通常会被限定。根据 ASTMD381 制定的步骤[9]，通过蒸发汽油样本并称重残余物可测得未洗胶质物的含量。然而，为了控制发动机中的沉积物而加入的清净剂通常含有相对不挥发的成分，使得未洗胶质含量明显上升。使用溶剂可对未洗胶质处理得到洗后胶质。对于洗后胶质，EN228 技术规范和世界燃料规范中[16]设置了 5mg/100mL 的最大值。

5. 芳烃含量

在一般芳烃中，包含至少一个苯环的燃料分子结构可显著提高燃料的抗爆性，同时也有较高的体积能量密度。AQIRP 和 EPEFE 测试均表明燃料中芳烃含量较低时，会降低汽车尾气中有毒苯的排放[17,26,27]。尽管，降低燃料中芳烃含量会使得其他有毒气体，如乙醛、甲醛和 1，3 - 丁二烯等的排放略有增加[27]，但苯排放的影响占主导地位。重芳烃也会导致燃烧室沉积物增加。因此，美国和欧盟均对汽油中的芳香烃体积分数设置了 35% 的最大值。由于芳烃中碳氢比例较高，相同能量下排放的二氧化碳也更多。此外，苯的含量也要控制[28]，在欧洲燃料中苯的最大体积分数不超过 1%。

6. 烯烃含量

烯烃是不饱和碳氢化合物，热稳定性较差。烯烃通常有较好的抗爆性，但也会导致沉积物生成增加，尤其是在喷油器中。烯烃燃烧过程中会导致有毒排放物的增加[26]，同时也有较高的臭氧形成潜力[29]。欧盟地区规定，汽油中烯烃体积分数不得超过 18%。

7. 硫含量

硫会降低三效催化剂的效果，从而导致各种排放物增加[17]。硫化物天然存在于原油中，因此在处理过程中，需采取有效措施降低燃料中的硫含量。根据 AQIRP 的研究[30]，当燃料中硫的质量分数从 466×10^{-6} 降低到 49×10^{-6} 时，车辆污染物中，HC、CO 和 NO_x 平均排放分别降低 16%、13% 和 9%。在 EPEFE 的研究中，当燃料中硫质量分数从 382×10^{-6} 降低至 18×10^{-6} 时，车辆污染物中 CO、HC 和 NO_x 的平均排放降低约 10%[31]。其他在符合更严格的排放法规标准下，现代车辆上的研究也发现同样的趋势[32-34]。事实上，由于现在燃料中硫含量基准很低，在 AQIRP 测试和 EPEFE 测试中，相较旧车辆，硫含量增加对新型车排放性能恶化程度更明显。硫对氧传感器也有负面影响[16]。因此，过去 20 年里，在大多数发达国家市场上，燃料中的硫含量被显著降低[35]，如表 2-4 所示。在欧洲，EN228：2005 规范允许燃料中最大硫质量分数为 50×10^{-6}。

表 2-4 美国和欧洲地区汽油的硫含量（数据来源见参考文献 [35]）

美国		欧洲	
年份	最大硫质量分数/1×10^{-6}	年份	最大硫质量分数/1×10^{-6}
1975，第一代催化器（氧化）	1000	1993 年前（含铅）	1000 ~ 2000
1980，第 0 阶段，三效催化剂	1000	1993，欧 I （三效催化剂）	1000
1994，第 1 阶段	1000	1996，欧 II	500
1999	1000	2000，欧 III	150
从 2004 年起，第 2 阶段 *	80 （30）*	2005，欧 IV	50

注： *该阶段汽油中硫质量分数平均值不超过 30×10^{-6} 且最大值不超过 80×10^{-6}。这样使得某些地区销售的汽油硫质量分数低于 30×10^{-6}，而有些地区达到 80×10^{-6}。

8. 含氧组分含量

MTBE 和乙醇等含氧物质具有出色的抗爆燃特性，因而作为汽油添加成分被广泛应用，尽管有些国家考虑到 MTBE 对地下水的污染问题而已禁止在汽油中加入 MTBE。然而，乙醇可以从生物质原料中生产，基于能源安全的考虑，乙醇很有吸引力。同时，在某些情况下，乙醇的加入还能降低温室气体排放量。从 20 世纪 70 年代末期开始，巴西就广泛使用甘蔗制造乙醇。在美国，乙醇的使用也在逐年增加。2010 年 10 月，美国环保署允许汽油中加入体积分数 15% 的乙醇（E15）[36]。目前，一些企业正在研发能从生物质原料中量产乙醇的技术[37]。

相比汽油，含氧物质的体积能量密度较低，乙醇的低热值为 21.1MJ/L，而汽油为 32MJ/L。同时，含氧物质还会影响燃料挥发性，从而影响蒸发排放和驾驶性能，详情参考本章 2.2 节中的讨论。在有反馈控制系统的现代车辆上，汽油中加入 MTBE 或乙醇能够降低 CO 和 HC 排放，但 NO_x 排放可能增加[17,18]。在加州进行的关于低排放车辆的更多研究也表明了类似的趋势[38]。同时，这些研究也发现[38]，汽油中加入乙醇时，苯、乙醛、甲醛、1，3 - 丁二烯等有毒气体排放增加。CARB 的一项研究表明，当汽油中含 10% 体积分数的乙醇时，有毒排放物下降 2%，CO 下降 20%，但 NO_x 排放增加 14%，HC 增加 10%，同时臭氧形成潜力增加 9%。相应汽油中允许加入的 MTBE 的体积分数为 11%[39]。

一般来说，主要是对能源安全的关注，驱动着含乙醇汽油的使用在全世界范围内日益广泛。

9. 金属含量

四乙基铅以及应用程度较少的 MMT（甲基环戊二烯基三羰基锰）和含铁化合物如二茂铁等金属添加剂，一直被用作抗爆添加剂。通常来说，汽车制造商们反对使用含金属的、生成灰分的添加剂，因为这些添加剂会降低现代车辆中用于排放控制的三效催化剂的效率[16]。众所周知铅有害身体健康，含铅添加剂在很多发达国家已经被禁止使用。一般来说，发动机制造商希望禁止使用 MMT 作为汽油添加剂[16][40]，因为 MMT 会影响后处理催化剂、火花塞以及氧传感器。但是，MMT 的生产商坚定地捍卫其产品的可用性[41]。美国环保署（U. S. EPA）评估了汽油中 MMT 燃烧时释放出的含锰颗粒物可能对健康的影响，并在 2011 年 9 月允许在美国每加仑汽油中允许添加最多不超过 1/32g 的锰元素，相当于 11×10^{-6} 含锰物质[42]。同 MMT 一样，二茂铁作为汽油添加剂在很多市场被使用。

2. 2. 2　柴油

1. 自燃性（十六烷值）

柴油的自燃特性是由十六烷值决定的。对于给定燃料，通过采用 ASTMD613 标准测试方法，在一台 CFR 十六烷值发动机上比较其与基准燃料的着火特征来测得十六烷值（CN）[9]。基准燃料是由直链十六烷，即正十六烷，和含多个支链的七甲基壬烷混合而成，定义前者 CN 为 100，后者为 15。式（2-2）给出了含 $x\%$ 体积分数正十六烷的基准燃料的 CN 值：

$$CN = x + 0.15(100 - x) \tag{2-2}$$

在十六烷值测试中，当被测油和参考燃料具有相同的着火特性时，被测油的十六烷值与参考燃料一致。

近年来发展出了实验室测试方法用于测量柴油的自燃特性——ASTMD6890 - 03a[9]。该测试也被称为着火性能测试（IQT）。在该测试中，取测试油少量样本喷入已加热、温度可控、容积固定且事先充满压缩气体的定容燃烧弹中。定容燃烧弹内的压力和温度分别是（2.137 ± 0.007）MPa 和（545 ± 30）℃。喷油开始到出现明显放热定义为滞燃期（ID，单位为 ms）；取 32 个着火循环的平均值。式（2-3）为燃料 CN 值，或称为 DCN 值，与毫秒级别的 ID 之间的关系：

$$DCN = 3.547 + 83.99(ID - 1.512)^{-0.658} \tag{2-3}$$

IQT 测试方法的可重复性和再现性要好于十六烷值发动机测试，因此 DCN 值正逐渐取代 CN 值成为柴油自燃性能的最佳测试方法。通常来说，燃料的 CN 值或 DCN 值越高，则 ID 越短，也就越容易着火。实际应用的柴油十六烷值一般在 40 ~ 60 之间。在美国，柴油十六烷值的最低参数为 40，在欧洲为 51。

采用柴油的蒸馏特性和密度得出的十六烷指数（CI）可对燃料的 CN 值进行估算（参考 ASTMD976 - 06[9]）。由于不需要燃料样本进行 CFR 发动机测试或者 IQT 测试，因此采用 CI 非常方便。但如果燃料中加入了含氧物质或者十六烷值改进剂，CI 就不能很好地评价柴油的自燃特性。即便对于最适用于 CI 的燃料，CI 也不能完全取代 CN，而是应该"作为评价十六烷值的补充工具，并且考虑其局限性"[9]。假定燃料的原料和加工方式没有改变，当某燃料的 CN 值已经采用正确方法确定时，CI 就可以作为之后检查燃料 CN 的有效方法。

CN 和辛烷值之间呈负相关。由于挥发性差，传统柴油无法进行 RON 和 MON

测试。参考文献［43］测得了甲苯和正庚烷的混合物［又称为甲苯参考燃料（TRFs）］，异辛烷与正庚烷的混合物（PRFs）的 RON 辛烷值和 CN 值[43]。图 2-5 给出了测得的 RON 辛烷值和 CN 值之间的关系。

从图 2-5 中可以看出，

$$CN = 54.6 - 0.42RON \quad (2-4)$$

参考文献［44］给出了很宽的 CN 值范围，RON 和 CN 之间有相似的负相关关系。RON 值小于 60 以及 CN 值大于 30 的实用燃料可以视为类柴油燃料[43]，因此它们的自燃特性应该由 CN 或者 DCN 来指

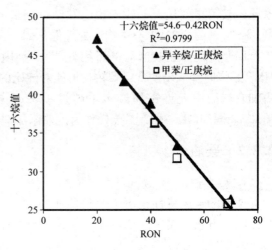

图 2-5　对比 PRF 和 TRF 的十六烷值和 RON 之间的规律

定。当燃料的挥发性比较低时，RON 测试和 MON 测试就无法进行，因此燃料的自燃特性不能用辛烷值表示。图 2-6 采用式（2-3）和式（2-4）画出了由燃料 IQT 测试得出的 ID 与 DCN 和 RON 之间的关系。相较于 RON 在 90 ~ 100 之间的实用汽油，CN 值在 40 ~ 60 之间的实用柴油对应的 ID 曲线变化较平缓。

第 6 章详细讨论了柴油自燃特征对压燃着火发动机燃烧、排放和性能的影响。总的来说，对于传统柴油机，当燃料的 CN 大于 40 时有利于发动机冷起动，降低发动机在寒冷环境低负荷下的噪声，同时降低 NO_x、HC 和 CO[16]，但炭烟排放会增加。

2. 密度和黏度

改变燃料密度和黏度会影响喷入缸内燃料的量，因为喷油量一般通过喷射脉宽来控制。在现代发动

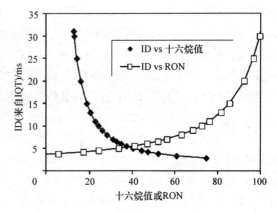

图 2-6　IQT 测试下滞燃期随 CN 或 RON 的变化规律

机上，这会影响功率输出、油耗和排放性能。因此，燃料的密度通常控制在一个窄小的范围内。欧洲标准里（EN590），要求柴油的密度在 15℃时介于 0.82 ~ 0.845g/mL 之间，而 40℃的动力学黏度介于 2 ~ 4.5mm²/s 之间。降低柴油密度似乎有助于改善 HC、CO 和颗粒物排放[17]，这可能是因为密度降低会使得重芳烃含量下降。

3. 蒸馏特性

EPEFE 项目[45]研究了柴油 T95 在 320 ~ 375℃之间变动时的影响。在欧Ⅱ标准

发动机上进行的测试发现，在上述范围内增加 T95 会导致轻型发动机颗粒物排放增加 7%，而 NO_x 排放降低约 5%。相同情况下，对重型发动机排放的影响不明显。欧洲标准（EN590）限定了柴油 T95 的最大值为 360℃。

4. 润滑性

在柴油机中，通过柴油中天然存在的极性组分混合物来实现高压油泵的润滑。这些极性组分的浓度很低，它们在油泵金属表面形成一层保护膜。通过加氢处理以降低燃料中的硫含量，也会去除这些天然存在的润滑性物质[46]。事实上，当瑞典首次引进低硫柴油时，就遇到了喷油泵快速运转故障的问题，最后不得不加入适当的添加剂来解决（参见本章 2.3 节）。柴油需要有充足的润滑性以保证高压油泵正常工作。燃料的润滑性通过 HFRR（高频往复台架）测试的磨斑直径来测量。在该测试中，硬化钢球与浸在测试燃料中的硬化钢板摆动接触，详细描述参见 ASTMD6709 - 11[9] 和 IP450 中的规范。欧洲标准（EN590）要求在该测试中磨斑直径不得超过 460μm。

5. 低温流动性

柴油中超过 1/3 的成分是正烷烃，其链长通常在 10 ~ 30 个碳原子数（C10 ~ C30），这限制了柴油的溶解度，如果柴油充分冷却，重烷烃（C15 及以上）就会从溶液中析出，生成会堵塞燃油管路和滤清器的固体石蜡，进而造成车辆在低温下停止运转或失灵[3,4,47,48]。柴油的低温流动性取决于柴油的组分。当采用公认的测试步骤冷却柴油时，其低温流动性通过石蜡晶体生成并生长的过程中出现的不同临界温度来表述。在柴油中加入相应添加剂可改善它的低温流动性。

采用 ASTMD2500（或者 IP219）测试步骤冷却柴油，石蜡开始出现时的温度是柴油的浊点（CP）。该测试是一个主观的方法，因为它依赖于人眼观察以及测试操作员的判断。浊点鉴定的可重复性要求同一个测试员采用相同的设备对同样的样本进行鉴定，偏差不大于 2℃，可再现性要求（不同实验室的不同操作员之间）为 4℃[3]。当温度进一步降低，出现石蜡晶体生长，并使得柴油停止流动时的温度称为倾点（PP），倾点是在 ASTMD97 测试下得到。事实上，不论浊点还是倾点都不能很好地预测车辆中柴油真实的低温性能。

评价柴油低温流动性的参数中，被广泛接受的是根据 ASTMD6379（IP309）测试步骤得到的冷滤点（CFPP）。该方法测试 20mL 柴油在少于 60s 内，通过网孔尺寸为 45μm 标准口径的精细金属丝网筛的最低温度。测试的可重复性要求是 1℃，可再现性要求 3 ~ 6℃。CFPP 通常介于浊点和倾点之间。在美国，ASTMD4539 测试步骤经过修改为低温流动测试（LTFT），用来测定柴油的冷滤点。相比 CFPP，LTFT 测试中冷冻速率更慢，同时也可以更好地预测美国柴油车的低温性能，因此被认为是一个更严格的测试[48,49]。在欧洲标准（EN590）中要求 CFPP 的最大值在夏天为 0℃，冬天为 -15℃。

6. 闪点

根据 ASTMD93（IP34）步骤，可测得闪点，闪点为在固定不变的条件下，燃料与空气形成可燃混合气的趋势。闪点是燃料在空气中形成可燃混合气的最低温度，被用来量化燃料的易燃性危险。欧洲规范（EN590）要求柴油的闪点不得低于 55℃。这就意味着，欧洲地区在夏天时，只要环境温度低于 55℃，车辆油箱中液态燃料上部的油气混合气会因为太稀薄而无法燃烧，因此就没有着火的危险。汽油的闪点通常非常低，约 −45℃，因此在常温下，油箱中的油气太浓而无法燃烧，这意味着即使意外点火源出现，此时油气仍是相对安全的。在柴油中加入易挥发的燃料，比如汽油或者更不稳定的乙醇，会降低柴油闪点，同时极大地增加着火危险。而挥发性较差的柴油燃料可较多地（15% 体积分数）加入到汽油中，且不会明显改变汽油闪点。

7. 硫含量

在过去几十年里[35]北美地区、欧洲以及日本已经大幅降低了柴油中的硫含量（见表 2-5）。燃料中的硫会增加炭烟排放[31,34,45]，同时当柴油中硫质量分数较高时，如超过 0.3%，发动机的寿命也会极大降低[16]。硫还会对用于降低 NO_x 和炭烟的先进后处理系统造成有害影响[16]。燃料中的硫氧化生成二氧化硫，二氧化硫进一步氧化为 SO_4，后者与水结合后会促进颗粒物中炭核凝聚在一起。氧化催化器会显著促进二氧化硫到 SO_4 的转化，使得颗粒物质量排放极大增长，同时降低后处理装置的效率。

表 2-5 美国和欧洲地区柴油中的硫含量（数据来源见参考文献 [35]）

美国重型车		欧洲	
年份	最大硫含量/1×10^{-6}	年份	最大硫含量/1×10^{-6}
		1980	5000
1988	5000	1989	3000
1993	500	1993，Euro 1	2000
1998	500	1996，Euro 2	500
2004/2006	500/15	2000，Euro 3	350
2006/2010	15	2005（2009），Euro 4	50（10）

8. 芳烃含量

燃料中芳烃较多时会使得燃烧过程中火焰温度较高[50]，进而增加 NO_x 排放[16,17]。但芳烃的主要影响是多环芳烃（PAHs）的作用。降低 PAHs 会降低重型柴油机 HC、CO 和颗粒物（PM）排放[17]。然而现代发动机装有高效的柴油颗粒物补集系统，PAH 含量对其影响可能不明显[17]。欧洲 EN590 规范要求柴油燃料中 PAH 的摩尔浓度不超过 11%。

9. 生物柴油

生物柴油是植物或动物脂肪在碱基与甲醇中反应制成的脂肪酸甲酯（FAMEs），它正逐渐被广泛添加于柴油中以减少对石油的依赖。在欧洲，菜籽油甲酯（RME）是最常用的生物柴油。FAMEs 在柴油沸点内，十六烷值为 50～60，同时具有很好的润滑性。然而，生物柴油中有含氧物质，因此其能量密度较传统柴油低。此外，使用生物柴油时会引发以下问题：燃料稳定性差、低温环境下黏度过高、喷油器喷嘴处易生成沉积物，以及与橡胶密封环等与燃料系统组件不相容。生物柴油的吸湿性较好，在水中停留时间增加时，会导致腐蚀和微生物生成[16]。当柴油中加入生物柴油时，由于其成分中含氧物质的存在，发动机的炭烟排放会得到改善，但也会增加 NO_x 排放[16,17]。EN590 规范允许欧洲柴油中混合 FAMEs 的量不得超过 7%（体积分数）。

2.3　燃料添加剂

添加剂是加入到燃料中用以弥补性能缺陷或提高性能的微量化合物，其浓度一般少于 5000×10^{-6} 或 0.5%[51]。添加剂通常是由相应专业添加剂厂家或者化工企业制造生产。独立石油公司在终端油库加入添加剂，添加剂有时会和其他溶剂或稀释剂混合，比如二甲苯或汽油。通常添加剂的加剂量为 $(1000～1500) \times 10^{-6}$，其中溶剂的比例不超过 50%。一般来说，添加剂的加剂量效果是非线性的，即随着加剂量进一步的增加，添加剂效果的增长率是下降的，从而降低添加剂使用的成本经济性。负责任的燃料和添加剂企业对添加剂性能效果非常关注，并在某种添加剂市场化之前投入大量资源来开发和测试。为了支撑产品要求，企业进行了大量的发动机台架测试和道路测试来获取此添加剂有益效果的证据。同样重要的是要保证添加剂的使用不会引起其他副作用，比如进气门黏滞、催化剂耐久性、毒性问题、与零部件的兼容性、操作和运输问题、润滑性劣化、涂层污浊和火花塞结垢[52-54]。有些储存和输送相关的添加剂在柴油和汽油中通用。以下部分将简要讨论一些较通用的添加剂。

2.3.1　汽油性能添加剂

1. 清净剂

清净剂是最常用的添加剂。在美国等一些市场，要求汽油燃料中必须含有最低剂量的清净剂。此类添加剂能控制喷油器和进气道喷油发动机进气门沉积物的形成，而对此类沉积物的控制是重要的（详情见第 3 章）。这种表面活性材料包含一个极性端，极性端通过一个适当的连接基团形成可溶于燃料的聚合物。极性端通常含氮氧原子，它们吸附在金属表面，从而在金属表面形成一层保护膜阻止沉积物附着在金属表面。

2. 燃烧改进剂

抗爆添加剂能提高燃料抗自燃性，是最常用的燃烧改进剂。此类添加剂中最有效的成分是有机金属化合物；然而，基于对身体健康的关切考虑，以及对后处理系统的不利影响，有机金属化合物添加剂的使用，尤其是含铅化合物的使用近年来显著降低。很多熟知的非金属或者无灰抗爆添加剂是胺类和苯酚类化合物，其中甲基苯胺（NMA）效果最好。但是，相比对原油进一步深加工来提高汽油抗爆性，所有此类添加剂都不符合成本效益。而且，此类添加剂中的大多数是有毒或者致癌的。另一种曾被短期商业化的燃烧改进剂是点火辅助剂，它通过提高点火效率可改善点火和早期火焰发展[55]，但由于此类添加剂中含有金属已经被淘汰。

3. 摩擦改进剂

摩擦改进剂常用于润滑油中，但也可用作燃油添加剂来降低活塞环和缸壁之间的摩擦。为了提高燃油经济性，润滑油量尽可能保持较低[56]。通常，此类添加剂为易吸附在金属表面的包含长烷基链的极性化合物。

2.3.2 柴油性能添加剂

1. 十六烷值改进剂

十六烷值改进剂容易分解形成自由基，促进自燃并增加燃料 CN 值。烷基硝酸酯类由于成本低，通常用于该类改进剂。其中又以 2 - 乙基己基硝酸酯（EHN）最常用。过氧化物也可以作为十六烷值改进剂，但相比硝酸酯类，其价格更贵，且通常会使燃料的稳定性变差。作为一种最先被商业化认可的十六烷值改进剂，二叔丁基过氧化物（DTBP）在一定程度上也还在使用。此类添加剂的效果取决于基础燃料的性质和成分，且预测其剂量效应的经验公式也已经发展出来[57]。当以 150×10^{-6} 的典型浓度添加 EHN 时，基础燃料的 CN 值能增加 2 ~ 3.5 个单位。

2. 清净剂

沉积物一般在喷油器喷嘴内部，或者在喷嘴尖端近喷孔出口位置形成（详情参考第 3 章）。这些沉积物会降低燃料流通面积，从而降低燃料流动速率（因为在给定工况下燃油喷射压力由发动机脉谱图给定），并且降低输出功率。沉积物还会影响燃油喷雾形状，影响燃烧室内可燃混合气混合过程，从而导致污染物排放增加。通常在柴油中加入清净添加剂来控制此类沉积物的形成[58]。

3. 低温流动性能改进剂

有些添加剂能改善柴油在低温环境下的性能[3]。已被证明有效的化学物质包括乙烯 - 醋酸乙烯（EVA）聚合物、氯代烃类、聚烯烃[51]，其中 EVA 聚合物最常用[3,59]。此类添加剂通常的使用量为 $(100 ~ 400) \times 10^{-6}$，对于难处理的燃料则需要 $(500 ~ 1000) \times 10^{-6}$。降凝剂（PPDs）通常是低分子量的聚合物[60]，其工作原理是抑制一个结晶面上蜡晶体的生长，从而生成更多高体积/表面比的晶体[61]，这也会降低晶体间互锁的能力从而降低倾点。此类添加剂通常用在炼油环节,并不能显著改善车辆操控性能[3]。

PPDs 被认为主要作用于已经在燃料中形成的蜡晶体上。低温流动性改进剂可改善车辆操控性,其作用机理是通过一种成核机制[61,62]。和 PPDs 一样,它们也是低分子量聚合物,但具有精心设计的类似正烷烃的链段,以更有效地与那些结晶化的第一个正链烷烃相互作用[60]。这种添加剂在蜡晶体分离之前形成许多核。相比之下,添加此类添加剂后,当燃料温度低于 CP 时,燃料中更多地方开始形成蜡晶体,产生很多小晶体[61,62]。这些晶体进一步生长也受到添加剂的影响[3,62]。在 CFPP 台架(如 CFPP 温度)上,蜡晶体生长到堵塞台架过滤器的温度是低于没有添加剂的燃料的。防蜡沉降添加剂(WASAs)能进一步降低蜡晶体尺寸[63],也能减缓储油罐中蜡的沉积速率[64]。一些烯酯类共聚物也能降低 CPs,而传统的低温流动改进剂对 CP 的影响很小[3,47]。这种添加剂即便在剂量较高时,降低 CPs 的效果也不超过 3 ~ 4℃,同时降低 CFPP 的程度与之接近,而更常规流动改进剂在降低 CFPP 的方面更有效[3]。

4. 润滑性改进剂

为了确保现代柴油发动机中的高压喷射泵不会因过度磨损而损坏,低硫柴油中通常要加入一些润滑性改进剂[65]。润滑性由燃料中的极性分子提供,以防止金属接触表面的磨损。这些成分可能是酯类、中性盐或者一元酸。生物柴油的成分通常是脂肪酸酯,能显著增加润滑性。在大多数柴油中,加入 2%(体积分数)的生物柴油就能充分保证燃料的润滑性能达到规定范围以内。

2.3.3 燃料储存及运输添加剂

与储存和运输相关的添加剂在汽油和柴油中都有使用。抗氧化剂通常用于防止汽油燃料中胶质的生成,提高汽油燃料储存过程中的稳定性。胶质主要由汽油中的烯烃类化合物经过氧化和聚合反应生成。最初的反应产物是过氧化氢,再经过一系列其他反应生成复杂的产物。抗氧化剂通过与过氧化氢自由基结合,并将过氧化氢降解成稳定物质,从而起到抗氧化的作用。目前,汽油中最常用的抗氧化剂是芳香族二胺和烷基酚,它们的添加量较小($< 30 \times 10^{-6}$)。汽油中常加入脱水剂阻止油和水发生乳化,乳化将导致燃料浑浊。在燃料的储存和加工过程中水可能会混入,经过足够长的时间,最终沉淀到油料底。然而,当燃料中加入清净剂时,清洁剂会阻止水滴的聚合,因此水从燃料中清除的时间也更长。脱水剂能使得水滴聚合更容易,并且常和清净剂一起起作用控制沉积物的生成。示踪剂是用来识别燃料的添加剂。

2.4 参考文献

2.1 "Gasoline Explained." U.S. Energy Information Administration. http://www.eia.gov/energyexplained/index.cfm?page=gasoline_environment, Accessed January 9, 2013.

2.2   "History of Biodiesel Fuel." Pacific Biodiesel. http://www.biodiesel.com/index.php/biodiesel/history_of_biodiesel_fuel. Accessed January 9, 2013.

2.3   Owen, K., and Coley, T. 1995. *Automotive Fuels Reference Book*. SAE International, Warrendale, PA.

2.4   "Tetraethyllead." Wikipedia. http://en.wikipedia.org/wiki/Tetraethyllead. Accessed January 9, 2013.

2.5   "2012 The Outlook for Energy: A View to 2040." http://www.exxonmobil.co.uk/corporate/files/news_pub_eo2012.pdf. Accessed June 9, 2013.

2.6   Speight, J.G. 2007. "Petroleum Refinery Processes." In *Wiley Critical Content: Petroleum Technology, Vol. 1*. John Wiley & Sons, Hoboken, NJ.

2.7   Heywood, J.B. 1988. *Internal Combustion Engine Fundamentals*. McGraw-Hill, New York.

2.8   "Gas to Liquids." http://www.chemlink.com.au/gtl.htm. Accessed January 9, 2013.

2.9   *Annual Book of ASTM Standards, Vol. 5.01–5.05*. 2013. ASTM International, West Conshohocken, PA.

2.10   *IP Standard Test Methods for Analysis and Testing of Petroleum and Related Products and British Standard 2000 Parts*. 2013. EI, London.

2.11   CEN: European Committee for Standardization. http://www.cen.eu/cen/pages/default.aspx. Accessed January 9, 2013.

2.12   "Fuels and Fuel Additives." U.S. EPA. http://www.epa.gov/otaq/fuels/index.htm. Accessed January 9, 2013.

2.13   Burns, R.V., Benson, J.D., Hochhauser, A.M., Koehi, W.J., Kreucher, W.M., and Reuter, R.M. 1991. "Description of Auto/Oil Air Quality Research Programme." SAE Paper No. 912320. SAE International, Warrendale, PA.

2.14   Mackinven, R., and Hublin, M. 1996. "European Programme on Emissions, Fuels and Engine Technologies—Objectives and Design." SAE Paper No. 961065. SAE International, Warrendale, PA.

2.15   Tsuda, H., Ito, T., and Nakamura, K. 1999. "Japan Clean Air Program (JCAP)—Program Objectives and Design." SAE Paper No. 1999-01-1481. SAE International, Warrendale, PA.

2.16   "Worldwide Fuel Charter." OICA. http://oica.net/worldwide-fuels-charter/. Accessed January 9, 2013.

2.17   Hochhauser, A.M. 2008. *Review of Prior Studies on Fuel Effects on Vehicle Emissions*. CRC Report E-84, Coordinating Research Council, August

2008. Also published as SAE Paper 2009-01-1181. 2009. SAE International, Warrendale, PA.

2.18 Reuter, R.M., Benson, J.D., Burns, R.V., Gorse, R.A., Hochhauser, A.M., Koehl, W.J., Painter, L.J., Rippon, B.H., and Rutherford, J.A. 1992. "Effects of Oxygenated Fuels and RVP on Automotive Emissions—Auto/ Oil Air Quality Improvement Program." SAE Paper No. 920326. SAE International, Warrendale, PA.

2.19 Koseki, K., Matsumoto, T., Morita, K., Hirose, M., and Sembokuya, S. 2000. "RVP Dependence of Evaporative Emissions for Japanese Current and Older Vehicles and U.S. Vehicles Using Typical Japanese Gasoline." SAE Paper 2000-01-1170. SAE International, Warrendale, PA.

2.20 Jorgensen, S.W., Musser, G.S., Uihlein, J.P., and Evans, B. 1996. "A New CRC Cold-Start and Warm-Up Driveability Test and Associated Demerit Weighting Procedure for MPFI Vehicles." SAE Paper No. 962024. SAE International, Warrendale, PA.

2.21 Stephenson, T., and Paesler, H. 1996. "The Development of a Cold Weather Driveability Test Cycle for Fuel Injected Vehicles." SAE Paper No. 961220. SAE International, Warrendale, PA.

2.22 Jewitt, C.H., Gibbs, L.M., and Evans, B. 2005. "Gasoline Driveability Index, Ethanol Content and Cold-Start/Warm-Up Vehicle Performance." SAE Paper No. 2005-01-3864. SAE International, Warrendale, PA.

2.23 Geng, P.Y., Lund, V.A., Studzinski, W.M., Waypa, T.G., and Belton, D.N. 2007. "Gasoline Distillation Effect on Vehicle Cold Start Driveability." SAE Paper No. 2007-01-4073. SAE International, Warrendale, PA.

2.24 Jorgensen, S.W., and Benson, J.D. 1994. "Simultaneous Measurements of Driveability and Emissions at Cool Ambient Temperatures." SAE Paper No. 941870. SAE International, Warrendale, PA.

2.25 Bazzani, R., Kuck, K., Kwon, Y., Brown, M. et al., "The Effects of Driveability on Emissions in European Gasoline Vehicles." SAE Paper No. 2000-01-1884. SAE International, Warrendale, PA.

2.26 Gorse, R.A., Benson, J.D., Burns, V.R., Hochhauser, A.M., Koehl, W.J., Painter, L.J., Reuter, R.M., and Rippon, B.H. 1991. "Toxic Air Pollutant Vehicle Exhaust Emissions with Reformulated Gasolines." SAE Paper No. 912324. SAE International, Warrendale, PA.

2.27 Goodfellow, C.L., Gorse, R.A., Hawkins, M.J., and McArragher, J.S. 1996. "European Programme on Emissions, Fuels and Engine Technologies

(EPEFE)—Gasoline Aromatics/E100 Study." SAE Paper No. 961072. SAE International, Warrendale, PA.

2.28 EPA. 2008. *Summary and Analysis of the 2008 Gasoline Benzene Pre-Compliance Reports*. EPA 420-R-08-022, December 2008. U.S. EPA.

2.29 Schleyer, C.H., Koehl, W.J., Leppard, W.R., Dunker, A.M., Yarwood, G., Cohen, J.P., and Pollack, A.K. 1994. "Effect of Gasoline Olefin Composition on Predicted Ozone in 2005/2010—Auto/Oil Air Quality Improvement Research Program." SAE Paper No. 940579. SAE International, Warrendale, PA.

2.30 Benson, J.D., Burns, V., Koehl, W.J., Gorse, R.A., Painter, L.J., Hochhauser, A.M., and Reuter, R.M. 1991. "Effects of Gasoline Sulfur Level on Mass Exhaust Emissions—Auto/Oil Air Quality Improvement Research Program." SAE Paper No. 912323. SAE International, Warrendale, PA.

2.31 Petit, R.A., Jeffery, J.G., Palmer, F.H., and Steinbrink, R. 1996. "European Programme on Emissions, Fuels and Engine Technologies (EPEFE)—Emissions from Gasoline Sulphur Study." SAE Paper No. 961071. SAE International, Warrendale, PA.

2.32 Schleyer, C.H., Gorse, R.A., Gunst, R.F., Barnes, G.J., Eckstrom, J., Eng, K.D., Natarajan, M., and Schlenker, A.M. 1998. "Effect of Fuel Sulfur on Emissions in California Low Emission Vehicles." SAE Paper No. 982726. SAE International, Warrendale, PA.

2.33 Koseki, K., Uchiyama, T., Kawamura, M., and Sembokuya, S. 2000. "A Study on the Effects of Sulfur in Gasoline on Exhaust Emissions." SAE Paper No. 2000-01-1878. SAE International, Warrendale, PA.

2.34 Hochhauser, A.M., Schleyer, C.H., Yeh, L.I., and Rickeard, D.J. 2006. "Impact of Fuel Sulfur on Gasoline and Diesel Vehicle Emissions." SAE Paper No. 2006-01-3370. SAE International, Warrendale, PA.

2.35 International Petroleum Industry Environmental Conservation Association (IPIECA). 2006. *Fuel Sulphur: Strategies and Options for Enabling Clean Fuels and Vehicles*. http://www.ipieca.org/sites/default/files/publications/Sulphur.pdf. Accessed January 9, 2013.

2.36 "Fuels and Additives: E15 (A Blend of Gasoline And Ethanol)." U.S. EPA. http://www.epa.gov/otaq/regs/fuels/additive/e15/. Accessed January 9, 2013.

2.37 "European Biofuels Technology Platform, Biobutanol." http://www.biofuelstp.eu/butanol.html. Accessed January 9, 2013.

2.38 Durbin, T.D., Miller, J.W., Younglove, T., Huai, T., and Cocker, K. 2006. "Effects of Ethanol and Volatility Parameters on Exhaust Emissions CRC Project No. E-67." Coordinating Research Council.

2.39 California Air Resources Board. 1999. "Air Quality Impacts of the Use of Ethanol in California Reformulated Gasoline." UCRL-AR-135949, Vol. 3, December 1999.

2.40 Benson, J.D., and Dana, G. 2002. "The Impact of MMT Gasoline Additive on Exhaust Emissions and Fuel Economy of Low Emission Vehicles (LEV)." SAE Paper No. 2002-01-2894. SAE International, Warrendale, PA.

2.41 Cunningham, L.J., Hollrah, D.P., Newkirk, M.S., and Roos, J.W. 2003. "AAM/AIAM Fleet Test Program: Analysis and Comments." SAE Paper No. 2003-01-3287. SAE International, Warrendale, PA.

2.42 "Fuels and Fuel Additives: Comments on the Gasoline Additive MMT." U.S. EPA. http://www.epa.gov/otaq/regs/fuels/additive/mmt_cmts.htm. Accessed on January 9, 2013.

2.43 Kalghatgi, G.T. 2005. "Auto-Ignition Quality of Practical Fuels and Implications for Fuel Requirements Of Future SI and HCCI Engines." SAE Paper No. 2005-01-0239. SAE International, Warrendale, PA.

2.44 Ryan, T.W., and Matheaus, A. 2002. "Fuel Requirements for HCCI Engine Operation." THIESEL 2002, Thermo and Fluid Dynamic Processes in Diesel Engines.

2.45 "European Programme on Emissions, Fuels and Engine Technologies (EPEFE), Final Report." 1995. ACEA/EUROPIA.

2.46 Barbour, R.H., Rickeard, D.J., and Elliott, N.G. 2000. "Understanding Diesel Lubricity," SAE Paper No. 2000-01-1918. SAE International, Warrendale, PA.

2.47 Reddy, S.R., and McMillan, M.L. 1981. "Understanding the Effectiveness of Diesel Fuel Flow Improvers." SAE Paper No. 811181. SAE International, Warrendale, PA.

2.48 McMillan, M.L., and Barry, E.G. 1983. "Fuel and Vehicle Effects on Low-Temperature Operation of Diesel Vehicles—The 1981 CRC Field Test." SAE Paper No. 830594. SAE International, Warrendale, PA.

2.49 Chandler, J.E., Horneck, F.G., and Brown, G.I. 1992. "The Effect of Cold Flow Additives on Low Temperature Operability of Diesel Fuels." SAE Paper No. 922186. SAE International, Warrendale, PA.

2.50 Takahashi, S., Wakimoto, K., Iida, N., and Nikolic, D. 2001. "Effects of Aromatics Content and 90% Distillation Temperature of Diesel Fuels on Flame Temperature and Soot Formation." SAE Paper No. 2001-01-1940. SAE International, Warrendale, PA.

2.51 Tupa, R.C., and Dorer, C.J. 1986. "Gasoline and Diesel Fuel Additives for Performance/Distribution Quality—II." SAE Paper No. 861179. SAE International, Warrendale, PA.

2.52 Koehler, D.E., and Doglio, J.A. 1987. "Benefits of Multifunctional Diesel Fuel Additives Demonstrated in a Fleet Test." SAE Paper No. 872146. SAE International, Warrendale, PA.

2.53 Spink, C.D., McDonald, C.R., Morris, G.E.L., and Stephenson, T. 2004. "A Critical Road Test Evaluation of a High-Performance Gasoline Additive Package in a Fleet of Modern European and Asian Vehicles." SAE Paper No. 2004-01-2027, 2004. SAE International, Warrendale, PA.

2.54 Spink, C.D., Cantlay, A.J., Ziman, P.R., Leubbers, M., and Lance, D. 2006. "A New Protocol for the Road Test Evaluation of Gasoline Additive Packages." SAE Paper No. 2006-01-3408. SAE International, Warrendale, PA.

2.55 Kalghatgi, G.T. 1988. "Effect of Spark-Aider Fuel Additives on the Misfire Characteristics of a Spark Ignition Engine." *Combustion Science and Technology* 62:1–19.

2.56 Hayden, T.E., Ropes, C.A., and Rawdon, M.G. 2001. "The Performance of a Gasoline Friction Modifier Fuel Additive." SAE Paper No. 2001-01-1961. SAE International, Warrendale, PA.

2.57 Thompson, A.A., Lambert, S.W., and Mulqueen, S.C. 1997. "Prediction and Precision of Cetane Number Improver Response Equations." SAE Paper No. 972901. SAE International, Warrendale, PA.

2.58 Barbour, R., Arters, G., Dietz, J., Macduff, M., Panesar, A., and Quigley, R. 2007. "Diesel Detergent Additive Responses in Modern, High-Speed, Direct-Injection, Light-Duty Engines." SAE Paper No. 2007-01-2001. SAE International, Warrendale, PA.

2.59 Gairing, M., Marriott, J.M., Reders, K.H., Reglitzky, A.A., and Wolveridge, P.E., "The Effect of Modern Additive Technology on Diesel Fuel Performance," SAE Paper No. 950252. SAE International, Warrendale, PA.

2.60 Chandler, J.E., Horneck, F.G., and Brown, G.I. 1992. "The Effect of Cold Flow Additives on Low Temperature Operability of Diesel Fuels." SAE

Paper No. 922186. SAE International, Warrendale, PA.

2.61　Botros, M.G. 1997. "Enhancing the Cold Flow Behavior of Diesel Fuels." SAE Paper No. 972899. SAE International, Warrendale, PA.

2.62　Zielinski, J., and Rossi, F. 1984. "Wax and Flow in Diesel Fuels." SAE Paper 841352. SAE International, Warrendale, PA.

2.63　Brown, G.I., Tack, R.D., and Chandler, J.E. 1988. "An Additive Solution to the Problem of Wax Settling in Diesel Fuels," SAE Paper No. 881652. SAE International, Warrendale, PA.

2.64　Damin, B., Faure, A., Denis, J., Sillion, B., Claudy, P., and Letoffe, J.M. 1986. "New Additives for Diesel Fuels: Cloud Point Depressants." SAE Paper No. 861527. SAE International, Warrendale, PA.

2.65　Batt, R.J., McMillan, J.A., and Bradbury, I.P. 1996. "Lubricity Additives— Performance and No-Harm Effects in Low Sulfur Fuels." SAE Paper No. 961943. SAE International, Warrendale, PA.

第3章 内燃机中的沉积物

所有在用的发动机缸内表面都会有沉积物形成，这些沉积物会极大影响发动机性能和排放。大多数情况下，这种影响都是负面的且不可量化预测，因此发动机设计者在优化设计过程中无法将其考虑在内。在一些情况下，沉积物会引起发动机损坏。发动机沉积物总体分为三大类：燃油系统沉积物、进气系统沉积物和燃烧室沉积物。在点燃式（SI）发动机和压燃式（CI）发动机中，燃油系统最受关注的沉积物发生在燃料计量装置中，如喷油器或老式 SI 发动机的化油器。现代 SI 发动机已不再使用化油器，因此本章不再对化油器沉积物做进一步讨论。燃烧室沉积物会导致 SI 发动机出问题，而进气系统沉积物则会引起进气道喷射（PFI）SI 发动机出现问题。

图 3-1a 是一个柴油机喷油器喷嘴的结构剖视图。电磁阀控制喷嘴针阀移动，使得燃料在给定压力下通过喷孔进入燃烧室。喷孔内表面形成沉积物可降低喷嘴孔流通面积，进而降低给定喷油压力下的燃料流通速率。实际中这些沉积物生成量可能很小（10 ~ 50μg），但喷孔直径非常小，因此沉积物能够显著影响燃油流通速率。直径为 150μm 的圆孔（柴油喷油器喷孔直径更小）中如果存在 10μm 厚的沉积层，则其流通面积将降低 25%，在实际中，气道喷射喷油器上曾发现 15μm 厚的片状沉积物[2]。图 3-1b 是一辆乘用车上获取的柴油喷油器喷孔附近的沉积物图像，图 3-1c 是此类沉积物的放大图。近些年，柴油喷油器内表面的沉积物（比如喷嘴针阀，见图 3-1d，或者在针阀表面和喷孔内部）已经引起普遍关注[3-6]，尤其是针对北美地区的重型柴油机。此类沉积物通过黏着针阀从而减缓喷油器响应，因此也会引起发动机运转不稳定、排放超标和效率降低。

图 3-2 是从一台行驶里程为 15 000mile 的车辆上得到的直喷式火花点火（DI-SI）发动机的狭缝式喷油器。沉积物也会在喷孔周围的外表面附近形成，从而影响燃料喷雾形状。图 3-3 比较了沉积物形成前后柴油喷油器喷孔的变化。图 3-4 描述了柴油机中的沉积物是如何影响燃料喷雾形状的。

图 3-5 展示了一台 PFI 的汽油机上不同部件沉积物的位置。

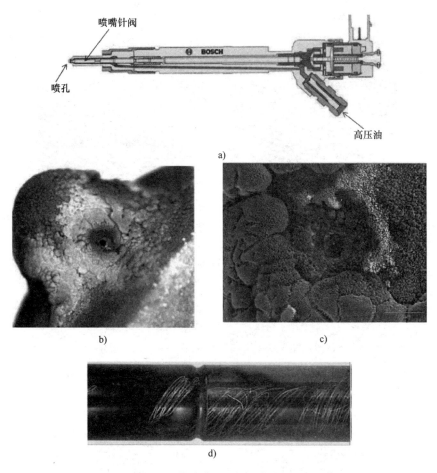

图 3-1　柴油喷油器沉积物微观图

a）柴油机喷油器喷嘴结构剖视图　b）柴油喷油器沉积物　c）柴油喷油器近喷孔处沉积物的微观图
d）柴油喷油器内部沉积物：喷嘴针阀沉积物由含有相关添加剂成分的
高分子有机材料构成。针阀划痕来自清除沉积物的过程

　　沉积物形成中涉及的理论机理，尤其是化学机理是非常复杂的，而且发动机不同位置的化学和热环境也是存在差异的，所以这种机理仍无法被完全理解。沉积物影响发动机性能和排放物的机理也是非常复杂，这些影响只有通过广泛测试才能量化。即便如此，对于不同发动机以及相同发动机的不同工况而言，这些影响也有差异。为了在广泛的、不同种类的车辆中可靠地评估沉积物相关的影响，常需要进行大规模的车辆测试以及严格的数据分析。然而，由于所涉及机理的复杂性，以及无法在相对长时间的测试中始终精确控制测试条件，这些测试的重复性和可再现性较差。此外，用来衡量问题严重程度的参数，比如阀件评级，可能只是定性的且是主观确定的，相关的测试通常昂贵又耗时。更廉价且更快速的实验室和台架测试已经建立起来，但其通常在这方面也没有充足的经验。总之，沉积物水平反映了沉积物

形成与消除之间的稳态平衡。

图 3-2 DISI 发动机燃用无铅、无添加剂汽油行驶 15 000mile 后的狭缝式喷油器

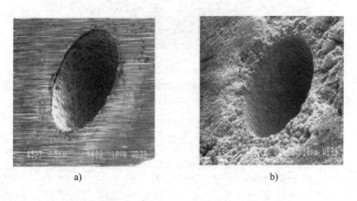

a)   b)

图 3-3 柴油喷油器燃烧室一侧的喷孔电子微观图
a）全新喷油器，无沉积物 b）为结垢后的喷油器，有沉积物

　　本章将会讨论汽油机和柴油机中沉积物的性质、形成过程，以及它们带来的影响，同时也会讨论用于控制和减少沉积物的措施。

a)　　　　　　　　　　　　　　b)

图 3-4　喷油器沉积物对柴油喷雾形式的影响

a) 为干净喷油器　b) 为有沉积物的喷油器, 其喷雾非常不均匀

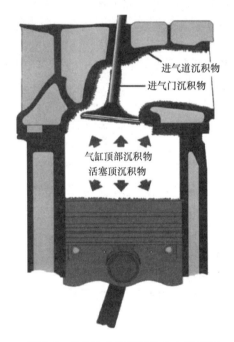

图 3-5　PFI 发动机沉积物分布示意图

3.1　沉积物的特点和形成

燃油和润滑油的热降解和氧化反应, 在进气系统和喷油器沉积物的形成过程中起主要作用。希尔登在文献综述 [7] 里强调了汽油氧化过程的复杂性。很多在沉

积物生成过程中重要的成分，比如极性化合物，存在的量非常少，通常不可能识别所有这些潜在的反应性能材料。其他组分的氧化产物，存在浓度也很低，也可能是沉积物的前体物[8]。金属的存在以及包含氧、氮、硫的化合物，都被认为会影响汽油中沉积物的形成趋势[9,10]。但这种影响是千差万别的，从极大促进沉积物形成到抑制它的形成，具体要依赖于涉及的化学成分和汽油成分，这种差别已经在苯硫基甲烷（一种硫化物）上得到了证实[9]。燃油中包含微量锌和铜会显著促进柴油机喷油器喷嘴结垢[11]。特别是锌元素，似乎既能强化沉积前体物的形成，又可以直接促进沉积物形成，在实际的柴油机喷嘴沉积物中可检测到锌元素[12,13]。一些主要的燃油成分已证实不利于氧化稳定性和沉积物的形成。科洛比耶斯基和麦卡莱布[14]（在参考文献［7］中有引用）认为通常影响胶质物生成程度从高到低的顺序依次是：二烯烃、芳香烯烃、烯烃、芳香烃、异构烷烃、环烷烃和烷烃。然而，根据实际化合物的化学结构及沉积物形成条件，这样的相对顺序可能发生变化。金属表面和沉积前体物之间的相互影响似乎也非常重要，但是此问题很大程度上未被探索。比如说，覆盖有厚厚的氧化膜的钢表面形成的沉积物，比干净的金属上沉积物少[9]。

通常来说，沉积物的生成量反映了同时发生的沉积物形成和消除之间的平衡。在任何给定的条件下，这一过程都会达到动态平衡（即沉积物不会无限制地增加）。很明显，沉积物形成的条件是非常重要的，比如表面温度以及在这些表面发生沉积的过程。例如，喷嘴尖端温度在 PFI 发动机中能超过 100℃[2,10,15]，在 DISI 发动机中最高能达到 180℃[16]，而在柴油机中能超过 300℃[13]。进气道和进气门表面温度能达到 350℃[17]，然而燃烧室平均表面温度在燃烧室内变化很大，从燃烧室内较冷区域的 120℃[18,19] 到排气门座约 320℃ 的温度，再到排气门超过 800℃[20]。从活塞、活塞环和缸壁之间的窜气会进入曲轴箱内，并通过现代发动机配备的 PCV（曲轴箱主动通风装置）系统回流到进气系统，从而降低碳氢排放。同时，回流一部分废气进入到进气系统也是降低 NO_x 排放很常用的措施。这些 EGR（废气再循环）气体是高温的：包含有颗粒物、燃烧产物和沉积前体物；同时废气可以在进气道喷油器和进气门处促进沉积物的形成[21,22]。燃烧室中沉积物的形成机理与燃油和进气系统中有很大区别。

3.1.1 喷油器沉积物

1. 进气道喷油器沉积物

20 世纪 80 年代，当多点喷射（MPFI）SI 发动机首次在美国应用时，出现了与喷油器沉积物有关的严重问题，使得科研人员进行了大量研究来了解运转 PFI 沉积物的本质和形成过程[2,7 - 10,15,23 - 28]。当发动机连续运转时，不管是高速运转还是空转，PFI 沉积物都不会形成[15]。发动机热机完全后却没有运转的阶段称为热浸阶段。据测，此阶段喷油器顶端温度可达到 100℃ 以上，这是影响 PFI 沉积物形成的关键因素[10,24]。Taniguchi 等[10]发现若发动机运转循环由一个短的（15min）巡航阶段后紧跟一个长的（45min）热浸阶段，则 PFI 沉积物生成量最多。当巡航阶段与热浸阶段的比例增大，通过增大巡航阶段时长或减少热浸阶段时长，沉积物的量都会显著减少。若增加巡航阶段时长，沉积前体物会有很大可能被燃油清除。这一结果与文献［15］中的发现一致，后者发现大负荷循环，平均燃油流量较大，比较小负荷的工况产生更少的沉积物。如果热浸阶段较短，则沉积前体物来不及聚合，也就更容易被清理[10,15]。任何影响热浸温度的发动机设计或运转特点，都会影响 PFI 沉积物的形成[23,25]。而车辆制造商的设计之间存在显著差异[27]。

　　因此，PFI 沉积物形成机理可能如下[2,23]：发动机停止运转时，喷油器尖端常会残留少量燃油。在热浸阶段，较轻的碳氢组分蒸发，剩下的富含较重碳氢组分的燃油会在喷孔表面形成薄薄的油膜。在时间充足的情况下，这些黏着的碳氢组分经氧化形成胶质被烘干成硬质沉积物。同时这些物质还会黏住颗粒物，比如通过 EGR 和 PCV 系统进入进气系统的燃烧产物中的灰尘和固体颗粒。但这些燃烧产物并不是沉积物形成的主因，因为将喷油器从发动机中取出浸泡在 90℃ 的热油中，足够长的时间后也会生成 PFI 沉积物[2,15,28]。这类沉积物是由有机和无机材料组成的，既有薄的、含碳质为主（60%~85% 为碳元素）、清漆类型的底层，也有模块化的、易碎并含有大量无机材料的脆性层[2,10]。有机部分主要可能源自燃油的碳氢组分经氧化形成，而无机部分主要可能来自润滑油和喷油器体中的硫酸盐和金属氧化物[2,10,15]。沉积物总体成分可能千差万别，那些特别难清除的沉积物中含有大量的（质量分数约75%）无机材料[10]。基础燃料中的高烯烃含量会增加 PFI 沉积物形成[2,10,15,27,28]，而芳烃的影响似乎不重要[2]。研究表明当"清洁"燃料中加入少量共轭二烯烃，比如 1，3-戊二烯和 1，3-丁二烯，会引起沉积物形成[2]。极性材料、氮化合物和硫化合物也被发现与 PFI 沉积物的形成有关[10]。有实验室测试表明当从不稳定汽油中去除二烯烃[7]和极性成分[8]时，沉积物形成会减少。相反，当包含烯烃的稳定汽油中加入二烯烃混合物后，PFI 沉积物生成会增加，但相同的混合物加入到几乎不包含烯烃的稳定汽油中时，对 PFI 沉积物的而生成几乎没影响[7]。因此二烯烃和烯烃对 PFI 沉积物形成的影响取决于基础燃料成分[7,10]。通常来说，传统燃料稳定性标准与 PFI 沉积物的形成无关[15]。

2. 直喷式火花点火发动机喷油器沉积物

　　与 PFI 沉积物不同，即便发动机连续运转时，直喷式发动机喷油器沉积物也会生成[16,29]。喷油器尖端温度对 DISI 喷油器沉积物形成有非常重要的影响，当尖端温度增长到约 170℃ 时，喷油器堵塞会更加严重。文献［16］曾对 10 种燃料进行测试，发现当尖端温度略高于 184℃ 时，通过流量损失百分比测得的喷油器阻塞会显著降低。负荷固定时，增加发动机转速对喷油器尖端温度影响较小，而转速固定时，尖端温度随负荷增大而增大[30]。有研究表明[29]在喷油器尖端一直有液态燃料存在，因此燃油喷射时可以清除沉积前体物。所以当喷油器尖端温度低于 $T90$

（90%燃油被蒸发的温度）时，直喷式发动机喷油器沉积物会降到最少。事实上有研究表明，T90是燃油最重要的参数，较低的T90会导致较高的沉积物生成量[29,30]。较高的硫或者烯烃含量也会导致较多的直喷式发动机喷油器沉积物生成[29]。文献［16］表明，从约170℃继续提高喷油器尖端温度，能改善喷油器阻塞，可能是因为大负荷下燃油流量较大且尖端温度较高，所以燃料对沉积前体物的清除效果更好。类似PFI沉积物，直喷式发动机喷油器沉积物的量也反映了沉积物生成和被液态燃料清除之间的平衡，不过直喷式发动机喷油器尖端温度可能远高于PFI。直喷式发动机喷油器尖端和柴油机喷油器尖端同样要暴露在燃烧室的反应气体和反应过程中[31,39]。本章3.1.3节讨论了有关燃烧室沉积物形成的机理，此机理也会在直喷式发动机喷油器沉积物的形成中发挥作用[40]。

3. 柴油喷油器沉积物

相比后来出现的直喷（DI）式汽油发动机，柴油机喷油器沉积物在配有轴针式喷嘴针阀的非直喷式（IDI）发动机上影响更严重[31]。然而，随着喷孔直径减小，即便很少量的沉积物也会引起问题。此外，在现代发动机中，由于燃料与空气的混合需要精确控制，喷雾类型发生微小变化也会显著影响燃烧和排放。

对于现代柴油机而言，锌元素在沉积物的形成中是极其重要的因素[13,31-34]。事实上，用于研究柴油机喷油器喷嘴沉积物的欧盟测试协议，即标致DW10程序，要求基准燃料中应以萘酸锌的形式加入 1×10^{-6} 的锌元素[35]，否则沉积物的生成量不能测出，或者不能充分重复实验。即使燃油首次加入到车辆油箱时并不包含锌、铜等金属元素，随着时间流逝，车辆燃料中的这些金属元素也会逐渐增加[36,37]。池本等人[34]的研究表明，在沉积物形成的初始阶段，燃料中的锌元素会与燃烧产物中的低羧酸在喷孔出口附近反应生成羧酸锌盐。沉积物的主要成分与燃烧产物中的二氧化碳在喷孔进口附近转变生成碳酸锌。金属成分和燃烧的气体产物是此类沉积物形成中非常关键的因素。对沉积物的分析发现在不同的氧化阶段均有锌元素的存在[13,32,34]。同时，沉积物中也检测到了碳、氧、钙和硫（可能来自润滑油）等元素[13,32]。

文献［13，32］中讨论了此类沉积物的结构。通常来说，生物柴油相比传统柴油更易形成沉积物[33]。然而，生物柴油结焦倾向随样本的不同而千差万别，且目前尚不清楚原因[31,38]。欧洲市场在售的FAMEs（脂肪酸甲酯）以10%（体积分数）掺进传统柴油时，并不会明显增加喷嘴沉积物形成[39]，但上述测试并没有在燃油中加入锌元素。增加喷嘴尖端温度会导致沉积物形成增加[13]。喷孔内部的空穴会随着微泡破裂产生局部高压，进而清除沉积前体物[13,33,34]。喷嘴入口处有锋利边缘的话，产生空穴的可能性更大，也就不太可能出现喷嘴阻塞[13]。与沉积物形成机理有关的物理化学过程目前尚不清楚，但每次喷油结束后残留在喷嘴的燃油被认为是促进沉积物生成的关键[33]。这部分残留燃油的温度取决于油箱内燃油温度、燃烧室壁面温度和喷嘴凸出燃烧室壁面的程度。

喷油器内部的沉积物不会暴露在任何燃烧气体产物中，尽管详细机理仍然不明确，但此类沉积物的形成似乎是燃油和燃油中的添加剂接触反应生成的[3,6]。目前，已确认两种不同类型的喷油器内沉积物。第一种是富含钠元素的蜡状金属皂类化合物[3,4]，它们可能来自精炼厂的盐干燥机、管路腐蚀抑制剂和储油罐的水底。第二种主要包含黏性棕色沉积物，可能来自控制沉积物的添加剂和燃料中酸性成分之间的反应[5,6]。喷油器内表面温度要远低于尖端温度，因此沉积物前体物本不可能在这里形成。也许是喷油器上游（比如油泵）的空化现象导致了此类前体物的出现，因为空化作用生成的微泡破裂后，会生成极高的局部温度。

3.1.2　进气系统沉积物

进气系统沉积物——存在于进气道和进气门背面，是 PFI 发动机的关注点。它们也会在直喷式汽油发动机和柴油机内形成，但此类沉积物不会与喷入缸内的燃油发生直接反应，因此不会影响发动机的性能。在一些第一代直喷式汽油发动机中，进气门沉积物（IVDs）非常严重以至于影响了进气流动模式。在直喷式分层燃烧汽油机中，混合气的形成与进气流动密切相关。因此，进气门上形成如此严重的沉积物会引发直喷式汽油发动机的运转问题，但对于现代直喷式汽油发动机而言，沉积物的量通常不会这样严重。

在一些较老的化油器发动机中，进气门背面的沉积物质量范围从不到 1 克到几克不等，覆盖范围很大[41,42]。根据所用燃料和添加剂以及运转工况的不同，此类沉积物的性质也多种多样，有的柔软又油腻，有的黏着，有的像焦炭般坚硬[42,43]。图 3-6 展示了一个特别脏的进气门和放大之后这些沉积物的结构。在现代发动机中很少会遇到如此多的沉积物。沉积物的成分取决于所用燃料和添加剂。例如，当燃料中含铅的时候，沉积物中 30% ~ 50%（质量分数）是铅元素[42]。同时碳、氧和氮元素也常出现[17,42,44]。沉积物中氧

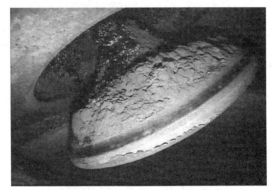
a)

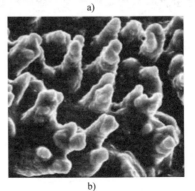
b)

图 3-6　进气门沉积物
a）一个非常脏的进气门
b）放大 3000 倍后的微观图——多孔沉积物可吸收液态燃料

[10% ~15%（质量分数）]和氮[2% ~4%（质量分数）]的浓度比燃油或润滑油中的高得多[17,42]。沉积物中也还有钙、锌和磷等元素，显然这些元素来自机油[17,45]。这些金属元素的浓度是原油料中浓度的10 ~30倍。在燃用无铅汽油的发动机的进气门沉积物中，已经确认了以下四种主要成分[44]：单体碳氢化合物、炭黑、金属盐和金属氧化物，以及一种能够促进沉积物聚合和累积增多的聚合物成分。

燃料以及润滑油中的液态碳氢化合物常常会出现在气门背面，相关光学研究表明这些液态碳氢化合物中的一部分会被挤压并回到气门背面上[42]。这部分液态碳氢组分会与回流气体以及EGR废气反应，生成沉积物。但它们也会因为流经沉积物表面而起到清除沉积物的作用[17,42,46]。因此，当润滑油沿着气门杆流下来时，气门沉积物开始逐渐增加[27,42,47]。不过随着润滑油流量增大，气门沉积物逐渐降低[42,46,48]。在行车试验的最初1600km[47]或者发动机测试的最初100h[49]，沉积物生产量达到相对稳定，或在稳定值上下波动。

燃油中烯烃含量较高时，IVDs的生成量也较高[50,51]。相比富含芳烃的燃料生成的沉积物，富含烯烃的燃料生成的沉积物含有更多能溶于己烷和丙酮的成分[50]。沉积物的生成量与燃料中的芳烃成分没有关系。研究表明燃料中的醇类[32-35]和催化裂化组分，会促进沉积物的形成。如果要控制IVDs，那么进气门附近的燃料和燃料添加剂的热稳定性非常重要。事实上，用于保持化油器干净的添加剂会明显增加IVDs的生成[10,15,42,47]。同样，发动机润滑油中的黏度指数（VI）改进剂[56]、用于E85（乙醇和汽油的体积比为85:15）中的腐蚀抑制剂[57]和燃料中的抗氧化剂[57]也会引起IVDs的增加。

气门和气道的表面温度在沉积物形成过程中非常关键。在一个发动机循环中，气门的平均温度保持稳定，不过当运转工况变化时也会跟着改变[42,56]。降低冷却液的温度可降低气门平均温度，使气门温度低于200℃的时间从20%增加到60%，则IVDs的生成量会减半[59]。在高速、大负荷工况下，气门温度更高，可能导致IVDs的量也会增加[41,49]。但是当气门温度足够高时（超过360℃），如在发动机连续60h的恒速试验后，没有发现气门沉积物的形成[59]。达内加里等人[59,60]根据热表面上的油滴蒸发特性解释了温度效应。在低温条件下，油滴润湿表面然后缓慢蒸发。随着温度升高，油滴存在时间缩短，在超过油滴的沸点温度后其存在时间迅速降低。但如果表面温度进一步升高，超过莱顿弗罗斯温度T_L，油滴会呈现油膜沸腾态且不会润湿表面。汽油组分众多，各个成分的T_L也分布广泛。达内加里认为[60]汽油最高T_L超过了250℃。通常情况下，沉积物形成速率随表面温度增加而逐渐增长，但如果表面温度超过了T_L，生成速率则会降低。Esaki等人[17]发现IVDs生成的临界温度介于230℃和350℃之间。

比廷等人发现不同的气门表面处理方式对IVD生成没有影响[52]。同样地，台架试验也表明沉积物生成速率不依赖于气门表面的材料[60]。与IVD形成有关的化学机理很复杂且目前尚不明确。几种机制和反应路径同时发生[7,44,61,62]。活性碳氢物质可能通过化学侵蚀和热降解而与其他分子形成新的链。进一步的聚合以及挥发成分的损失也有一定影响[62]。极性碳氢物质对金属表面有天然的亲和力，可能会在表面形成一层保护膜从而降低沉积速率，也可能会在表面剧烈反应提高沉积速率。硫和氮等杂质原子可能是分子极性的来源，同时在燃油储存阶段产生的含氧碳氢化合物也可能参与沉积物形成的反应，文献［61，62］介绍了此类反应。不同的燃油生成沉积物的分子大小和化学结构都非常相似，这表明反应组分的数量有限，且其中大多数反应组分主要都由燃油生成[62]。

　　关于 IVDs 是否主要来自于发动机润滑油的争论从未停止[17,45]，这是因为以下事实：来自发动机润滑油的锌和钙等金属，在沉积物中的浓度通常是原润滑油的 10～30 倍。然而，如果燃料中有含金属的添加剂，该金属在沉积物中的浓度会比燃料中的更高。比如，IVDs 中铅的浓度能达到燃料中的 500 倍[42]。通常在发动机燃用汽油时，IVDs 来自于燃油中的润滑剂。在 PFI 发动机中，燃油喷到气门背面上，燃油能通过冲刷沉积前体物，因此在控制 IVDs 的生成上举足轻重。通常来说，IVD 生成量在 PFI 发动机上较少，而在 DISI 发动机和化油器发动机上较多，因为后两者不存在清除沉积前体物的过程。相比 PFI 发动机，发动机润滑油对于 DISI 发动机 IVD 的形成似乎更重要[63,64]。在 DISI 发动机上，IVDs 成分中包含 10%（质量分数）或更高比例的非碳（无机物）元素，其中主要是可能源自润滑油的钙、钼、锌、磷和硫等元素。在 DISI 发动机 IVDs 中，这些无机元素的浓度要比 PFI 发动机 IVDs 高出一个数量级[64]。

3.1.3　燃烧室沉积物

　　本节关于燃烧室沉积物（CCDs）的资料主要来源参考文献［65，66］。参考文献［40］则对 1995 年以前的研究进行了总结。

1. 燃烧室沉积物的生成过程

　　典型的现代发动机燃用全沸点实验用标准油时，润滑油消耗量很少，因此 CCDs 主要来源于燃油，少部分源自润滑油。沉积物的形成从燃油和润滑油组分的自由基加成反应或替代反应开始，先生成氧化产物，之后这些产物在热表面冷凝并聚合[67,68]。劳尔和弗里尔[69]认为，这是冷凝在热表面上的沉积前体物的氧化热解过程。这一过程由从火焰面经扩散进入紧邻壁面的淬熄层的自由基引起的反应开始[68]。在这一过程中，沉积前体物在热表面的冷凝是至关重要的一步，同时，缸壁表面温度越高，沉积物生成量越低，沉积物的形成严重依赖于缸壁表面温度[70-74]。

　　由于沉积物的隔热特性，缸壁表面温度会随沉积物增长而逐渐提高[70,75,76]。因此，随着 CCDs 的累积，只有那些不易挥发的沉积前体物会在表面凝聚并进一步促进沉积物生长。最终，缸壁表面温度会达到一个高温临界值，使得来自燃油或者润滑油的前体物都不会在缸壁表面凝聚，此时沉积物不再生长。沿沉积物层的成分变化验证了这一机制：近壁面区域是高浓度低熔点的富碳材料，而沉积物外表层是高浓度、难挥发的钙锌无机化合物[69,77-79]。对于给定燃油，存在一个沉积物无法形成的最高表面温度。对汽油而言，这一临界温度约为 310℃，机油则要高出约60℃[71,80]。对于异辛烷[69,73,74]、甲醇[81]、烷基化合物[82]和氢气等低沸点燃料来说[83]，此临界温度比燃烧室内任何位置的温度都要低，因此这些燃料很少形成沉积物，如有沉积物生成，主要来源于润滑油。对于给定的发动机运转条件，即一定的缸壁表面温度范围 T，如果在给定燃料中加入高沸点的材料，比如某些燃料添加剂，将会形成更多的沉积物[71,72,75-84]。基础燃料越清洁，添加剂引起的沉积物生成增加就越明显[85]。

随着沉积物逐渐累积的同时，它会通过各种方式被清除[86]，其中有化学机理如氧化和气化反应[87]，也有物理机制比如挥发性气体成分的吸附和蒸发，以及热应力引起的损耗[77,78]、剥落等机械清理方式。随着缸壁表面温度升高，沉积物通过上述大部分机制被清除的速率就越快[87]。在某一时刻测得的沉积物质量，或者任何其他性质都反映了截至此时刻沉积物形成和清除过程之间的平衡关系。对于给定燃料，当某些沉积物形成被切断而沉积物清除速率增加，比如缸壁表面温度升高，则发动机中 CCDs 量会降低到一个新的平衡水平[80]。同样，在相同发动机条件下，用更易挥发的燃料，比如异辛烷和正庚烷混合物[89]，取代原来的燃料会使得沉积物形成暂时被切断，因为缸壁表面温度超过了新燃料沉积前体物形成的临界温度，沉积物质量和厚度将会向新的、较低的平衡点移动。通常来说，发动机转速增大、节气门开度加大、冷却液温度提高都会提高缸壁表面温度，同时点火提前以及增大压缩比也略有效果。不过压缩比增大会轻微降低排气门温度[19,20]。此外，混合气浓度增大会使得燃烧温度升高，从而提高缸壁表面温度，这一效果在混合气浓度超过化学当量比约 15% 时最明显[20]。因此增加发动机转速或负荷[74,90]、提高冷却液温度[72,80]和提高可燃混合气的化学当量比浓度[80]，均会降低 CCDs。事实上，在沉积物较多的发动机上，短暂提高发动机负荷就可以显著降低CCDs 量[77,91,92]。

肖尔和奥克特关于燃料性质对 CCDs 影响的先导研究[73]的结论，在很多其他研究中得到了验证。燃料性质中最重要的是沸点，在沉积物形成中最关键的燃料成分是沸点最高的那部分组分[93]。在给定沸点的情况下，汽油主要成分中最易形成CCDs 的是芳烃，最难的是烷烃；烯烃形成 CCDs 的难易程度居于上述两者之间。对芳烃形成沉积物的趋势而言，沸点是唯一决定性的因素[74]。环烷烃和环烯烃相比其对应的直链烷烃形成沉积物的趋势更明显[68]。多环芳烃（PNAs）因其结构是极易形成沉积物的物质；芳烃环之间如果也呈环状连接，相比苯环带支链的结构，它形成的沉积物更多[68]。同样，多环芳烃形成沉积物的趋势随苯环上的烷基支链数量和长度而增加[68]。很多经验研究表明，燃料形成 CCDs 趋势随其中的芳香烃含量增加而增加[67,94-98]。但所有研究中均没有将燃料成分变化的影响和燃料挥发性特征的影响独立分析。在上述诸多已发表的研究中，CCDs 形成的变化可能主要源自燃料沸点性质的变化。根据碳氢组分中前体物的沸点和不饱和度衍生出的新的参数被称为名义沸点，与实验室台架试验中跨越 4 个数量级的不同烃分子沉积物形成速率有很好的相关性[68]。

现代复合添加剂中包含溶剂和其他添加剂，且相比燃料沸点更高。在无铅汽油中加入后会导致 CCDs 生成增多，增多程度依赖于添加剂浓度和成分[40,97]。现代汽油中常加入这种清净剂，通常来说，加入该添加剂后 ASTM 未洗胶质会增加。然而，在不包含此类添加剂的燃料中，未洗胶质不能预测 CCDs 的生成趋势。因此，通过未洗胶质或热重力分析（TGA）结果来评估被测燃料生成 CCDs 趋势是不可能的[99]。

2. 燃烧室沉积物的成分、性质和结构

在发动机循环过程中，燃烧室表面温度会从冷却区的基准值增加 400℃[87]。活塞表面平均温度随位置和发动机工况的不同，在 200～300℃ 之间变化[19,20]。活塞温度也比对应的燃烧室表面部分温度高约 10～25℃[19]。燃烧室内不同位置的表面，因其面临的液体燃料、添加剂液滴、燃烧产物等不同，沉积物生成和清除的机制也不同。因此，燃烧室不同部位的沉积物的质量、厚度或沉积物性质会有显著不同[72,100-102]。比如，排气门上的表面温度较高，沉积物几乎全部由无机物组成[73,78,81,100]。相比其他区域的沉积物，燃烧室末端区域（即火焰前锋面最后到达的区域）的沉积物中含氧成分少、含碳成分多[81,100]，表明氧化状态较少[81]。末端区域沉积物中不挥发成分多于易挥发成分，表明更重的芳烃在此区域凝结。不同发动机[81,100]和相同发动机不同工况下[100]的沉积物也有显著不同（即氢碳比[H/C]）。

但通常来说，除排气门沉积物外，无铅汽油形成的 CCDs 与原燃油和机油比较，含有更高浓度的氧元素 [16%～25%（质量分数）] 和氮元素 [1%～2.5%（质量分数）] 以及更低的 H/C 比（0.6:1，对应的摩尔比 1.7:1.9）[72,79,100,102,103]，碳元素在 60%～70%（质量分数）之间。因此，燃油和机油相关的烷基成分损失和显著氧化过程都发生在 CCDs 形成之前，沉积物中还含有大量的可挥发成分；如果沉积物加热到 500℃，会损失大约 35% 质量的物质[81,102]。含铅汽油会极大增加沉积物的质量，约是无铅汽油的 8 倍。在铅浓度超过约 0.15g/L 限值的燃料中，沉积物的质量与铅浓度无关[1]。在含铅汽油中产生的沉积物中，铅元素占元素组成很大一部分[最高到 70%（质量分数）][79]。发动机润滑油同样会助长 CCDs 的形成[104,105]。

对于市场上无铅汽油生成的燃烧室沉积物，有报道称密度约为 1530kg/m³[104]。在另一项研究中，通过详细的厚度测量来估计沉积物体积，得出无铅汽油的沉积物密度为 1100～2000kg/m³[40]，测得的燃烧室沉积物的比热容在 0.84～1.84kJ/kg·K 之间变动[78,104]；似乎在沉积物碳含量和热容之间呈正相关关系[78]。测量从发动机上取出的沉积物的热传导性是非常难的，在很大程度上取决于沉积物在测量前制备成球形样本的方式[78]。其热传导性范围在 $0.17 \sim 0.8 W/m \cdot K$ 之间（见文献[106] 中的表1）。沉积物的热特性可能依赖于其形态，并且需要现场测量。此类方法已经被发展出来，依靠现场温度测量和建立沉积物传热模型来推测其热性质[75,76,88]。文献 [75，88] 测得的热扩散值在 $(0.85 \sim 4.2) \times 10^{-7} m^2/s$ 之间。也有研究得到了相近结果，发动机不同位置沉积物的热扩散值的变化范围在 $(0.57 \sim 3.4) \times 10^{-7} m^2/s$ 之间[107]。CCDs 的热传导性和热扩散性与发动机速度和负荷无关[108]。

沉积物最常被测量的参数是厚度和质量[66,82,89,101,109]。测量结果显示了燃烧室不同位置沉积物的厚度有所不同（例如，温度越高的区域沉积物厚越薄）[70,75,109]。文献 [85] 报道了沉积物稳定的局部厚度最高值为 $160\mu m$。活塞顶沉积物占 CCDs 总质量的比例通常约为 45%[40]。在固定组合的燃料/添加剂的指定发动机测试中，尽管结果数据存在大量离散分布，但测得的任何沉积物厚度和质量之间通常存在相关性[82,101]。

沉积物中同样还有金属元素，含铅汽油相比于无铅汽油形成更多金属类沉积物（增加2% ~6%），其他金属元素主要来自润滑油[79,102]。对于影响 CCDs 形成而言，润滑油的主要成分是基础油，CCDs 生成量会随机油中高分子且不易挥发成分浓度的增加而增加[110,112]。与缸盖沉积物相比，活塞顶端沉积物中来自润滑油添加剂的锌、钙和磷元素的浓度，最高能达到前者的 4 倍[72,104,105]；因此润滑油对活塞顶沉积物形成的影响比缸盖沉积物更大[72,105]。

研究人员已经得到了不同视角下不同 CCDs 的形貌结构。CCDs 碳元素是非晶体结构的（非石墨结构）且孔隙极多，并以热解机理形成的碳的非均匀颗粒状结构为代表特征[104]。埃伯特等人[102]对无铅汽油形成的沉积物进行了详尽地分析研究，发现 CCDs 是易挥发的碳质材料，更像烟煤而不是石墨。研究表明，DISI 发动机内形成的沉积物中近一半的物质含有易挥发的成分，且各部件上易挥发成分的浓度依以下次序逐渐降低：缸盖、活塞挤压表面和活塞顶部[113]。

沉积物中85% ~90%（质量分数）的碳元素来自芳烃，且这种芳烃度高于煤炭中发现的可比较的化学成分。沉积物复合结构中包含一个难溶的"骨架"，相比那些易挥发的、吸附在主体上的更小的分子，含有较多的氧元素和较少的氢元素[102]。Chapman 和 Williamson[79]发现了由无机材料组成的柱状和树枝状微结构。在这些材料之间填充着非晶体态的碳元素。这些易挥发的材料，与沉积物关系不大，非常像燃料中形成沉积物的重质馏分。沉积物中能检测到燃油和润滑油的未燃成分和氧化产物，其中包括：羧酸、金属羧化物、醚类、酮类、醛类和内酯类[94]。

沉积物中主要的分子层面划分似乎是来自燃油中的 2 - 4 环 PNAs[67]。对于指定量产的发动机而言，这些分子成分可能与燃料成分或者测试循环的苛刻度无关[67]。正是因为这种结构，CCDs 能够在发动机测试循环过程中吸收和释放燃料成分和燃烧产物[114]。研究表明，含芳烃较多的燃料会生成致密的沉积物，含芳烃较少的燃油会生成"蓬松"的沉积物[67,95]。目前，尚未发现缸盖和活塞顶部沉积物的结构存在实质性差异，但沉积物的结构会出现循环变动，这可能是由温度梯度引起的[67]。对在不同的测试循环下的两台量产发动机的沉积物研究发现，其分子结构很相似[67]。DISI 发动机上 CCDs 的主要化学成分和结构与 PFI 发动机[64,115]相似，同时对燃料是否包含含氧组分[113]或者是否是合成油[115]的依赖程度不高。

3.2　发动机沉积物对其性能和排放的影响

目前关于沉积物对发动机性能和排放的影响的研究有很多[116-171]。研究沉积物影响的试验通常很复杂、设备昂贵且重复性及再现性都很差。即便在车辆工况控制很好的情况下进行测试，不同汽车之间沉积物的影响也千差万别，并且区分喷嘴沉积物、进气系统沉积物和 CCDs 影响也很困难。沉积物影响发动机性能和排放的机理，由于所涉及过程的复杂性，还不能定量解释，但经过几十年的研究，沉积物大部分的影响已经可以定性解释。

3.2.1　喷油器沉积物的影响

PFI 喷嘴沉积物会导致燃料流动受阻，从而显著降低输出功率和汽车操控性能[2,10,15,23]。有数据显示，DISI 喷嘴结垢导致废气排放物、颗粒物、油耗显著增加以及驾驶性能的恶化[116]。选用与文献［116］不同的发动机进行试验，发现喷雾变差会导致发动机壁面油膜增多[117]，从而使得 HC 和 CO 排放增大。有研究表明，PFI 喷嘴沉积物会导致污染物排放增多，同时发动机控制系统失灵，无法修正不同气缸间结垢程度不同引起的油气混合不平衡[23]。柴油机喷嘴结垢以及燃油流动速率降低，会导致输出功率下降，内部沉积物引起针阀黏着也会带来操控性能问题和更高的排放。通常来说，燃油喷射过程受影响或者喷雾发生劣变（对 DISC 以及现代柴油机，获得与工况匹配的混合气非常重要），均会导致性能问题。

3.2.2　进气门沉积物的影响

IVDs 会通过降低节气门全开情况下发动机的进气流量，引起功率损失[10,23,118,119]，这又相应导致加速时间延长。对于那些依赖于缸内混合气质量的发动机而言，IVDs 还会扰乱空气流动形式，从而对燃烧的各方面产生恶化影响[10,118]。在 PFI 发动机上，IVDs 会引起冷起动和热机阶段驾驶性能问题，比如喘振和节气门响应差等[47,52,54,120]。IVDs 还会破坏油气混合过程，例如产生未蒸发燃料导致混合气过稀[47]。最近的研究也表明 IVDs 具有多孔性结构，可吸附燃料组分，从而破坏油气混合准备过程[121]。已有一些精确控制的行车测试[168,122]和发动机测试[124]表明，加入控制沉积物形成的添加剂对油耗的改善效果在 1% 左右。数据显示，道路测试下排放物也有显著改善（例如 HC 排放降低约 11%）[168]。这些添加剂会保持喷嘴的洁净，但可能影响 CCDs，因此有必要进一步研究[124]。比如，用两台完全相同配置的车辆开展试验研究，一台燃用基准燃料，另一种则加入了添加剂。结果显示，当节气门未全开时，IVDs 会增加 NO_x 排放[10,118]。在单缸机上的研究表明[118]这种现象是由燃烧速率增加引起的，这可能是 IVDs 通过储存的热量加热了进气。在一些发动机上，IVDs 会增加对燃料辛烷值的要求（ORI）[48,49,140]（详见本章 3.2.3 小节）。同样，这也可能是由于 IVDs 对进气充量的加热效应引起的。

3.2.3　燃烧室沉积物的影响

在所有沉积物中，CCDs 对发动机性能和排放的影响受到了最多关注。在众多独立实验研究中，CCDs 对燃烧室壁面传热的影响已得到了证实[19,75～78,92,104,106,107,109,125]。这些沉积物是良隔热体，同时也是储热物质，它们在一个循环吸收热量，然后在下一个循环中将热量传递给新鲜充量。它们也会占用燃烧室容积，从而增大压缩比。最后，它们还会吸收和释放未燃燃料和促爆成分，同时通过催化影响加速燃烧室内化学反应。随着沉积物在燃烧室内累积，离开燃烧室的最大热通量[19]以及平均热通量[109]都会降低，通过冷却液损失的热量减少[77,126,127]，耗气量降低[77,127,128]，容积效率降低[92,128,130]，同时火焰传播速率增大[109,126,128]。因此，进入燃烧室的新鲜充量被沉积物加热。哈罗和奥尔曼通过实验估计热沉积物可使缸内充量温度提高约 11℃[128]。通过沉积物层的热传递模型同样表明沉积物表面温度、气体温度及末端气体温度随着沉积物累积都会升高[130-135]。斯图津斯基等人[135]估计，由于燃烧室容积变小，气体温度上升约 10℃，同时由于沉积物引起的传热影响，温度上升约 50℃。

结合上述讨论，可在一定程度上理解本小节下面部分将讨论的 CCDs 对发动机运行的影响。

1. 辛烷值

在汽车使用过程中，发动机内部沉积物累积，导致发动机出现爆燃的倾向，这引起对燃料辛烷值（OR）的要求逐渐增高。在发动机台架测试或者车辆测功机测试中，工况条件要么是固定不变的要么是重复循环，OR 在初始阶段增长迅速，随着沉积物量稳定也达到了一个平衡值。然而在行车测试时，辛烷值的平衡以及达到平衡所需里程数有时难以确定[48,105]。类似辛烷值要求指数（ORI）的概念，是否仅能从统计学上用于在用汽车的研究一直未有定论[48]。

对于燃用无铅汽油、行驶里程超过 19200km 的现代汽车，其 ORI（"稳定" OR 和初始 OR 之差）的典型值介于 3～5 之间，同时对于相同车型的不同车辆之间 ORI 可能大不相同，从 0 到 15 不等。新车，即便是相同车型，对于辛烷值的要求也有很大差异，但随着汽车的使用，发动机对辛烷值的要求就分布在很小的范围

内，也就是说初始辛烷值要求（IOR）越大，ORI 越小[48,78,83,137]；有一个对应的经验公式，即

$$ORI = A - B(IOR)$$

其中 A 和 B 都是固定值。在美国[48]和日本[78]的汽车，B 值约为 0.4。

通常来说，能够增加燃烧室沉积物量的因素也会导致对辛烷值要求的增长，比如沸点高[137]、芳烃含量多[50,96,97]以及含有某些添加剂等[111,136,137]。然而，在一些发动机测试和道路测试中发现，相比基准燃料[133,139]，某些燃料添加剂是中性的或者有益的（比如降低 ORI）。同样，一些能清除 CCDs 的因素，比如大负荷工况[77,83,91,111,137]、在沉积物较多的发动机上燃用异辛烷[127]等，也能降低辛烷值要求。在发动机控制测试中，能够在 CCD 生成量和 ORI 之间建立一个合理的整体关系[78]，但这只是例外而不是规律。通常情况下，CCD 生成量和 ORI 之间不存在明确关系[66]。燃烧室不同位置的沉积物对 ORI 有不同程度的影响，已经通过选择性的连续清除不同沉积物对这一问题进行了研究。比如，末端气体（即最后发生燃烧的区域）沉积物对 ORI 的影响是最大的[111]，而活塞顶上沉积物的影响比缸盖沉积物要小[109]。在某些发动机上，进气门沉积物对 ORI 的影响非常明显[48,49,133,139,140]。

CCDs 影响 ORI 主要是因为 CCDs 通过将上一个循环储存的热量传递给下一个循环的新鲜充量，从而提高了混合气温度。CCDs 引起的表面温度升高也起了一定作用。在无铅汽油中，由于 CCDs 会占据一定容积从而会提升压缩比，CCDs 引起的容积影响占所有对 ORI 影响因素的 10% 左右[111]。此外，可能还存在一种化学机制：即 CCD 吸收类似过氧化氢的稳定促爆组分，并将其释放到末端混合气位置促进爆燃出现[89,134]。这类化学机制的应用范围以及化学和物理机制之间的平衡，必然依赖于沉积物和所用燃料的性质，但目前阶段还不能被解释。进气系统沉积物如何影响 ORI 目前也未被揭晓。因此，ORI 是一种复杂的现象，即便经过几十年广泛的研究，仍未被完全理解。

像其他沉积物相关的研究一样，有关 ORI 的测试也存在重复性差和再现性难的问题，它也是一项要投入大量人力和财力的工作。很多研究已经强调了在 ORI 测试以及从中得出可靠又好用结论的难处[66,105,111]。因此在评估不同添加剂对 ORI 的影响差异时，明白难点的存在是很重要的。

2. 油耗

纳卡穆拉、米川和冈本一平[78]在 11 辆不同汽车上进行的研究发现，随着沉积物增加以及辛烷值要求提高，燃油经济性在最极端的情况下改善了 13%。清除CCDs 后再测量油耗[78,125]证实了油耗的改善主要是由 CCDs 引起的。这些汽车进行路测时燃用无铅汽油，燃油经济性在一个 "10 - mode" 循环测得。他们在另一台在底盘测功机上以 60km/h 的恒定速度运行的汽车上发现，燃油经济性在10000km 处改善了 9%，且其中油耗改善主要发生在前 5000km。在另一项实验中[78]，他们在一台实验发动机缸盖表面涂上特氟龙材料之后发现，涂层的厚度会

导致辛烷值要求提高，燃油经济性改善；当涂层厚度为 0.08mm 时，发动机在固定转速和负荷下油耗改善了 15.4%。

卡尔哈吉等人[109]的研究表明，发动机节气门在部分开度情况下，随着沉积物累积，比油耗降低了约 7%，且主要表现在测试开始阶段。通过分阶段清理沉积物，他们发现几乎所有的影响都归因于缸盖沉积物，而活塞顶沉积物影响很小。斯平克等人[122]对三组燃用不同无铅汽油和添加剂组合的汽车进行了研究，每组包含 15 辆车。路测结果表明，相比初始阶段无沉积物的情况，超过 16000km 后，燃油经济性改善约 17%。除了部分源自磨合阶段摩擦损失降低外，几乎所有这些油耗改善发生在最初的 4800km。

在 ECE 测试循环中，给定车辆组燃油经济性改善了 2.4% ~ 4.5%[122]；第一次油耗测量是在测试开始后 1600km，最后的油耗测量是在 16000km 后。似乎在沉积物累积的初始阶段油耗改善最显著。如果不是在真正清洁发动机上进行油耗测量，那么油耗的初次测量值和沉积物引起的油耗改善都会较小。斯平克等人[122]关于油耗改善的原因并不能明确归因于 CCDs，因为他们没有清除 CCDs 进行任何油耗的"核对"测量。

格拉夫用两个发动机试验台架和一辆测试车测量了不同转速和路况负荷条件下的油耗[139]，发现在所有情况下清除 CCDs 后都会引起油耗升高约 2%。Woodyard 在两台试验台架上也得到了相似的结果[66]。缇苏米等[140]研究了燃烧室表面粗糙度的影响，他们在发动机测试中测量了节气门全开、不同转速下的油耗，见参考文献［140］中的图 15，发现当 CCDs 开始累积，在不超过 6000r/min 的所有转速下，发动机的有效比油耗均降低约 2%。米川等人通过分析缸压曲线评估了 CCDs 对单缸发动机能量平衡的影响，发现在固定转速和负荷下油耗的改善，主要是因为冷却液传热损失减少[126]；同时更快的火焰传播也起了一定作用。在低速、小负荷情况下，相比全负荷情况，冷却液传热损失占燃料能量的比例较大[141]。因此大负荷时，CCDs 对燃油经济性的改善效果就变得不显著。

因此，通常 CCDs 有益于油耗的改善与引起辛烷值要求提高的原因相同，尽管这种改善程度可能在不同的发动机类型和运转工况条件下有所不同。

3. 燃烧室沉积物脱落及相关问题

一些小的 CCDs 薄片会破碎脱落，被压在排气门和气门座之间。这会导致发动机起动困难、碳氢排放增加以及运转不稳定[142-145]。在过去，美国和欧洲也报道了与该现象相关的严重现实问题。这些问题经常发生在中等负荷运行 8000 ~ 16000km 的车上，大多是在城市内驾驶。通常来说，车主驾车开了很短的距离，比如晚上发动机已经冷却时从屋前到车库，次日早上汽车发动机就会变得起动困难。此类问题的发生概率在欧洲冬天的几个月最高。已有研究表明，引起这类问题的原因是车辆运行停止后 CCDs 薄片脱落。当发动机再次起动时，这些脱落的薄片被挤压在排气门和气门座之间，最终导致缸内压缩损失增大。在三个车型上的研究发现，沉积物剥落也会直接导致通过阀门的漏气增大，以及起动性问题[145]。发动机不能起动的问题是沉积物剥落导致排气门座匹配恶化的一种极端表现。也许，这个问题比我们了解的还要常见，只是通常检测不到。在私下交谈中，有些发动机专家认为在现代发动机上，车载诊断系统（OBD）出现与排放增加有关的故障指示时，通常与沉积物的剥落有关。

　　CCDs 接触水后最有可能发生剥落。在发动机正常运转过程中，来自大气或者燃烧产物的水蒸气会在车辆停止后凝结在沉积物上，从而触发了沉积物剥落。显然这种情况最可能发生在冬天发动机起动前是冷的，经过短暂运转后仍然很冷。图 3-7 引自参考文献［144］，举例说明了水引起的 CCD 剥落。图 3-7a 中，一台六缸发动机在运行超过 4800km 后活塞顶部遍布沉积物。图 3-7b 中是经过两天轻微

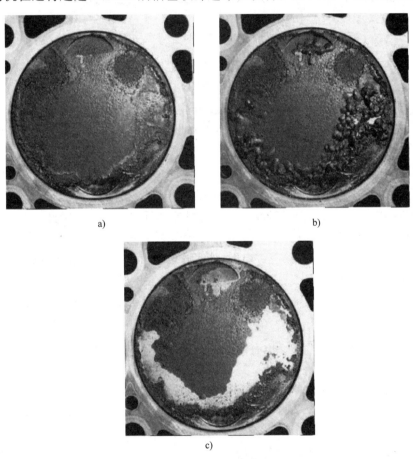

a)　　　　　　　　　　　　　　b)

c)

图 3-7　燃烧室沉积物脱落[144]

a) 为活塞顶沉积物，取自运行 4800km 路测后六缸发动机的某一缸

b) 为 a) 图沉积物喷水两天后效果图　c) 为 b) 图轻吹后出现的沉积物脱落效果

喷水后相同的活塞顶部，可以看出部分沉积物已经剥落。这些脱落的碎片非常松散，轻轻吹一下就可能轻松移除，如图 3-7c 所示。落在沉积物上的燃油喷雾同样会使其剥落，但水的效果更明显[143,144]。

很多情况下即便不喷水也会发生明显的沉积物剥落[144]。车辆停用几天后沉积物吸收环境中的水蒸气也足以引起剥落现象。在某些情况下，在沉积物上滴一滴水，水滴几分钟后就会消失，而液滴位置的沉积物表面开始起泡，沉积物碎片变得松散，经过剧烈晃动，这些碎片可以跳离金属表面几厘米高[143]。沉积物形成位置的热状态对于其是否剥落非常重要[143,144]。路测时发现，温和的驾驶循环比较猛烈的驾驶循环产生的沉积物更容易剥落[144]。用于控制喷嘴和 IVDs 的清净剂通常会抑制沉积物脱落[143,144]，这可能是通过降低 CCDs 的透水性来实现的。

4. 排放

完全清除 CCDs 后可降低 NO_x 排放[135,146-149]。在车辆测试中，随着测试进行以及沉积物积累，NO_x 排放通常逐渐升高[122,150]。斯图津斯基等人[135]的研究表明，与缸盖沉积物相比，活塞顶沉积物对 NO_x 排放的影响较小；他们的建模研究将 NO_x 排放增加与 CCDs 引起的气体温度升高联系到一起。在一项对 DISI 发动机的研究中，Watanabe 等人[151]发现发动机在低速分层充量运转时，CCDs 会引起 NO_x 排放增加。

目前至少存在三种机制可通过 CCDs 影响 HC 排放。首先，已有研究表明燃烧室表面温度升高，比如冷却液温度升高引起的升温，会降低 HC 排放[149,152-154]，那么 CCDs 也会导致表面温度升高，也就有可能降低 HC 排放；其次，环隙容积是 HC 排放的主要来源，而缝隙沉积物有可能会降低缝隙容积，CCDs 正是通过这种机制降低了 HC 排放[149]；第三，CCDs 能吸收燃料 HC 成分，在排气行程基本不变地将其释放出去[82,149,155,156]。基于假设，在上述三种机制共同作用下 CCDs 既可能增加[147,149,156-158]也可能降低 HC 排放，关键看哪一种起主要作用，文献［122，150］的研究也表明了这一点。在以上车辆测试中，IVDs 和燃油系统中的沉积物通过使用添加剂来控制。不过，也有两项研究表明[146,159]，从统计上看 CCDs 对 HC 排放没有显著影响。

CCDs 对 CO 排放影响的经验证据也同样复杂[40]。而文献[122,150]在车辆测试的研究表明 CCDs 会降低 CO_2 排放量，这与本章第 3.2.3 小节中讨论的油耗降低的情况一致。

5. 燃烧室沉积物干涉或者碳敲击

现代大多数发动机在活塞边缘会有扁平区域。在压缩行程中，当缸内充量靠近缸盖的类似扁平区域时，会引起气体径向运动，俗称"挤气"。在上止点时，缸盖和活塞顶在挤气区域的间隙最小。为了降低排放，降低挤气区域间隙已成为设计趋势，比如 0.7mm 的小间隙[160]。因为制造公差的问题，在某些车辆上不可避免地存在挤气区域间隙的实际值小于设计值。此外，当发动机温度降低时，活塞上升会有略微倾斜[160]，尤其是在低速情况下[72]，这种摇摆运动进一步降低了活塞和缸盖之间的极小间隙。在某些情况下，CCDs 的出现完全填补了这一极小间隙，从而导致活塞头直接撞击到缸盖表面。这种发出 1~10kHz 频率范围[72,82,161]的嘈杂声音在不同文献中有不同描述，比如碳敲击、碳振动、沉积噪声以及燃烧室沉积物干涉（CC-DI）。一些发动机厂商经历过这样的问题，并且在 1990 年初将关注点放在 CCDs 上，随后在 1993 年举办了 CCDs 相关的专门研讨会，并在会上就该问题进行了广泛的讨论[66]。然而，通过对发动机设计的改进，该问题似乎已经得到了解决。

6. 燃烧室沉积物的其他影响

CCDs 的存在会使得节气门全开下发动机的最大功率输出下降，这是由于 CCDs 会提高进气温度，从而导致可吸入缸内的进气质量下降。不过，对于沉积物过多的发动机，节气门开到最大时，CCD 累积量会降低（参考本章第3.1.3小节），因此输出功率会稳定增长[92]。最终，稳定后的输出功率比无沉积物发动机降低约 6%~10%[92,129]，此类评估需要在燃用无铅汽油的现代发动机上进行验证。CCDs 还会显著影响老旧发动机的早燃（参考第5章）。

火花塞上的沉积物可能会引起火花塞结焦。格林希尔茨发布了一项权威研究，关于含铅汽油沉积物引起的火花塞陶瓷芯上结焦[161]。在汽车生产和最初的交付运输阶段，多次非常短的行程会生成碳沉积物，现代发动机上偶尔出现此类沉积物引起的火花塞结垢的问题[162-164]。碳层上的湿润沉积物会在中心电极和外部壳体之间生成导电层，从而导致漏电和火花塞间隙点火失败[163,164]。相反，点火辅助添加剂会在火花塞电极上，尤其是阴极，生成低电子逸出功的沉积物，从而提高火花塞的能量转换效率。同时也会加快早期火焰传播，极大改善着火边界附近的火花塞点火能力[165-167]，从而减少失火出现，扩展稀燃界限以及提高驾驶性能[169]。然而，这些添加剂包含低电子逸出功的金属，比如钾。因为此类添加剂对后处理催化器的影响，目前已不再使用。

活塞环槽区域形成的沉积物会引起活塞环黏着、阻塞或者断裂，以上情况都会导致发动机故障并缩短发动机寿命[171]。相比燃油/燃烧系统，此类沉积物形成与润滑油系统的关系更密切。活塞沉积物通过类似评估 SI 发动机机油的 ASTMD7320 标准化测试方法来评估，但这些沉积物不存在于燃烧室中，也就不直接影响燃烧。

表3-1 列出了影响发动机沉积物形成的主要因素，表3-2 列出了沉积物对发动机性能和排放的影响。

表 3-1　影响沉积物形成的主要因素

	喷嘴沉积物			PFI 发动机上的 IVDs	SI 发动机上的 CCD
	PFI 发动机	DISI 发动机	柴油机		
烯烃含量	增长	—	—	增长	—
芳烃含量	—	—	—	—	增长

（续）

	喷嘴沉积物			PFI 发动机上的 IVDs	SI 发动机上的 CCD
	PFI 发动机	DISI 发动机	柴油机		
燃料挥发性	—	（随 T90 降低而）增长	—	增长	减少
清净剂	减少	减少	减少	减少	某种添加剂下会增长
进气温度	—			增长	
表面温度	增长	增长	增长	增长到极限值	减少
机油沿气门杆流下	—	—	—	低速增加然后下降	增长

表 3-2　沉积物的影响

运转参数	相比干净的发动机有影响
燃油经济性	因为喷嘴沉积物和 PFI 发动机中的 IVDs 存在而恶化——路测结果表明加入保持喷嘴和气门清洁的添加剂后，油耗会改善约 1% ~ 2%。不过在 SI 发动机中由于 CCDs 的存在，减少了冷却液传热损失，油耗改善最大为 15%
最大输出功率	减少，由于喷嘴沉积物存在降低了燃油流量，且 CCDs 会引起进气时容积效率降低
驾驶性能	所有喷嘴沉积物都会引起驾驶性能恶化，原因包括燃料流量减少，柴油机喷嘴内沉积物引起针阀粘着，PFI 发动机中 IVDs 引起燃油阻塞，CCDs 脱落破坏气门的密封
排放	喷嘴沉积物会引起排放增多——可能是因为喷雾形状被破坏，以及同驾驶性能恶化一样的原因。CCDs 增大了 NO_x 排放因为缸内燃烧温度升高
辛烷值需求（OR）	CCDs 的出现会增大 OR，主要因为其对进气的加热作用。在少数发动机上 IVDs 也会导致 OR 增加
起动性能	由于火花塞结垢或者 CCD 脱落引起的压缩损失会导致 SI 发动机起动性能下降

3.3　沉积物控制

发动机及其零部件设计影响沉积物形成，同时沉积物也会影响发动机运转情况。比如，进气道喷油器位置和设计以及其周围环境，会影响热浸期间平均喷油器顶部温度，也就会影响 PFI 沉积物形成[23,25]。用于排放控制的 EGR 和 PCV 气流也会影响沉积物形成。有时通过发动机结构优化设计，能避免过多沉积物形成或者缓解沉积物的影响。比如，早期的 DISI 发动机会遇到 IVDs 过高的问题。通过对 EGR 流动和气门杆润滑油流动再设计，似乎已经解决了这个问题。而碳敲击则简单地通过增大顶隙间隙也得到了缓解。与 CCDs 脱落有关的问题也已经解决，因为对燃油和添加剂未进行特别改变的情况下实际问题已经消失。上述改变如何完成目前还不清楚，不过归根到底可能与喷油系统优化设计和改变燃料与CCDs之间相互作用的策略有关。

最常用控制沉积物的方法在一定程度上通过燃油和润滑油配方优化来实现。不过，在考虑沉积物控制时，单纯控制基础油成分是非常困难且耗费财力的。在过去，为了提高燃料的抗爆性或者炼油产量，通常美国常规级汽油会增加烯烃含量，这样的措施有时对于控制IVDs和PFI沉积物形成不利[15]。此外，大部分市场上燃料零售商之间也会进行产品交换，因此他们无法彻底控制基础油的成分。因此，对于控制PFI[10,15,122,123,170,172]、DISI[116,173,174]和柴油机[31,32]喷嘴沉积物，以及PFI发动机IVDs[176,23,122,123]来说，燃油添加剂的使用是最实际有效的方法。

典型的添加量为活性材料的$(30\sim200)\times10^{-6}$倍，复合添加剂中超过一半的成分可以是溶剂。加剂量较低时，即"保持清洁"加剂量，意味着防止新发动机上沉积物累积；而加剂量较高时，即清洁剂量，可清除已经累积的沉积物。在PFI发动机上，现代复合添加剂的使用量要保持IVDs在可接受的水平，而这也可保持喷油器洁净。有研究表明，目前还没有实用的添加剂方案可控制CCDs，尽管文献[175]发现高剂量的（大于0.2%活性材料）、基于聚醚胺化学的添加剂可降低CCDs量。在这种情况下，沉积物的清除主要发生在进气门附近的燃烧室缸盖上，这类沉积物似乎对进气系统具有一定的去垢能力。润滑剂成分配方对DISI发动机IVD控制具有更大的影响，其中燃油和IVDs之间没有直接相互作用[63]。

沉积物控制添加剂（DCA）复合剂中主要活性成分是一种清净剂或者分散剂。一些通常用于沉积物控制的化合物包括氨基酰胺、聚醚和聚异丁烯胺、烷基和聚异丁烯琥珀酰亚胺、羟基聚胺氨基甲酸酯。它们均是由可溶性碳氢聚合物组成的表面活性材料，通过合适的链接组与极性头相连[172,176]。聚合物的选择对最大限度减少不良副作用至关重要。极性头通常包含氮元素，有时也有氧原子。这些物质会吸附在金属表面或者沉积前体物上，而烃物质分子的尾端则插入到燃料中[172]。DCA的分子质量主要由烃物质分子的尾端长度决定。清净剂通过在金属表面产生薄的烃膜以阻止沉积物形成，或者在"保持清洁"模式下阻止沉积前体物黏附在金属表面[22,177]来发挥作用。DCAs也能与沉积前体物反应生成微胶粒，从而阻止沉积物生成[22]（与分散剂的作用相同），特别是润滑油中的添加剂可能以相同的方式起作用[42]。

有研究表明，高分子量的（约1000MW）DCAs在分散处理沉积前体物方面较好，因为其较长的烃物质分子的尾端结构使其易于溶解在燃料中，而小分子量（小于500MW）DCAs更擅长金属表面的吸收[172]。在清除模式下添加剂使用量较高，DCA通过溶解沉积物可溶部分起作用，而该部分可能使得沉积物固定在金属表面[22,177]。在这种模式下添加剂与沉积物一起移动，需要用更快的速率取代已结合的部分。因此，相比保持清洁模式，就需要更高的浓度[177]。DCAs有时和高沸点、热稳定性好的溶剂一起使用[49,51,58]，比如肥皂和水，载液是水[170]，载液能够溶解某些沉积物，同时它们自身也能控制某些类型的沉积物[170,49]。

DCA 复合剂的有效性取决于沉积物的性质，在不同种类汽油和不同发动机运行工况下，沉积物的性质可能千差万别。复合添加剂也需要适当处理，以应对特定区域的沉积物。因此，在化油器发动机上应用良好的小分子量清净剂会在 PFI 发动机上表现较差，导致 IVDs 大幅增加，而这又促进了新型清净剂化学的发展。当然，也有基于燃烧过程优化的新型复合剂，能有效提升燃烧效率、改善污染物排放，同时有效清除沉积物。图 3-8 所示为使用 AK – ANI 燃烧技术带来的缸内沉积物改善。

AK-ANI 在清除和防止发动机积炭的形成方面特别有效，因此有助于减少维修并延长发动机使用寿命

图 3-8 应用新型燃烧技术带来的清除缸内沉积物作用

当市场上引入新的复合添加剂时，应该对其可能产生的副作用进行正确评估并保持警惕[170,172,175,176]。副作用包括燃料储存和处理方面的问题，比如耐储存性、添加剂分离和损耗、油箱滤器阻塞、乳化以及灰尘杂质；材料兼容性（比如，对燃油系统密封环的影响）；毒性和润滑油变质等。当燃油添加剂混进润滑油中会导致后面几种问题出现，通常会使得润滑油黏性逐渐增大[175,176]。然而此类过程的益处也在文献中有报道。比如，机油中 DCAs 的积累会改善发动机中机油影响部位的清洁度[178,179]。

3.4　其他沉积物

在过去，清净剂有时会与润滑油和燃油接触反应，在气门杆上生成黏性沉积物，从而导致进气门滞后打开、冷起动困难和驾驶性问题，甚至会引起发动机损毁[43,180,181]。在现代柴油机上，EGR 冷却器使用越来越普及，目的是为了降低 EGR 气体温度以降低 NO_x 排放。多孔炭烟沉积物层会在 EGR 冷却器内形成，导致 EGR 冷却器效率下降，并引起 EGR 冷却器两端压差增大。这一过程会严重影响发动机 NO_x 排放量的控制[182,183]。一种可能的控制办法是采用高 EGR 率、高冷却器表面温度[182]。用水蒸气或者冷凝水润湿沉积物——烟炱作用会使得沉积物的清除更容易[183]。在现代柴油机控制 NO_x 排放的尿素 – SCR 系统中也会形成沉积物。文献［184］讨论了此类沉积物的形成和控制方法。

3.5　参考文献

3.1. Kalghatgi, G.T. 1990. "Deposits in Gasoline Engines—A Literature Review." SAE Paper No. 902105. SAE International, Warrendale, PA.

3.2 Benson, J.D., and Yaccarino, P. 1986. "Fuel and Additive Effects on Multiport Fuel Injector Deposits." SAE Paper No. 861533. SAE International, Warrendale, PA.

3.3 Lacey, P., Gail, S., Kienz, J-M., Milovanovic, M., and Gris, C. 2011. "Internal Fuel Injector Deposits." SAE Paper No. 2011-01-1925. SAE International, Warrendale, PA.

3.4 Schwab, S.G., Bennett, J.J., Dell, S.J., Gallante, J.M., Kulinowski, A.M., and Miller, K.T. 2010. "Internal Injector Deposits in High-Pressure Common Rail Diesel Engines." SAE Paper No. 2010-01-2242. SAE International, Warrendale, PA.

3.5 Ullmann, J., Geduldig, M., Stutzenberger, H., Caprotti, R., and Balfour, G. 2008. "Investigation into the Formation and Prevention of Internal Diesel Injector Deposits." SAE Paper No. 2008-01-0926. SAE International, Warrendale, PA.

3.6 Quigley, R., Barbour, R., Fahey, E., Arters, D.C., Wetzel, W., and Ray, J. 2011. "A Study of the Internal Diesel Injector Deposit Phenomenon." Paper presented at the Eighth International Colloquium Fuels. TAE, Esslingen, January 19–20.

3.7 Hilden, D.L. 1988. "The Relationship of Gasoline Diolefin Content to Deposits in Multiport Fuel Injectors." SAE Paper No. 881642. SAE International, Warrendale, PA.

3.8 Kim, C., Tseregounis, S.I., and Scruggs, B.E. 1987. "Deposit Formation on a Metal Surface in Oxidized Gasolines." SAE Paper No. 872112. SAE International, Warrendale, PA.

3.9 Tseregounis, S.I. 1988. "Thin Deposit Films from Oxidized Gasoline on Steel Surfaces as Determined by ESCA." SAE Paper No. 881641. SAE International, Warrendale, PA.

3.10 Taniguchi, B.Y., Peyla, R.J., Parsons, G.M., Hoekman, S.K., and Voss, D.A. 1986. "Injector Deposits—the Tip of Intake System Deposit Problems." SAE Paper No. 861534. Also in *Special Publication 713*, "Deposit Formation in Gasoline Fuel Injected Engines." SAE International, Warrendale, PA.

3.11 Caprotti, M., Takaharu, S., and Masahiro, D. 2008. "Impact of Diesel Fuel Additives on Vehicle Performance." SAE Paper No. 2008-01-1600. SAE International, Warrendale, PA.

3.12 Barbour, J., Arters, D., Dietz, J., Macduff, M., Panesar, A., and Quigley, R. 2007. "Diesel Detergent Additive Responses in Modern, High-Speed, Direct-Injection, Light-Duty Engines." SAE Paper No. 2007-01-2001 (JSAE20077144). SAE International, Warrendale, PA.

3.13 Tang, J., Pischinger, S., Lamping, M., Körfer, T., Tatur, M., Tomazic, D. 2009. "Coking Phenomena in Nozzle Orifices of DI-Diesel Engines." SAE Paper No. 2009-01-0837. SAE International, Warrendale, PA.

3.14 Kolobielski, M., and McCaleb, F. 1986. "Gasoline and Engine Oils: Literature Review, New Laboratory Oxidation Method and Significance of Olefins in Fuel." Report No. 2296, U.S. Army MERD Command, Government Accession No. ADA 086740.

3.15 Tupa, R., and Koehler, D.E. 1986. "Gasoline Port Fuel Injectors— Keep Clean/Clean Up with Additives." SAE Paper No. 861536. SAE International, Warrendale, PA.

3.16 Aradi, A.A., Imoehl, B., Avery, N.L., Wells, P.P., and Grosser, R.W. 1999. "The Effect of Fuel Composition and Engine Operating Parameters on Injector Deposits in a High-Pressure Direct Injection Gasoline (DIG) Research Engine." SAE Paper No. 1999-01-3690. SAE International, Warrendale, PA.

3.17 Esaki, Y., Ishiguro, T., Suzuki, N., and Nakada, M. 1990. "Mechanism of Intake-Valve Deposit Formation. Part I: Characterization of Deposits." SAE Paper No. 900151. SAE International, Warrendale, PA.

3.18 Finlay, I.C., Harris, D., Boam, D.J., and Parks, B.I. 1985. "Factors Influencing Combustion Chamber Wall Temperature in a Liquid Cooled Automobile Spark Ignition Engine." *Proceedings of the Institution of Mechanical Engineers* 199(D3):207.

3.19 Hayes, T.K., White, R.A., and Peters, J.E. 1993. "Combustion Chamber Temperature and Instantaneous Local Heat Flux Measurements in a Spark Ignition Engine." SAE Paper No. 930217. SAE International, Warrendale, PA.

3.20 French, C.C.J., and Atkins, K.A. 1973. "Thermal Loading of a Petrol Engine." *Proceedings of the Institution of Mechanical Engineers* 187(49):561–573.

3.21 Gerber, A.F., and Smith, R.G., 1971. "Some Effects of Exhaust Gas Recirculation Upon Automotive Engine Intake System Deposits and Crankcase Lubricant Performance." SAE Paper No. 710142. SAE International, Warrendale, PA.

3.22 Marbach, H.W., Johnston, A.A., Bowden, J.N., and LePera, M.E. 1979. "A Novel Laboratory Method for Evaluating Induction System Deposits in Gasoline Engines." SAE Paper No. 790204. SAE International, Warrendale, PA.

3.23 Tupa, R.C. 1987. "Port Fuel Injector Deposits: Causes/Consequences/ Cures." SAE Paper No. 872113. SAE International, Warrendale, PA.

3.24 Abramo, G.P., Horowitz, A.M., and Trwella, J.C. 1986. "Port Fuel Injector Cleanliness Studies." SAE Paper No. 861535. Warrendale, PA.

3.25 Cracciolo, F., and Stebar, R.F. 1987. "An Engine Dynamometer Test for Evaluating Port Fuel Injector Plugging." SAE Paper No. 872111. SAE International, Warrendale, PA.

3.26 Lenane, D.L., and Stocky, T.P. 1986. "Gasoline Additives Solve Injector Deposit Problems." SAE Paper No. 861537. SAE International, Warrendale, PA.

3.27 Tupa, R.C., Taniguchi, B.Y., and Benson, J.D. 1989. "A Vehicle Test Technique for Studying Port Fuel Injection Deposits—A Coordinating Research Council Program." SAE Paper No. 890213. SAE International, Warrendale, PA.

3.28 Richardson, C.B., Gyorog, D.A., and Beard, L.K. 1989. "A Laboratory Test for Fuel Injector Studies." SAE Paper No. 892116. SAE International, Warrendale, PA.

3.29 Kinoshita, M., Saito, A., Matsuhita, S., Shibata, H., and Niwa, U. 1999. "A Method for Suppressing Formation of Deposits on Fuel Injector for Direct Injection Gasoline Engine." SAE Paper No. 1999-01-3656. SAE International, Warrendale, PA.

3.30 Ashida, T., Takei, I., Hohi, H. 2001. "Effect of Fuel Properties on SIDI Injector Deposits." SAE Paper No. 2001-01-3694. SAE International, Warrendale, PA.

3.31 Caprotti, R., Bhatti, N., and Balfour, G. 2010. "Deposit Control in Modern Diesel Fuel Injection Systems." SAE Paper No. 2010-01-2250. SAE International, Warrendale, PA.

3.32 Arpaia, A., Catania, A.E., D'Ambrosio, S., Ferrari, A., Luisi, S., and Spessa,

E. 2009. "Injector Coking Effects on Engine Performance and Emissions." ASME Paper ICEF 2009-14094. In *ASME (USA), ASME-ICEF,* Lucerne, Switzerland September 20–23.

3.33   Birgel, A., Ladommatos, N., Aleiferis, P., Zulch, S., Milovanovic, N., Lafon, V., Orlovic, A., Lacey, P., and Richards, P. 2008. "Deposit Formation in the Holes of Diesel Injector Nozzles: A Critical Review." SAE Paper No. 2008-01-2383. SAE International, Warrendale, PA.

3.34   Ikemoto, M., Omae, K., Nakai, K., Ueda, R., Kakehashi, N., Sunami, K. 2011. "Injection Nozzle Coking Mechanism in Common-rail Diesel Engine." SAE Paper No. 2011-01-1818. SAE International, Warrendale, PA.

3.35   "CEC F-98-08: Direct Injection, Common Rail Diesel Engine Nozzle Coking Test." Issue 4, March 3, 2011. Coordinating European Council. Desford, UK.

3.36   Williams, R., and Balthasar, F. 2009. "Diesel Fuel Degradation and Contamination in Vehicle Systems." Paper presented at the Fuels 2009—7th International Colloquium, Technische Akademie Esslingen (TAE), Ostfildern, Germany.

3.37   Quigley, R., Barbour, R., and Marshall, G. 2007. "Trace Metal Contamination of Diesel Fuels." Paper presented at the Fuels 2007—6th International Colloquium, Technische Akademie Esslingen (TAE), Ostfildern, Germany.

3.38   Barbour, R., Quigley, R., Browne, D., and Panesar, A. 2011. "A Comparison of Peugeot DW 10 Dynamometer and Vehicle Engine Performance." Paper presented at the Fuels 2011—8th International Colloquium Fuels, Technische Akademie Esslingen (TAE), Ostfildern, Germany.

3.39   Uitz, R., and Brewer, M. 2009. "Impact of FAME Quality on Injector Nozzle Fouling in a Common Rail Diesel Engine." SAE Paper No. 2009-01-2640. SAE International, Warrendale, PA.

3.40   Kalghatgi, G.T. 1995. "Combustion Chamber Deposits in Spark-Ignition Engines—A Literature Review." SAE Paper No. 952443. SAE International, Warrendale, PA.

3.41   CRC. 1979. "Intake Manifold Deposit Engine Dynamometer Test Procedure. State-of-the Art Summary Report. 1973–1978." CR Report No. 505, Coordinating Research Council, Desford, UK.

3.42   Rogers, D.T., and Jonach, F.L. 1958. "Mechanism of Intake Valve Underside Deposit Formation." SAE Paper No. 580083. SAE International,

Warrendale, PA.

3.43   Jewitt, C.H., Bostick, G.L., and Kersey, V.L. 1987. "Fuel Injector, Intake Valve and Carburetor Detergency Performance of Gasoline Additives." SAE Paper No. 872114. SAE International, Warrendale, PA.

3.44   Siegel, W.O., and Zinbo, M. 1985. "On the Chemical Composition and Origin of Engine Deposits." In *Chemistry of Engine Combustion Deposits*, edited by L.B. Ebert, Plenum Press, New York, p. 53.

3.45   Nomura, Y., Osawa, K., Ishiguro, T., and Nakada, M. 1990. "Mechanism of Intake Valve Deposit Formation. Part 2: Simulation Tests." SAE Paper No. 900152. SAE International, Warrendale, PA.

3.46   Lepperhoff, G., Schommers, J., Weber, O., and Leonhardt, H. 1987. "Mechanism of Deposit Formation at Inlet Valves." SAE Paper No. 872115. SAE International, Warrendale, PA.

3.47   Tomita, M., Okada, M., Katayama, H., and Nakada, M. 1990. "Effect of Gasoline Quality on Throttle Response of Engines During Warm-Up." SAE Paper No. 900163. SAE International, Warrendale, PA.

3.48   Alquist, H.E., Holman, G.E., and Wimmer, D.B. 1975. "Some Observations of Factors Affecting ORI." SAE Paper No. 750932. SAE International, Warrendale, PA.

3.49   Eng, K.D., Carlson, C.A., Haydn, T.E., and Sung, R.L. 1989. "Engine Test Procedures to Evaluate Octane Requirement Increase and Intake System Cleanliness." SAE Paper No. 892122. SAE International, Warrendale, PA.

3.50   Nishizaki, T., Maeda, Y., Date, K., and Maeda, T. 1979. "The Effect of Fuel Composition and Fuel Additives on Intake System Detergency of Japanese Automobile Engine." SAE Paper No. 790203. SAE International, Warrendale, PA.

3.51   Bond., T.J., Gerry, F.S., and Wagner, W. 1989. "Intake Valve Deposit Control—A Laboratory Program to Optimize Fuel/Additive Performance." SAE Paper No. 892115. SAE International, Warrendale, PA.

3.52   Bitting, W., Gschwendtner, F., Kohlepp, W., Kothe, M., Testvoet, C.J., and Ziwica, K.H. 1987. "Intake Valve Deposits—Fuel Detergency Requirements Revisited." SAE Paper No. 872117. SAE International, Warrendale, PA.

3.53   Shilbolm, C.M., and Schoonveld, G.A. 1990. "Effect on Intake Valve Deposits of Ethanol and Additives Common to the Available Ethanol Supply." SAE Paper No. 902109. SAE International: Warrendale, PA.

3.54 Tupa, R.C., and Koehler, D.E. 1988. "Intake Valve Deposits—Effects of Engines, Fuels and Additives." SAE Paper No. 881645. SAE International, Warrendale, PA.

3.55 Dumont, R., Cunningham, L., Oliver, M., Studzinski, M., Galante, J.M. 2007. "Controlling Induction System Deposits in Flexible Fuel Vehicles Operating on E85." SAE Paper No. 2007-01-4071. SAE International, Warrendale, PA.

3.56 Mikkonen, S., Niemi, A., Niemi, C., and Niskala, J., 1989. "Effect of Engine Oil on Intake Valve Deposits." SAE Paper No. 892111. SAE International, Warrendale, PA.

3.57 Chapman, E., and Cummings, J. 2011. "Effects of Fuel Corrosion Inhibitors on Powertrain Intake Valve Deposits." SAE Paper 2011-01-0908. SAE International, Warrendale, PA.

3.58 Gohn, M.R. 1989. "Evaluating Gasoline Additives for Intake Valve Cleanliness Using the Volkswagen Polo Engine." SAE Paper No. 892118. SAE International, Warrendale, PA.

3.59 Daneshgari, P., Borgman, K., and Job, H. 1989. "The Influence of Temperature Upon Gasoline Deposit Build-Up on the Intake Valves." SAE Paper No. 890215. SAE International, Warrendale, PA.

3.60 Daneshgari, P. 1989. "A Test Procedure for Identifying a Gasoline's Deposit Formation Tendency on Intake Valve." SAE Paper No. 892120. SAE International, Warrendale, PA.

3.61 Dimitroff, E., and Johnston, A. 1966. "Mechanism of Induction System Deposit Formation." SAE Paper No. 660784. SAE International, Warrendale, PA.

3.62 Bailey, B.K., Stavinoha, L.L., and Present, D.L. 1989. "Gasoline Deposit Mechanism on Aluminum at Various Temperatures." SAE Paper No. 892117. SAE International, Warrendale, PA.

3.63 Mackney, D.W. et al. 2002. "Reducing Deposits in a DISI Engine." SAE Paper No. 2002-01-2660. SAE International, Warrendale, PA.

3.64 Parsinejad, F., and Biggs, W. 2011. "Direct Injection Spark Ignition Engine Deposit Analysis: Combustion Chamber and Intake Valve Deposits." SAE Paper No. 2011-01-2110. SAE International, Warrendale, PA.

3.65 Ebert, L.B. (Ed.). 1985. *Chemistry of Combustion Chamber Deposits*. Plenum Press, New York.

3.66 *Proceedings of the CRC Workshop on Combustion Chamber Deposits*, Orlando, FL, November 15–17, 1993. CRC, Atlanta, GA.

3.67 Edwards, J.C., and Choate, P.J. 1993. "Average Molecular Structure of Gasoline Engine Combustion Chamber Deposits Obtained by Solid-State ^{13}C, ^{31}P, and ^{1}H Nuclear Magnetic Resonance Spectroscopy." SAE Paper No. 932811. SAE International, Warrendale, PA.

3.68 Price, R.J., Wilkinson, J.P.T., Jones, D.A.J., and Morley, C. 1995. "A Laboratory Simulation and Mechanism for the Fuel Dependence of SI Combustion Chamber Deposit Formation." SAE Paper No. 952445. SAE International, Warrendale, PA.

3.69 Lauer, J.L., and Friel, P.J. 1960. "Some Properties of Carbonaceous Deposits Accumulated in Internal Combustion Engines." *Combustion and Flame* 4:107.

3.70 Cheng, S.S. 1994. "A Physical Mechanism for Deposit Formation in a Combustion Chamber." SAE Paper No. 941892. SAE International, Warrendale, PA.

3.71 Nakic, D.J., Assanis, D.N., and White, R.A. 1994. "Effect of Elevated Piston Temperature on Combustion Chamber Deposit Growth." SAE Paper No. 940948. SAE International, Warrendale, PA.

3.72 Nagao, M., Kaneko, T., Omata, T., Iwamoto, S., Ohmori, H., and Matsuno, S. 1995. "Mechanism of Combustion Chamber Deposit Interference and Effects of Gasoline Additives on CCD Formation." SAE Paper No. 950741. SAE International, Warrendale, PA.

3.73 Shore, L.B., and Ockert, K.F. 1958. "Combustion Chamber Deposits—A Radio Tracer Study." *SAE Transactions* 66:285–294.

3.74 Newby, W. 1958. "Emphasises the Effect of Boiling Point on Deposit Formation." *SAE Transactions* 66:294.

3.75 Hayes, T.K., White, R.A., and Peters, J.E. 1992. "The In-Situ Measurement of Thermal Diffusivity of Combustion Chamber Deposits in a Spark Ignition Engine." SAE Paper No. 920513. SAE International, Warrendale, PA.

3.76 Hafnan, M., and Nishiwaki, K. 1993. "Determination of Thermal Conductivity and Diffusivity of Engine Combustion Chamber Deposits." JSAE Technical Paper No. 9305931, JSAE, Tokyo.

3.77 Dumont, L.F. 1951. "Possible Mechanisms by Which Combustion Chamber Deposits Accumulate and Influence Knock." *SAE Quarterly*

Transactions 5:565–576.

3.78 Nakamura, Y., Yonekawa, Y., and Okamoto, N. 1985. "The Effect of Combustion Chamber Deposits on Octane Requirement Increase and Fuel Economy." In *Chemistry of Combustion Chamber Deposits*, edited by L.B. Ebert, Plenum Press, New York, pp. 199–211.

3.79 Chapman, J.L., Williamson, J., and Preston, W.H. 1989. "Deposits in Internal Combustion Engines." In *Deposition from Combustion Gases*, edited by A.R. Jones, IOP, Bristol, UK, pp. 113–127.

3.80 Cheng, S.S., and Kim, C. 1990. "Effect of Engine Operating Parameters on Engine Combustion Chamber Deposits." SAE Paper No. 902108. SAE International, Warrendale, PA.

3.81 Gebhardt, L.A., Lunt, R.S., and Silbernagel, B.G. 1985. "Electron Spin Resonance Studies of Internal Combustion Engine Deposits." In *Chemistry of Combustion Chamber Deposits*, edited by L.B. Ebert, Plenum Press, New York, pp. 145–175.

3.82 Moore, S.M. 1994. "Combustion Chamber Deposit Interference Effects in Late Model Vehicles." SAE Paper No. 940385. SAE International, Warrendale, PA.

3.83 Kunc, J.F. 1951. "Effect of Lubricating Oil on Octane Requirement Increase." *SAE Quarterly Transactions* 5:582.

3.84 Jackson, M.M., and Pocinki, S.B. 1994. "Effects of Fuel and Additives on Combustion Chamber Deposits." SAE Paper No. 941890. SAE International, Warrendale, PA.

3.85 Kalghatgi, G.T. 1997. "Fuel and Additive Effects on the Rates of Growth of Combustion Chamber Deposits in a Spark-Ignition Engine." SAE Paper No. 972841. SAE International, Warrendale, PA.

3.86 Lepperhoff, G., and Houben, M. 1993. "Mechanisms of Deposit Formation in Internal Combustion Engines and Heat Exchangers." SAE Paper No. 931032. SAE International, Warrendale, PA.

3.87 Anderson, C.L., and Wood, B.S. 1993. "Gasification of Porous Combustion Chamber Deposits in a Spark Ignition Engine." SAE Paper No. 930773. SAE International, Warrendale, PA.

3.88 Hopwood, A.B., Chynoweth, S., and Kalghatgi, G.T. 1998. "A Technique to Measure Thermal Diffusivity and Thickness of Combustion Chamber Deposits In-Situ." SAE Paper No. 982590. SAE International, Warrendale, PA.

3.89 Kalghatgi, G.T. 1996. "Combustion Chamber Deposits and Knock in a Spark-Ignition Engine—Some Additive and Fuel Effects." SAE Paper No. 962009. SAE International, Warrendale, PA.

3.90 Takei, Y., Uehara, T., Hoshi, H., and Okada, M. 1994. "Effects of Gasoline and Gasoline Detergents on Combustion Chamber Deposit Formation." SAE Paper No. 941893. SAE International, Warrendale, PA.

3.91 Duckworth, J.B. 1951. "Effects of Combustion Chamber Deposits on Octane Requirement and Engine Power Output." *SAE Quarterly Transactions* 5:577–583.

3.92 Cornetti, G., Liguori, V., Zanoni, G., and Amendola, L. 1971. "Power Loss Due to Combustion Chamber Deposits." *Journal of Automotive Engineering* 2:8–14.

3.93 Myers, P.S., Uyehara, O.A., and DeYoung, R. 1981. "Fuel Composition and Vaporization Effects on Combustion Chamber Deposits." Report No. DOE/CS/50020-1, U.S. Department of Energy, Washington, DC.

3.94 Kim, C., Cheng, S.S., and Majorski, S.A. 1991. "Engine Combustion Chamber Deposits: Fuel Effects and Mechanisms of Formation." SAE Paper No. 912379. SAE International, Warrendale, PA.

3.95 Choate, P.J., and Edwards, J.C. 1993. "Relationships Between Combustion Chamber Deposits, Fuel Composition and Combustion Chamber Deposit Structure." SAE Paper No. 932812. SAE International, Warrendale, PA.

3.96 Megnin, M.K., and Furman, J.B. 1992. "Gasoline Effects on Octane Requirement Increase and Combustion Chamber Deposits." SAE Paper No. 922258. SAE International, Warrendale, PA.

3.97 Peyla, R.J. 1991. "Motor Gasoline and Deposit Control Additives—A Challenge for the 90s." Paper No. FL-91-118, presented at the 1991 NPRA National Fuels and Lubricants Meeting, Houston, TX.

3.98 Gibbs, L.M. 1993. In *Proceedings of the CRC Workshop on Combustion Chamber Deposits*, Orlando, FL, November 15–17. CRC, Atlanta, GA, p. 7-1.

3.99 Kalghatgi, G.T., Sutkowski, A., Pace, S., Schwahn, H., and Nierhauve, B. 2000. "ASTM Unwashed Gum and the Propensity of a Fuel to Form Combustion Chamber Deposits." SAE Paper No. 2000-01-2026. SAE International, Warrendale, PA.

3.100 Adams, K.M., and Baker, R.E. 1985. "Effects Of Combustion Chamber Deposits Location and Composition." In *Chemistry of Combustion Chamber Deposits*, edited by L.B. Ebert, Plenum Press, New York, pp. 19–37.

3.101 Megnin, M.K., and Choate, P.J. 1994. "Combustion Chamber Deposit Measurement Technique." SAE Paper No. 940346. SAE International, Warrendale, PA.

3.102 Ebert, L.B., Davis, W.H., Mills, D.R. (Part I); Dannerlein, D.I., and Rose, D.L. (Part II); Melchior, M.T. (Part III). 1985. "The Chemistry of Internal Combustion Engine Deposits—Parts I, II, and III." In *Chemistry of Combustion Chamber Deposits*, edited by L.B. Ebert, Plenum Press, New York.

3.103 Kelemann, S.R., and Maxey, C.T. 1993. In *Proceedings of the CRC Workshop on Combustion Chamber Deposits*, Orlando, FL, November 15–17. CRC, Atlanta, GA, p. 7-125.

3.104 Bachman, H.E., and Prestridge, E.B. 1975. "The Use of Combustion Deposit Analysis for Studying Lubricant Induced ORI." SAE Paper No. 750938. SAE International, Warrendale, PA.

3.105 Keller, B.D., Meguerin, G.H., Tracy, C.B., and Smith, J.B. 1976. "ORI of Today's Vehicles." SAE Paper No. 760195. SAE International, Warrendale, PA.

3.106 Harder, R.F., and Anderson, C.L. 1988. "Investigation of Combustion Chamber Deposit Thermal Behavior Utilizing Optical Radiation Measurements in a Fired Engine." *Combustion Science and Technology* 60:423–439.

3.107 Hayes, T.K., Peters, J.E., and White, R.A. 1989. "The Thermal Properties of Engine Deposits and Their Effect on Combustion Chamber Heat Transfer." Paper no. C382/011. In *Proceedings of the 2nd International Conference on New Developments in Powertrain and Chassis Engineering*, Strasbourg, June 1989, Institute of Mechanical Engineers, London.

3.108 Nishiwaki, K., and Hafnan, M. 2000. "The Determination of Thermal Properties of Engine Combustion Chamber Deposits." SAE Paper No. 2000-01-1215. SAE International, Warrendale, PA.

3.109 Kalghatgi, G.T., McDonald, C.R., and Hopwood, A.B. 1995. "An Experimental Study of Combustion Chamber Deposits and Their Effects in a Spark-Ignition Engine." SAE Paper No. 950680. SAE International, Warrendale, PA.

3.110 Cheng, S.S. 1993. "The Effects of Engine Oils on Intake Valve Deposits and Combustion Chamber Deposits." SAE Paper No. 932810. SAE International, Warrendale, PA.

3.111. Benson, J.D. 1975. "Some Factors Which Affect Octane Requirement Increase." SAE Paper No. 750933. SAE International, Warrendale, PA.

3.112 McNab, J.B., Moody, L.E., and Hakala, N.V. 1954. "Effect of Lubricant Composition on Combustion Chamber Deposits." *SAE Transactions* 62:228–242.

3.113 Owrang, F., Mattson, H., Nordlund, A., Olsson, J., and Pedersen, J. 2003. "Characterization of Combustion Chamber Deposits from a Gasoline Direct Injection SI Engine." SAE Paper No. 2003-01-0546. SAE International, Warrendale, PA.

3.114 Pinto da Costa, J.M.C., Sarkisov, L., Seaton, N.A., and Cracknell, R.F. 2009. "Adsorption-Based Structural Characterisation of Combustion Chamber Deposits." SAE Paper No. 2009-01-0502. SAE International, Warrendale, PA.

3.115 de Goede, S., Rabe, T., Bekker, R., Mtongana, S., and Edwards, J. 2010. "Characterisation of Combustion Chamber Deposits Formed in Direct Injection Spark Ignition (DISI) Engines during an On-Road Vehicle Trial." SAE Paper No. 2010-01-2155. SAE International, Warrendale, PA.

3.116 Arters, D.C., and Macduff, M.J. 2000. "The Effect on Vehicle Performance of Injector Deposits in a Direct Injection Gasoline Engine." SAE Paper No. 2000-01-2021. SAE International, Warrendale, PA.

3.117 Lindgren, R., Skogsberg, M., Sandquist, H., and Denbratt, I. 2003. "The Influence of Injector Deposits on Mixture Formation in a DISC SI Engine." SAE Paper No. 2003-01-1771. SAE International, Warrendale, PA.

3.118 Gething, J.A. 1987. "Performance Robbing Aspects of Intake Valve and Port Deposits." SAE Paper No. 872116. SAE International, Warrendale, PA.

3.119 Amberg, G.H., and Craig, W.S. 1962. "Gasoline Detergents Control Intake System Deposits." SAE Paper No. 620253. SAE International, Warrendale, PA.

3.120 Arters, D.C., Schiferl, E.A., and Szappanos, G. 2002. "Effects of Gasoline Driveability Index, Ethanol and Intake Valve Deposits on Engine Performance in a Dynamometer-Based Cold Start and Warmup Procedure." SAE Paper No. 2002-01-1639. SAE International, Warrendale, PA.

3.121 Costa, J., Sarkisov, L., Seaton, N., and Cracknell, R. 2011. "Adsorption-Based Structural Characterization of Intake Valve Deposits." SAE Paper No. 2011-01-0901. SAE International, Warrendale, PA.

3.122 Spink, C.D., Barraud, P.G., Morris, G.E.L. 1991. "A Critical Road Test Evaluation of Two High-Performance Gasoline Additive Packages in a

Fleet of Modern European and Japanese Vehicles." SAE Paper No. 912393 SAE International, Warrendale, PA.

3.123 Spink, C.D., Coleman, A.T., Nelson, E.C., Wakefield, S., and Schoffner, B.A. 2009. "Multi-Vehicle Evaluation of Gasoline Additive Packages: A Fourth Generation Protocol for the Assessment of Intake System Deposit Removal." SAE Paper No. 2009-01-2635. SAE International, Warrendale, PA.

3.124 Price, R.J., Martin, D.P., Dickens, N., and Bohr. 2007. "The Impact of Inlet Valve Deposits on PFI Gasoline SI Engines—Quantified Effects on Fuel Consumption." SAE Paper No. 2007-01-0004. SAE International, Warrendale, PA.

3.125 Yonekawa, Y., Nakamura, Y., and Okamoto, N. 1982." The Study of Combustion Chamber Deposit (Part 4)—Octane Number Requirement and Fuel Economy with Deposit Build Up." *Journal of the Japan Petroleum Institute* 25(3):173–176.

3.126 Yonekawa, Y., Kokubo, K., Nakamura, Y., and Okamoto, N. 1982. "The Study of Combustion Chamber Deposit (part 5): The Role of Combustion Chamber Deposits in Fuel Economy." *Journal of the Japan Petroleum Institute* 25(3):177–182.

3.127 Warren, J. 1954. "Combustion Chamber Deposits and Octane Number Requirement." *SAE Transactions* 62:583–594.

3.128 Harrow, G.A., and Orman, P.L. 1966. "Study of Flame Propagation and Cyclic Dispersion in a Spark Ignition Engine." In *Advances in Automobile Engineering*, edited by G.H. Tidbury, Pergamon Press, Oxford, UK, pp. 3–27.

3.129 Gibson H.J., Hall, C.A., and Huffman, A.E. 1952. "Combustion Chamber Deposition and Power Loss." *SAE Quarterly Transactions* 6(4):595.

3.130 Bradish, J.P., Myers, P.S., and Uyehara, O.A. 1966. "Effects of Deposit Properties on Volumetric Efficiency, Heat Transfer and Preignition in Internal Combustion Engines." SAE Paper No. 660130. SAE International, Warrendale, PA.

3.131 De Gregoria, A.J. 1982. "A Theoretical Study of Engine Deposit and Its Effect on Octane Requirement Using an Engine Simulation." SAE Paper No. 820072. SAE International, Warrendale, PA.

3.132 Nishiwaki, K. 1988. "Unsteady Thermal Behaviour of Engine

Combustion Deposits." SAE Paper No. 881225. SAE International, Warrendale, PA.

3.133 Valtadoros, T.H., Wong, V.W., and Heywood, J.B. 199. "Fuel Additive Effects on Deposit Build-Up and Engine Operating Characteristics." *Proceedings of the Symposium on Fuel Composition/Deposit Formation Tendencies*, Atlanta, April 1991. Division of Petroleum Chemistry, ACS, p. 66.

3.134 Bussovansky, S., Heywood, J.B., and Keck, J.C. 1992. "Predicting the Effects of Air and Coolant Temperature, Deposits, Spark Timing and Speed on Knock in Spark Ignition Engines." SAE Paper No. 922324. SAE International, Warrendale, PA.

3.135 Studzinski, W.M., Liiva, P.M., Choate, P.J., Acker, W.P., Litzinger, T., Bower, S., Smooke, M., and Brezinsky, K. 1993. "A Computational and Experimental Study of Combustion Chamber Deposit Effects on NOx Emissions." SAE Paper No. 932815. SAE International, Warrendale, PA.

3.136 Niles, H.T., McConnell, R.J., Roberts, M.A., and Saillant, R. 1975. "Establishment of ORI Characteristics as a Function of Selected Fuels and Engine Families." SAE Paper No. 750451. SAE International, Warrendale, PA.

3.137 Saillant, R.B., Pedrys, F.J., and Kidder, H.E. 1976. "More Data on ORI Variables." SAE Paper No. 760196. SAE International, Warrendale, PA.

3.138 Schreyer, P., Starke, K., Thomas, J., and Crema, S. 1993. "Effect of Multifunctional Fuel Additives on Octane Number Requirement of Internal Combustion Engines." SAE Paper No. 932813. SAE International, Warrendale, PA.

3.139 Graiff, L.B. 1979. "Some New Aspects of Deposit Effects on Engine Octane Requirement Increase and Fuel Economy." SAE Paper No. 790938. SAE International, Warrendale, PA.

3.140 Tsutsumi, Y., Nomura, K., and Nakamura, N. 1990. "Effect of Mirror-Finished Combustion Chamber on Heat Loss." SAE Paper No. 902141. SAE International, Warrendale, PA.

3.141 Heywood, J.B. 1988. "Engine Design and Operating Parameters" (chap. 2). In *Internal Combustion Engine Fundamentals*, J.B. Heywood McGraw-Hill, New York, pp. 42–61.

3.142 Hoard, J., and Moilanen, P. 1997. "Exhaust Valve Seat Leakage." SAE Paper No. 971638. SAE International, Warrendale, PA.

3.143 Kalghatgi, G.T., and Price, R.J. 2000. "Combustion Chamber Deposit Flaking." SAE Paper No. 2000-01-2858. SAE International, Warrendale, PA.

3.144 Kalghatgi, G.T. 2002. "Combustion Chamber Deposit Flaking—Studies Using a Road Test Procedure." SAE Paper No. 2002-01-2833. SAE International, Warrendale, PA.

3.145 Kalghatgi, G.T. 2003. "Combustion Chamber Deposit Flaking and Startability Problems in Three Different Engines." SAE Paper No. 2003-01-3187. SAE International, Warrendale, PA.

3.146 Bitting, W.H., Firmstone, G.P., and Keller, C.T. 1994. "Effects of Combustion Chamber Deposits on Tailpipe Emissions." SAE Paper No. 940345. SAE International, Warrendale, PA.

3.147 Gagliardi, J.C. 1967. "The Effects of Fuel Anti-Knock Compounds and Deposits on Exhaust Emissions." SAE Paper No. 670128. SAE International, Warrendale, PA.

3.148 Huls, T.A., and Nickol, H.A. 1967. "Influence of Engine Variables on Exhaust Oxides of Nitrogen Concentrations from a Multicylinder Engine." SAE Paper No. 670482. SAE International, Warrendale, PA.

3.149 Harpster, M.O., Matas, S.E., Fry, J.H., and Litzinger, T.A. 1995. "An Experimental Study of Fuel Composition and Combustion Chamber Deposit Effects on Emissions from a Spark Ignition Engine." SAE Paper No. 950740. SAE International, Warrendale, PA.

3.150 Bitting, W.H., Firmstone, G.P., and Keller, C.T. 1995. "A Fleet Test of Two Additive Technologies Comparing Their Effects on Tailpipe Emissions." SAE Paper No. 950745. SAE International, Warrendale, PA.

3.151 Watanabe, M. et al. 2004. "Effects of CCD on Emissions from DISI Engine Using Different Fuel Distillation Properties." SAE Paper No. 2004-01-1954. SAE International, Warrendale, PA.

3.152 Wentworth, J.T. 1971. "Effect of Combustion Chamber Surface Temperature on Exhaust Hydrocarbon Concentration." SAE Paper No. 710587. SAE International, Warrendale, PA.

3.153 Myers, J.P., and Alkidas, A.C. 1978. "Effects of Combustion-Chamber Surface Temperature on the Exhaust Emissions of a Single-Cylinder Spark-Ignition Engine." SAE Paper No. 780642. SAE International, Warrendale, PA.

3.154 Russ, S.G., Kaiser, E.W., Siegl, W.O., Podsiadlik, D.H., and Barrett, K.M.

1995. "Compression Ratio and Coolant Temperature Effects on HC Emissions from a Spark-Ignition Engine." SAE Paper No. 950163. SAE International, Warrendale, PA.

3.155 Adamczyck, A.A., and Kach, R.A. 1986. "The Effect of Engine Deposit Layers on Hydrocarbon Emissions from Closed Vessel Combustion." *Combustion Science and Technology* 47:193–212.

3.156 Haidar, H.A., and Heywood, J.B. 1997. "Combustion Chamber Deposit Effects on Hydrocarbon Emissions from a Spark-Ignition Engine." SAE Paper No. 972887. SAE International, Warrendale, PA.

3.157 Leikkanen, H.E., and Beckman, E.W. 1971. "The Effect of Leaded and Unleaded Gasolines on Exhaust Emissions as Influenced by Combustion Chamber Deposits." SAE Paper No. 710843. SAE International, Warrendale, PA.

3.158 Pahnke, A.J., and Conte, J.F. 1969. "Effect of Combustion Chamber Deposits and Driving Conditions on Vehicle Exhaust Emissions." SAE Paper No. 690017. SAE International, Warrendale, PA.

3.159 Bower, S.L., Litzinger, T.A., and Frottier, V. 1993. "The Effects of Fuel Composition and Engine Deposits on Emissions from a Spark Ignition Engine." SAE Paper No. 932707. SAE International, Warrendale, PA.

3.160 Russ, M.J. 1993. In *Proceedings of the CRC Workshop on Combustion Chamber Deposits*, Orlando, FL, November 15–17. CRC, Atlanta, GA, pp. 4–31.

3.161 Greenshields, R.J. 1953. "Spark Plug Fouling Studies." *SAE Transactions* 61:3.

3.162 Kimbara, Y., Noguchi, Y., and Ishiguro, T. 1980. "Study on Spark Plug Carbon Fouling." SAE Paper No. 800832. SAE International, Warrendale, PA.

3.163 Quader, A. 1992. "Spark Plug Fouling: A Quick Engine Test." SAE Paper No. 920006. SAE International, Warrendale, PA.

3.164 Collings, N., Dinsdale, S., and Hands, T. 1991. "Plug Fouling Investigations on a Running Engine—an Application of a Novel Multi-Purpose Diagnostic System Based on the Spark Plug." SAE Paper No. 912318. SAE International, Warrendale, PA.

3.165 Kalghatgi, G.T. 1988. "Improvements in the Ignition Ability of Glow Discharges Brought About by Deposits of Potassium Sulphate on the Electrodes." Paper No. C50/80, presented at the *International Conference on Combustion in Engines—Technology and Applications*, Institute of

Mechanical Engineers, London.

3.166 Kalghatgi, G.T. 1989. "Flame Initiation and Development from Glow Discharges—Effect of Electrode Deposits." *Combustion and Flame* 77:321.

3.167 Kalghatgi, G.T. 1987. "Improvement in Early Flame Development in a Spark Ignition Engine Brought About by a Spark-Aider Fuel Additive." *Combustion Science and Technology* 52:427.

3.168 Spink, C.D., McDonald, C.R., Morris, G.E.L., and Stephenson, T. 2004. "A Critical Road Test Evaluation of a High-Performance Gasoline Additive Package in a Fleet of Modern European and Asian Vehicles." SAE Paper No. 2004-01-2027. SAE International, Warrendale, PA.

3.169 Kalghatgi, G.T. 1988. "Effect of Spark-Aider Fuel Additives on the Misfire Characteristics of a Spark Ignition Engine." *Combustion Science and Technology* 62:1–19.

3.170 Tupa, R.C., Dorer, C.J. 1986. "Gasoline and Diesel Fuel Additives for Performance/ Distribution Quality—II." SAE Paper No. 861179. SAE International, Warrendale, PA.

3.171 Kipp, K.L., Ingamells, J.C., Richardson, W.L., and Davis, C.E. 1970. "Ability of Gasoline Additives to Clean Engines and Reduce Exhaust Emissions." SAE Paper No. 700456. SAE International, Warrendale, PA.

3.172 Udelhofen, J.M., and Zahalka, T.L. 1988. "Gasoline Additive Requirements for Today's Smaller Engines." SAE Paper No. 881644. SAE International, Warrendale, PA.

3.173 Aradi, A.A., Evans, J., Miller, K., and Hotchkiss, A. 2003. "Direct Injection Gasoline (DIG) Injector Deposit Control with Additives." SAE Paper No. 2003-01-2024. SAE International, Warrendale, PA.

3.174 Schwahn, H., Lutz, U., and Kramer, U. 2010. "Deposit Formation of Flex Fuel Engines Operated on Ethanol and Gasoline Blends." SAE Paper No. 2010-01-1464. SAE International, Warrendale, PA.

3.175 Bert, J.A. et al. 1983. "A Gasoline Additive Concentrate Removes Combustion Chamber Deposits and Reduces Vehicle Octane Requirements." SAE Paper No. 831709. SAE International, Warrendale, PA.

3.176 Gibbs, L.M., Lewis, R.A., Voss, D.A., and Jones, D.R. 1979. "Chevron Experience with a New Deposit Control Gasoline." Paper No. FL-79-109, presented at the *National Fuels and Lubricants Meeting of the National Petroleum Refiners' Association*, Houston, November 1979.

3.177 Polss, P. 1973. "What Additives Do for Gasoline." *Hydrocarbon Processing* 52(2):61.

3.178 Asseff, P.A. 1966. "Multifunctional Gasoline Additives Reduce Engine Deposits." SAE Paper No. 660543. SAE International, Warrendale, PA.

3.179 Sheahan T.J., Dorer, C.J., and Miller, C.O. 1969. "Detergent-Dispersant Fuel Performance and Handling." SAE Paper No. 690516. SAE International, Warrendale, PA.

3.180 Swain, M.R., Swain, M.N., Blanco, J.G., and Adt, R.R. 1987. "The Effect of Alternative Gasolines on Knock and Intake Valve Sticking." SAE Paper No. 872040. SAE International, Warrendale, PA.

3.181 Mikkonen, S., Karlsson, R., and Jouni, K. 1988. "Intake Valve Sticking in Some Carburetor Engines." SAE Paper No. 881643. SAE International, Warrendale, PA.

3.182 Ho Teng. 2010. "Physicochemical Characteristics of Soot Deposits in EGR Coolers." SAE Paper No. 2010-01-0730. SAE International, Warrendale, PA.

3.183 Abraham, M., et al. 2010. "Review of Soot Deposition and Removal Mechanisms in EGR Coolers." SAE Paper No. 2010-01-1211. SAE International, Warrendale, PA.

3.184 Strots, V.O., et al. 2009. "Deposit Formation in Urea-SCR Systems." SAE Paper No. 2009-01-2780. SAE International, Warrendale, PA.

第4章 燃油对预混系统中自燃的影响——点燃式发动机的爆燃及均质压燃式发动机的燃烧

在点燃式（SI）发动机和均质压燃（HCCI）发动机中，燃料和空气都是经充分预混后被压缩的。但是，由于湍流所导致的温度和混合气浓度梯度的存在，混合气是不可能实现绝对均质的。随着湍流火焰前锋面被火花点燃，并向剩余混合气推进，SI发动机中能量不断释放。随着缸内压力的增加，火焰锋面末端未燃气体的温度也会随之增加，且在某些情况下可以致使在火焰锋面到达之前，末端气体产生自燃。

这种自燃是由于一个或多个燃烧中心，或称为"热点"所导致的。自燃可以导致储存在末端混合气中大量的化学能快速释放，从而导致缸内剧烈的压力升高和压力波动，就如同用锤子敲打气缸内部。根据发动机的参数的不同，发动机主要以5~10kHz主导频率振动，并且产生具有锐利敲击声的爆燃。当缸内压力可监测时，通常以压力波动的最大幅度来描述爆燃的强度。爆燃会造成发动机损坏，而用于控制爆燃的策略会导致SI发动机效率和最大输出功率的下降。SI发动机中的爆燃仅是部分末端混合气的自燃，但是在HCCI发动机中所发生的是全部充量的自燃。为了限制具有破坏性的高压上升速率，HCCI发动机中给定体积的充量每循环所释放的化学能，必须要被控制到比SI发动机中的低得多。

自燃取决于末端可燃混合气的压力和温度随时间的变化情况，以及该混合气的自燃化学性能。自燃化学性能与燃油成分和混合气浓度密切相关。本章讨论了燃油对于自燃的影响，以及对SI发动机爆燃和HCCI中燃烧的影响。通过RON（研究法辛烷值）、MON（马达法辛烷值）和十六烷值（见第2章）测量的燃油自燃特性对燃油炼制非常重要，并且需要考虑实际燃油中上述性能指标之间的相关性。

4.1 自燃

韦斯特布鲁克总结了实际燃烧系统中自燃的化学反应动力学[1]。当链式反应引起温度的指数性上升时产生自燃，最终导致燃料消耗并释放出化学能并产生对应的热能。它始于从稳定成分产生自由基的引发反应。传播反应维持了自由基的数量，而支链反应增加了自由基的数量，确定支链反应步骤的研究对于理解化学动力学至关重要[1]。最后会出现链终止反应，导致自由基数量逐渐降低。

总反应速率反映了所有这些反应的综合影响，反应量可能数以千计。内燃机的压力和温度变化很大，不同的反应在不同的压力和温度下都发挥着重要的作用。韦斯特布鲁克[1]认为发动机中的自燃主要由一种反应决定，即 H_2O_2 在大约 $900 \sim 1000K$ 温度下分解产生 OH 自由基。当主放热发生时，此温度范围在高压条件下可能低些。例如，在参考文献［2］中描述的 HCCI 试验中，对于相同的异辛烷和正庚烷混合物，在 0.2MPa 绝对进气压力和 40℃进气温度条件下，最终放热发生在约 760K 时；而 0.1MPa 绝对进气压力，120℃进气温度时，最终的放热发生在 960K 左右（见参考文献［2］中的图 4-9）。这种在较低温度和压力下的化学反应，决定了发动机循环期间的反应终止时刻。

4.1.1　化学反应动力学模型

自燃的综合化学模型旨在使用所有相关的化学反应。韦斯特布鲁克、德赖尔、沃纳茨及其同事们建立了由数千个燃烧反应组成的反应机理，从简单的燃料开始，然后转向更大的分子（例如，参考文献［3 - 5］所进行的讨论）。然而，由于反应速率常数的不确定性及其温度和压力依赖性，"综合"方案也不可能达到完全准确[5,6]。因此，尽管不完美，综合模型还是包括了所有可行的化学知识。反应机理必须使用试验数据进行标定，可用于插值和推断化学行为。许多实际应用中使用简化或骨架化学模型，重点选择至关重要的反应[7]。这类模型的简要讨论可以见参考文献［6］。这些模型只能有限地代表真实的化学反应。然而，对于给定的燃料和应用条件，通过与试验比较调整这些模型之后，它们便可用于预测自燃现象，例如在其他试验条件下是否会发生爆燃。

适用于内燃机自燃的化学反应机理仅针对极少数纯化合物开发——主要是低碳数的链烷烃。西米[5]总结了有关不同碳氢化合物燃料的此类模型的文献。目前已经开发出适用于异辛烷和正庚烷混合物（称为基础燃料，即 PRF）的化学反应动力学方案，但实际燃料含有非常多的化合物（第 2 章），其化学成分与 PRF 的化学成分有很大的不同。开发代表所有组分的模型是不可能的，因为对于当前的计算资源来说，模型太大了，而且没有开发这种模型所需的基本数据（例如，化学动力学速率常数、反应路径和热力学参数）。

因此，需要简化的替代燃料来代表实际燃料[8,9]。替代燃料被定义为由少量纯化合物组成的燃料，其燃烧和排放特性方面与目标实际燃料相匹配。这类替代物的化学动力学机制正在开发当中（例如：参考文献［10 - 13］中的讨论）。然而，即使在燃料和空气充分混合的发动机中，自燃的预测也需要将上述动力学模型与预测发动机中湍流和混合气产生的模型相耦合，而对于 SI 发动机，还需耦合预测湍流火焰发展的模型。对于这种计算发动机模型，替代燃料完整的动力学模型也会由于太大而无法使用。文献［10］中提到的包含 5 个组成部分的替代燃料模型有 1328 种成分和 5835 个反应。安德烈等人[12]描述了一个 PRF 和甲苯混合物的简化模型，包含 137 种成分和 633 个反应，但即使这样，还是会由于模型太大而不能与发动机模型耦合。所以，试验势必在自燃研究中发挥核心作用。

4.1.2　滞燃期和 Livengood – Wu 积分

在快速压缩机或激波管中进行的试验形成了自燃研究的基础。在这些装置中，燃料/氧化剂混合物被快速压缩并保持在标称恒压、恒温条件下。从压缩结束到自燃开始（以放热为标志）之间的时间称为诱导时间或滞燃期 τ_i。τ_i 值越低，混合物的反应性越高。通常点火分两个阶段进行，较小的、较早的放热与低温反应有关[1]。对于给定的燃料，滞燃期随温度和压力而变化，并取决于当量比。自燃的化学动力学模型通常使用滞燃期的试验值来标定。在内燃机中，可燃混合气的压力和温度都从压缩行程开始增加，并且在循环期间的每个点处，混合气将具有不同的 τ_i 值。然后，假设自燃发生在当 τ_i 与时间 t 倒数的积分 I 达到 1 时：

$$I = \int_0^{te} \frac{\mathrm{d}t}{\tau_i(P,T)} = 1 \tag{4-1}$$

这个假设首先由 Livengood 和 Wu[14]提出，现在通常用在爆燃研究和 HCCI 研究中（例如，参考文献［15，16］中的讨论）。积分 I 表示通过时间 te 完成的实现自燃所需的反应分数。考虑改变压力 P 的作用是非常重要的。压力的增加会导致 τ_i 的缩短——混合气更具活性。通常，τ_i 可以在给定的温度范围内表示为

$$\frac{\tau_i}{\tau_{i0}} = f(T)\left(\frac{P}{P_0}\right)^{-n} \tag{4-2}$$

图 4-1 和图 4-2 是在压力 P_0 和温度 T 下测量的滞燃期。图 4-1 显示了不同压力和温度下测量的异辛烷的 τ_i，根据文献［17］中给出的数据重新绘制。如果使用式（4-2）将数据缩放到单个压力下，则数据可以折叠成温度的单一函数，如图 4-2 所示。通过将每个值乘以比例因子 $(40/P)^{-1.5}$，将 τ_i 缩放到 4MPa——在这种情况下，压力指数 n 通过反复试验选择为 1.5。

压力指数 n 的值在不同的温度范围内是不同的，还取决于当量比。然而，Livengood – Wu 积分只有对在较

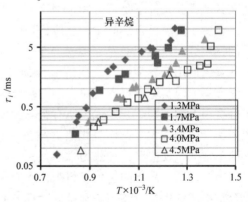

图 4-1　Fieweger 等人激波管试验中不同压力和温度情况下，异辛烷在理论当量比时的滞燃期

（来自参考文献［17］中的图 11）

高的温度和压力范围内，较短的滞燃期（<1ms），才具有重要的意义，如图4-2所示。几个研究团队通过试验方法确定了这个临界压力和温度范围内不同燃料的 n 值。Gauthier 等[18]测量出正庚烷的 n 值为1.64。因此，我们应该希望 PRF 的压力指数 n 介于1.5 和 1.64 之间。但是，对于非链烃类燃料，其 n 值被测量为约1.0 或更低[18-20]。表4-1 列出了不同燃料的 n 的测量值，以及这些燃料的组成。表4-1中所考虑的汽油的成分可以在文献［18］中查到。

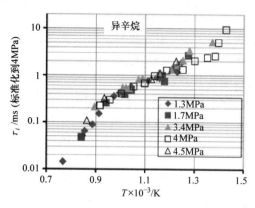

图 4-2　将图 4-1 中滞燃期的每个 τ_i 值乘以 $(40/P)^{-1.5}$ 缩放到4MPa，这时 P 为测量 τ_i 时的实际压力

表 4-1　不同燃料压力指数测量值，当量比混合，$\phi = 1$

	RON	MON	异辛烷（%，体积分数）	正庚烷（%，体积分数）	甲苯（%，体积分数）	乙醇（%，体积分数）	DIB**（%，体积分数）	n	参考文献
甲苯参考燃油（TRF）84***	84	73		35	65			1.06	[19]
燃料 B	95.1	89.5	62	18		20		0.76	[20]
燃料 C	84.6	85	25	20	45		10	0.65	[20]
汽油*	92	82						1.05	[18]
替代燃料 A	88	85	63	17	20			0.83	[18]
替代燃料 B	87	85	69	17	14			0.96	[18]
正庚烷	0	0	100	100				1.64	[18]中的图 4-2
异辛烷	100	100						1.5	

*汽油（RON + MON）/2 为 87，假设敏感度为 10。替代燃料 A 和替代燃料 B 的 RON 和 MON 根据混合法则进行评估。

**DIB 是二异丁烯，2 - 4 - 4 三甲基 - 1 - 戊烯。

***燃料 A 见参考文献［20］。

因此，对于给定温度，如果压力升高，则对于非 PRF，τ_i 的值减小得更少（即与 PRF 相比，它们对自燃的抵抗能力相对更强）。在发动机中，压力和温度的变化都会导致自燃，因此，混合气在固定压力下不是随温度而发生单一变化。例如，运行在异辛烷当量比燃烧条件下的 SI 发动机，2MPa 下的末端气体温度可以达到700K。随着火焰前锋的发展，燃烧室中的压力升高，同样，到5MPa 时，末端气体温度约为900K。将图4-1中异辛烷的数据缩放到2MPa和5MPa，此时取 n 为1.5，图4-3中的混合气从A点会移动到B点。

　　除了压力和温度之外，滞燃期还取决于混合气的浓度。图4-4所示为当量比（ϕ）为0.3和1时，TRF 84（表4-1）在4MPa下的 τ_i。数据来自文献［19］的表1，并且已经缩放到4MPa，对于 $\phi = 0.3$ 的情况，n 取0.88，对于 $\phi = 1$ 的情况，n 取1.06，这些值都根据文献［19］得出。对于更稀薄的混合气，滞燃期明显更长。

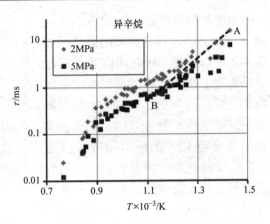

图4-3　异辛烷在理论当量比条件下缩放到5MPa和2MPa时的滞燃期。当混合气由2MPa压缩到5MPa时，其由A点移动到B点

　　现阶段，工程师经常使用EGR（废气再循环）来控制燃烧和排放。EGR气体的某些成分如NO也会影响自燃化学反应动力学（例如，参考文献［21 – 24］中给出的结论）。预测发动机中的自燃需要了解压力、温度、混合气浓度和混合气成分随时间的变化，以及燃料的自燃化学性能。在SI和HCCI发动机中，全局混合气浓度在循环期间不会改变，现代SI发动机中的当量比 $\phi = 1$，而HCCI发动机中 $\phi < 1$。

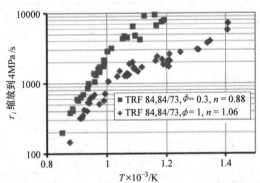

图4-4　TRF 84（表4-1）在不同当量比（ϕ）下的滞燃期。本图来自参考文献［19］的表4-1中的数据，通过取值 $n = 0.88$（$\phi = 0.3$）和 $n = 1.06$（$\phi = 1$）缩放到4MPa。越稀薄的混合气滞燃期越长）

　　在固定压力 P 下，τ_i 随温度 T 变化的函数可以用阿列纽斯（Arrhenius）表达式表示，例如式（4-3），特别是温度范围。

$$\tau_i = f(T) = A\exp\left(\frac{-E}{RT}\right) \tag{4-3}$$

　　式（4-3）中，E 是活化能，R 是通用气体常数，A 是指前因子。在给定的压力和温度范围内对于不同燃料的 A 和 E 是不同的，它们的值也取决于给定燃料的当量比。高温和低温下的滞燃期可以很好地表示为不同的 Arrhenius 表达式，例如式（4-3）。但在约700～900K的温度范围内，某些燃料的滞燃期随温度变化很小。实际上，对于某些燃料，特别是链烃类燃料，在该温度范围内，滞燃期实际上会增

加（即反应速率随着温度的升高而降低，例如参考文献［25］中所述）。该现象被描述为负温度系数（NTC）行为。在自燃试验（两阶段自燃）中经常观察到的主放热阶段前的放热现象就与 NTC 区域有关，在 HCCI 文献中称其为第一阶段放热和低温放热（LTHR）。通常将 NTC 区域中的化学反应描述为"低温"化学反应。在循环内爆燃发生之前，使用相干反斯托克斯拉曼光谱（CARS）测量了几种不同燃料的未燃混合气的温度，结果显示，爆燃温度显著高于所预期的多变压缩的温度[26]。对于丙烷则没有观察到温度升高，推断可能是由于低温化学反应所引起的，并预计其不会出现任何 NTC 行为[26]。在 SI 和 HCCI 发动机的自燃期间，可燃混合气穿过 NTC 区域的不同程度，取决于发动机的设计和运行条件。

压力指数 n 在不同的压力和温度范围内也会不同。例如，Gauthier 等人[18]测得正庚烷的 n 值为 1.64，而同一课题组在较高温度和较低压力范围内的另一项研究中，测得 n 为 0.55[18]。他们认为这反映了两种不同温度范围内 NTC 化学反应的差异。来自几个不同试验的证据表明 NTC 区域在较高温度下发生以获得更高的压力[18]。Yates 等人[27]建议用三个独立的 Arrhenius 表达式，结合不同温度范围的不同 n 值，来估计 τ_i 对 T 和 P 的依赖关系。但是，在典型的发动机测试中，滞燃期增加约 10ms（例如，超出图 4-2 中所考虑的范围）对 Livengood – Wu 积分的影响非常小。表 4-1 中列出的 n 值涵盖了该范围，并且不同燃料之间的 n 值的差异与实际发动机操作相关。

现在我们使用 Livengood – Wu 积分［如式（4-1）］阐明在不同的发动机运行条件下滞燃期对自燃的温度和压力的不同依赖性。我们考虑了表 4-1 中的 PRF 84（84% 体积分数的异辛烷 +16% 体积分数的正庚烷）和 TRF 84，两者都已经在几个 HCCI 发动机试验中进行了研究[2,28,29]。两者具有相同的 RON（RON = 84），但 TRF 84 具有较低的 MON（MON =73）。我们在两个理想的 HCCI 运行工况下进行试验，发动机在理论当量比（$\phi =1$）条件下以 1200r/min 的转速运行：工况 1 是进气压力 P_{in} 为 0.2MPa（绝对压力）、进气温度 T_{in} 为 80℃[29]；工况 2 是 P_{in} 为 0.1MPa（绝对压力）、T_{in} 为250℃[28]。在上述工况下，压力（测量）和温度（估计）随曲轴转角的变化如图 4-5 所示。

两种燃料在固定压力（4MPa）条件下，滞燃期随温度的变化情况如图 4-6 所示。

PRF 84 的滞燃期是根据参考文献［17］的图 17 中的结果插值得到的，如参考文献［16］中所述。TRF 84 的滞燃期在图 4-4 中已描述过。值得注意的是，在图 4-6 中，滞燃期的范围是线性的而不是对数的，并且它是相对于 T 而不是 $T \times 10^{-3}$ 绘制的。图 4-6 所示的滞燃期是针对理论当量比条件的，并且下面的讨论仅用于说明，因为要避免过高的压力升高速率，使用这些燃料的 HCCI 试验只能在当量比小于 0.35 的稀薄条件下进行。当压力和温度已知时，使用图 4-6 和适当值 n（PRF 84 为 1.6，TRF 84 为 1.0），可以计算这两个工况下的每个曲轴转角的 τ_i，并且可

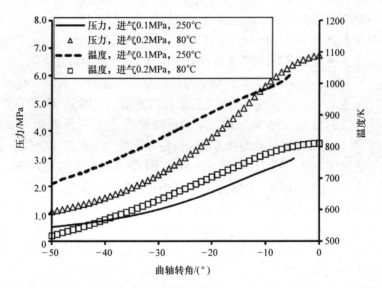

图 4-5　两个工况下，发动机转速 1200r/min 时，压力和温度随曲轴转角变化情况[28,29]。
工况 1：P_{in} 为 0.2MPa（绝对压力），T_{in} 为 80℃；工况 2：P_{in} 为 0.1MPa（绝对压力），T_{in} 为 250℃

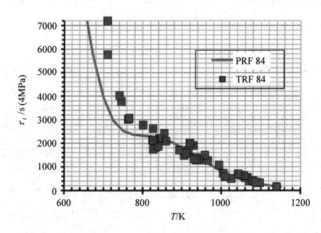

图 4-6　PRF 84 和 TRF 84 理论当量比，4MPa 压力下滞燃期随温度变化情况。PRF 84 数据来自
参考文献［17］中图 17 的插值。TRF 84 的数据来自于参考文献
［19］的表 1，选取 $n=1.06$ 缩放到 4MPa 的结果

以估算 Livengood – Wu 积分 I。图 4-7 绘制了两种燃料分别在两个运行条件下 I 相对于曲轴转角的变化曲线。

在进气压力较高（0.2MPa 绝对值）的工况 1 中，与 PRF 84 相比，即使 TRF 84 具有较低的 MON 和相同的 RON，其积分 I 还是在循环后期达到统一（即 TRF 84 比 PRF 84 更能抑制自燃）。因此，在此压力和温度条件下，TRF 84 相当于辛烷值远高于 84 的 PRF。实际上，在 HCCI 试验中，这样的高压条件下，TRF 84 对自燃的抗性明显高于 PRF 84[2]。然而，与工况 1 相比，工况 2 具有较高的进气温度和较低的进气压力，此时 TRF 84 自燃的更早，因此其对自燃的抵抗力低于 PRF 84，相当于辛烷值低于 84 的 PRF。在一个高温和低压条件下的 HCCI 试验中（参考文献［2］中的 OP4），TRF 84 确实要比 PRF 84 更早自燃。如果我们假设在高温低压条件下，两种燃料压力指数 n 值相同，TRF 84 的 Livengood – Wu 积分不会在 PRF 84 之前达到统一，这与试验观察结果相反[2]。此外，众所周知，MON 测试的进气温度高于 RON，所以在 MON 测试中，MON 为 73 的 TRF 84 对爆燃的抵抗力比 PRF 84 低。因此，由于滞燃期对压力和温度的依赖性不同，根据混合气的压力和温度轨迹，相同的非 PRF（如 TRF 84）在自燃行为方面相当于不同的 PRF。

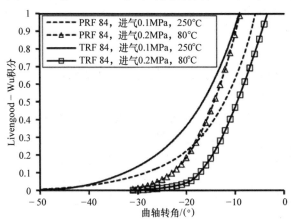

图 4-7　PRF 84 和 TRF 84 在两个工况下的 Livengood – Wu 积分

4.1.3　实际燃料的自燃特性

原则上，如果确定了燃料的 τ_i、发动机内未燃混合气的压力和温度的准确值，那么无论是通过试验还是通过包含温度、压力和混合气浓度函数的合适的动力学模型，都可以使用 Livengood – Wu 积分来预测自燃。在 HCCI 发动机中，在自燃之前预测未燃混合气中的压力和温度更加容易；而 SI 发动机需要准确的火焰传播模型，以便在燃烧开始后预测末端气体的压力和温度。当然，动力学模型本身就可以预测自燃，而不用引入与 Livengood – Wu 积分相关的经验方法。

然而，当前的计算能力通常不足以处理集成湍流、SI 发动机中的火焰传播，以及预测自燃的动力学模型在内的大型计算模型。滞燃期数据很难生成，而且世界上只有少数研究中心有能力这样做。因而，只有少数燃料存在合理的压力和温度范围内的数据。然而，这些方法仅可用于研究发动机中那些特征已被充分认知的燃料的自燃，但还不能用于表征一般的实际燃料的自燃特性，也不能用于以满足特定的自燃特性为目标的燃料的制造和调和。例如，燃料的生产和销售都要符合基于 RON、MON 或十六烷值的标准（见第 2 章）。可以说，这些标准都可以用计算机模型代替，这些模型规定了燃料在一定条件下（例如，指定的压力和温度随时间的变化规律），所应满足的一些自燃特性标准。为了能够使用计算机模型来确定燃料是否满足所需特性，所讨论的未知燃料必须建立其化学组分，并设计合适的动力学模型。必须为用于制造燃料的所有调和组分开发此类信息，并建立调和规则。即便如此，这种方法可能仍然难以在计算机上实现。

因此，燃料自燃特性必须通过诸如 RON 和 MON 之类的经验测量法来确定。当然，RON 和 MON 远不能作为完美的量化燃料自燃特性的法则，这一点将在下文中讨论。但是，RON 和 MON 已经在全球应用超过 80 年，并已成为燃料生产的核心指标。无论在对自燃机理的理解，还是在模型的准确性和适用性方面的进展如何，在可预见的未来，使用实际燃料的发动机的自燃，还是需要根据燃料的 RON 和 MON 来描述和理解。

4.2 SI 发动机中的爆燃和燃料的抗爆特性

平均而言，除非在同一循环中存在多个自燃事件，否则以压力波动开始为标记的爆燃发生在热释放速率的峰值之后[26]。即使在发动机中发现爆燃，也不是每个发动机循环都会发生。SI 发动机的燃烧以显著的循环波动为特点（例如，参考文献［30－32］所讨论的状况），一个循环中，其火焰传播速率越快，压力越高，则越有可能发生爆燃[33]。与非爆燃循环相比，在爆燃发生前，爆燃循环在给定的曲轴转角下具有更高的燃烧速率和压力。然而，爆燃循环的混合气温度仅在循环后期高于非爆燃循环，更接近放热终点时的温度[33]。

4.2.1 爆燃强度和爆燃极限的点火提前角

爆燃是指由于末端气体自燃引起的尖锐金属噪声[30]。爆燃也可以使用更客观的方法来表征，例如缸内压力。通常使用电子滤波器过滤 5～10kHz 的压力信号，来提取与爆燃相关联的波动压力信号。尽管有许多基于压力的方法都可被用来测量爆燃[34,35]，但是通常采用多个循环内的平均波动压力信号的最大峰—峰值来进行测量。车辆中的爆燃传感器通常使用加速度计测量发动机振动，但也有其他方法，例如基于测量火花塞间隙中离子电流波动的方法（取决于压力；例如参考文献［36］所述）。无论采用何种测量爆燃的方法，都必须选择一些阈值来定义发动机循环是否经历爆燃。在这种情况下，自燃并不总是导致爆燃。自燃可以是良性的——即使在光学观察时，自燃导致的最大放热率也可能因太低而不能达到导致压力波动的阈值[37,38]，或导致特征性噪声。

SI 发动机通常在上止点（TDC，压缩行程的上止点）之前点火。随着点火时刻的提前，气缸中的压力增加（例如峰值压力更高，参考文献［39］），因为随着活塞的运动会有更佳的燃烧相位，但是爆燃发生的可能性也会增加。图 4-8 显示了爆燃强度。图4-8是400个连续循环中平均过滤压力信号的最大峰间幅值，根据两种燃料的点火正时绘制出的。

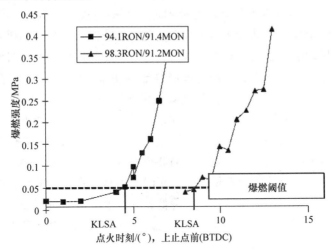

图4-8 爆燃强度随着点火时刻提前而增加（数据来自文献［39］）

点火正时表示上止点前的点火时刻——其值越大，点火越早。发动机以2000r/min的速度运行并且节气门全开（关于燃料和试验条件的更多细节见文献［39］）。当爆燃强度达到阈值时的点火正时被称为爆燃极限点火正时（KLSA），并且通常用作发动机试验中燃料抗爆性的尺度。在所考虑的条件下，具有较高RON值（RON=98.3）的燃料具有较高的抗爆性，因为它具有较高的KLSA值。

对于给定运行条件下的给定燃料，爆燃强度首先与峰值压力[33,40]之间存在正相关关系，其次峰值压力与爆燃开始时的压力之间存在差异（即爆燃带来的压力升高[33,41]），并且可以估计由爆燃产生的最大体积放热速率[42]。自燃反应从热点开始，朝着未燃气体进行传播，自燃产生的压力波动幅度随自燃反应前沿的传播速度u_a的增加而增加[43,45]，进一步的讨论，请参见第5章5.2节。但是，如果u_a足够高，局部超压将足以引起自燃反应前沿的进一步化学反应。压力波和化学反应耦合自燃，反应前沿具有发展中爆炸的特征。气缸内的空间太小，以至于反应前沿无法在u_a达到局部声速时成为完全发展的爆轰波，但压力脉冲可能变得非常大[43-45]。

4.2.2 爆燃极限特性

图4-9中的制动转矩是根据图4-8中点火时刻数据绘制的。在给定转速和为了达到最大转矩的最小点火时刻（MBT）时的节气门开度下，转矩是最大的，对于此处所讨论的工况，MBT为上止点前12°曲轴转角。

由于爆燃，点火正时不能提到KLSA以前。如果KLSA低于MBT，则认为发动

机在该状态下受到爆燃限制，因为它无法获得最大转矩。KLSA 时的转矩是爆燃限
制转矩（KLT）。在图 4-9 中，RON 94.1 的燃料明显受到限制，因为当它运行在
MBT 正时附近时，不可避免遇到高强度爆燃。大多数现代高性能发动机在使用普
通燃料运行时，至少有一部分运行工况会受到爆燃限制。这种发动机通常配备有爆
燃传感器。当发动机在给定燃料下运转时，一旦检测到爆燃，发动机管理系统通常
采用推迟点火正时的修正措施，但这同时会导致功率的降低[46-51]。在一些涡轮增
压发动机中，这种修正措施可能也包括降低增压压力[47]。发动机通常是被设定在
最佳点火正时上运行的。一般情况下，如果检测到爆燃，则稍微推迟点火正时，如
果在稍后的一段固定时间内仍然检测到爆燃，则进一步推迟正时。但是，如果在设
定的时间周期内未检测到爆燃，则该正时将会逐步提前，直到再次达到最佳正时。
因此，发动机可以尽可能多地在最佳点火正时上运行。在这样的车辆中，如果燃料
的抗爆性能增加，则爆燃的可能性就会降低，并且发动机更可能在最佳状态附近运
行，因此性能可以提高到极限。此时，恒定速度功率或加速时间都可作为燃料抗爆
性能的衡量标准[15,46-51]。

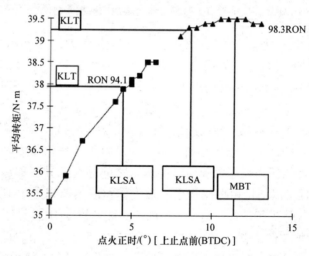

图 4-9　平均转矩与对应图 4-8 中爆燃强度的点火正时的关系。与 RON 98.3 的燃料相比，
RON 94.1 的燃料更容易受爆燃限制，且与 MBT 相距更远

4.2.3　实际燃料的抗爆性能——辛烷指数和 K 值

根据进气条件和发动机的设计，发动机可以在不同的压力和温度下运行。
图 4-10展示了未燃气体温度与基于参考文献［25］结果的 RON 和 MON 测试压力
的关系，以及与两个 HCCI 测试试验工况（图 4-5）中的压力关系。

现代 SI 发动机"超越了 RON"，因为在给定压力下未燃烧混合气的温度甚至
会低于 RON 测试中的温度。或者在给定温度下，现代发动机中的压力比 RON 测试

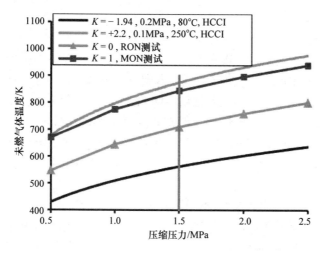

图 4-10   不同发动机工况下未燃气体温度与压力的关系

中的更高。这是现代发动机效率更高的结果。发动机设计人员一直试图将更多的空气压入气缸，同时最大限度地降低温度，以提高功率密度和效率。事实上，所有旨在提高 SI 发动机效率的方法，如提高压缩比、直喷和针对小型化的涡轮增压，都将推动现代发动机进一步"超越 RON"。给定压力条件下，如果未燃气体温度大于MON 测试条件，运行工况可以说是"超越了 MON"。HCCI 发动机可以远超 RON或 MON 运行，并且 HCCI 发动机中的试验有助于在发动机运行工况改变时理解燃料对自燃的影响。

如本章 4.1.2 节所述，相同的非 PRF 可以在不同的压力和温度范围内，匹配不同的 PRF 进行自燃。人们早就知道单独的 RON 或 MON 不能充分描述 SI 发动机中实际燃料的爆燃行为[30,52-55]。通常，如果 z 是一个测量参数，同时它取决于发动机或车辆测试中燃料的自燃特性，则可以找到一个线性回归方程[56]：

$$z = a\text{RON} + b\text{MON} + c \tag{4-4}$$

z 可以是发动机测试中的 KLSA，配有爆燃传感器或 CA50（占自燃总放热量50% 时的曲轴转角）检测设备的车辆，在 HCCI 测试时会出现加速时间或爆燃限制功率（KLP）。有关 HCCI 测试的进一步讨论，请参见本章 4.3 节。

辛烷值指数 OI 定义为关于 RON 和 MON 以及相关系数的线性回归方程：

$$\text{OI} = \frac{a}{a+b}\text{RON} + \frac{b}{a+b}\text{MON} \tag{4-5}$$

式（4-4）可以被改写为关于辛烷值指数的形式：

$$z = c + (a+b)\text{OI} \tag{4-6}$$

现在，我们引入常数 K，定义如下：

$$K = \frac{b}{a+b} \tag{4-7}$$

此时，OI 可以改写为

$$OI = (1 - K)RON + KMON = RON - KS \qquad (4-8)$$

这里 S 是燃料的灵敏度，即（RON – MON）。燃料的辛烷值指数是 PRF 的辛烷值，它与特定试验中的自燃行为相匹配。K 是一个常数，取决于未燃气体中的压力和温度变化——它不是燃料的主要性质。OI 越高，自燃的阻力越大，同时在 SI 发动机中，燃料在特定条件下的抗爆性能越好。对于 PRF，当 $S = 0$，OI 等同于它的 RON 或 MON。根据定义，对于 RON 测试条件，$K = 0$，此时 OI = RON，对于 MON 测试条件，$K = 1$，此时 OI = MON。对于超出 RON 的测试条件，K 为负值[39-56]。

对于实际燃料，因其不是简单的异辛烷和正庚烷的二元混合物，RON > MON，且 OI 取决于 K 值以及其 RON 和 MON。K 的值随发动机工况的不同而变化，因此，相同的实际燃料将具有不同的 OI，并且在不同的运行工况下匹配不同自燃品质的 PRF。OI 将两种截然不同条件下（RON 和 MON）关于燃料自燃或爆燃行为的信息，与以 K 形式表达的运行工况信息相结合。燃料的灵敏度 S 表示相应的 PRF 与实际燃料化学的测量差异，K 值是衡量与 RON 测试相比，压力和温度变化差异的一个指标，如果测试条件低于图 4-10 中的 RON 测试条件，则 K 为负值，如果在 RON 测试条件之上，则 K 为正值。

现代 SI 发动机具有负的 K 值——对于一些给定 RON 发动机，较低的 MON 燃料具有较高的 OI，因此抗爆性更好[15,39,46,47,56-62]，如图 4-11 所示。图 4-11 的数据来自于参考文献［15］中的压缩比为 12.5 的 DISI 发动机，运行在 2000r/min、节气门全开的情况下。对于 11 种不同化学组分的燃料，分别确定了其 KLSA。在这样的试验中，重要的是确保 RON 和 MON 在所使用的燃料组中尽可能不相关——该燃料组应该由 PRF 以及具有不同化学组分的非 PRF 组成，使得灵敏度不同于相似的 RON。如果 RON 和 MON 是相关的，那么当通过混合两种高辛烷值和低辛烷值燃料制造中间辛烷值的燃料时，RON 和 MON 的效果是不能分开的。图 4-11a 显示 KLSA 和 RON 之间存在良好的相关性，但 KLSA 和 MON 之间几乎没有相关性（图 4-11b）。图 4-11c 显示当 $K = -0.41$ 时，KLSA 和 OI 之间存在极好的相关性。K 值是通过将 KLSA 当作 z 代入到式（4-4）中得到的。但请注意，图 4-11c 中 KLSA 和 OI 之间的关系不是线性的，如式（4-6）所示；求得 K 值的另一种方法是选取关于 KLSA 和 OI 的非线性模型，并通过反复试验找出 K，找到模型和观测值之间的最佳拟合。但是，这种方法更费力，并且不会产生与上述线性方法有明显差异的 K 值。

在许多现代的装有爆燃传感器的汽车上进行的底盘测功机测试［使用加速时间或节气门全开，以恒定转速运行时车轮上的功率作为式（4-4）中自燃特性 z 的测量指标］，证明了现代车辆确实有非常负的 K 值。对于给定的 RON，较高的 MON 对燃料的抗爆性是有害的[15,46,47,56]。在发动机试验中，K 值随着进气温度的升高而增加[57,58]，随着进气压力的增加而降低[57,61,62]。同时，随着压缩比的增加，K 值将进一步偏向负值[15,39,57,59]。这些观察结果与图 4-10 中的事实一致，K 从

MON 测试条件下的 1 减小到 RON 测试条件下的 0，当运行工况超过 RON 时变为负[4.15,4.39,4.56]。对于给定温度下的压力增加，具有灵敏度 $S > 0$ 的非 PRF 相对会变得更加具有抑燃性，其 K 值也会降低（如本章4.1.2 节所述）。一些发动机试验表明，所有其他条件都固定时，随着发动机转速的增加，K 值也增加[15,39,57-59]，当然这种趋势并不总是存在的[58,61]。随着发动机转速的增加，K 的增加可能仅仅反映了一个事实，即当发动机转速增加时，向冷却液传递的热量减少，因而导致缸内温度升高。因此，在低速时，运行工况可能超出 RON 测试条件，而产生负的 K 值。但是，随着发动机转速的增加，给定压力下未燃气体的温度也是逐渐升高的，此时运行工况可能跨过图 4-10 中的 RON 试验条件，导致 K 值可能变为正值。K 值也取决于混合气浓度（将在本章第4.3 节进行讨论）。但是，在 SI 发动机中，这种效果是不相关的，因为在实际中，SI 发动机必须在理论当量比条件下或其附近运行。

　　RON 测试发明于 1930 年，当时平均压缩比约为 5[63]，与现在的发动机相比，当时的发动机效率很低。而且很快就发现 RON 测试并不能预测当时道路运行时燃料的抗爆性能。后来便出现了 MON 测试，它能更好地反映当时汽车中燃料的抗爆性。众所周知，美国车辆的 K 值约为 1。美国科研协作委员会

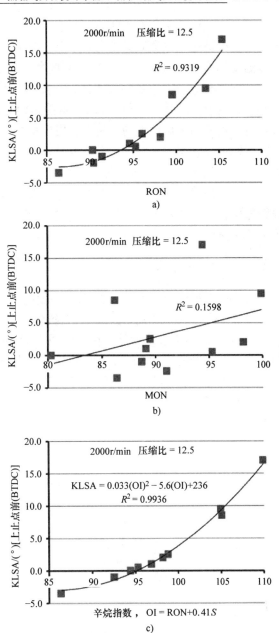

图 4-11　抗爆性与 RON 的关系（数据，来源于参考文献［15］）（单缸直喷 SI 发动机，节气门全开且混合气浓度处于理论当量比）
a）KLSA 与 RON 关系图　b）KLSA 与 MON 关系图
c）KLSA 与 OI 关系图，K 取 -0.41

（CRC）已经在 1947 年至 1996 年之间进行了频繁的调查，以确定美国车辆的辛烷值偏向。根据这些数据和其他可用资源，米塔尔和海伍德[63]调查表明，由于末端气体温度降低和压力升高，K 值在 2008 年由 1 左右下降到 0。文献［56］中也显示了英国车辆中 K 值的下降趋势。在美国，最好的燃料抗爆性假设由（RON + MON）/2 表示，即假设 K 值为 0.5，可能是因为该规范首次达成一致时，美国车辆曾经有过这样的辛烷值偏向。然而，发动机技术一直在发展，随着发动机效率和功率密度的提高，压力和温度状态已经从图 4-10 中的 MON 测试条件转向 RON 测试条件，甚至超越 RON 测试条件。平均而言，现代欧洲和日本汽车的 K 值已经趋于零，并且很快就会转为负值[15,46,47,56]。SI 发动机技术的进一步发展，例如小型化和涡轮增压，只会加剧这一趋势[61,62]。这对未来燃料规格和制造所造成的影响将在第 7 章中讨论。

4.2.4 辛烷值需求

在给定的运行条件下，发动机的辛烷值需求（OR）是 KLSA 与 MBT 相同时燃料的 OI。这种燃料或 OI 高于 OR 的燃料允许发动机以最佳效率和动力运行而不会发生爆燃。图 4-12 表示的是，在考虑图 4-11 中条件下，爆燃限制转矩（KLSA 时的转矩）与不同燃料的 KLSA 之间的关系。曲线上的最后一点（KLSA 为上止点前17°），使得发动机在此运行条件下可以获得尽可能高的转矩，而不受爆燃的限制。从图 4-11c 可以看出，这种燃料的 OI 为 113，因此在这种运行条件下的发动机 OR 是 113。

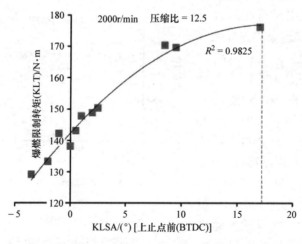

图 4-12　爆燃限制转矩（KLT）与 KLSA 的关系（数据来自参考文献［15］）

在配备爆燃传感器的车辆中，在每个速度和负载下都会设置一个默认的点火正时，即使发动机由于爆燃而暂时偏离。此类车辆的 OR 允许达到此默认值的最小 OI。通常，此默认设置不会提前于 MBT，因为安全余量可以解决爆燃传感器操作中的不确定性，以及与排放相关的其他问题。因此，车辆的 OR 由发动机管理系统采用的控制策略决定，并且通常低于发动机的实际 OR，这与发动机在 MBT 正时的最佳性能有关。

　　理想情况下，OI 必须在所有工况条件下等于或超过 OR。例如，随着发动机转速增加，OR 逐渐降低，由于可用于自燃的时间减少，爆燃的可能性也下降，但在大多数情况下 K 是增加的[15,39,57-59]。实际上，经验趋势表明，随着 OR 的增加 K 逐渐降低，如图 4-13 中给出的来自文献［15］和［39］不同发动机的试验所示。

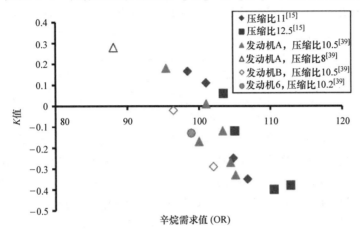

图 4-13　整体上，K 值随 OR 的增加而下降

　　此现象反映了这样的事实：在给定的发动机中，可以通过增加压缩比或进气压力来增加 OR，或者在某些情况下，通过降低转速来增加 OR，将使压力和温度状态在图 4-10 中向下移动——接近并超越 RON。这种变化的后果已经在参考文献［15］中的发动机研究中进行了探讨。如果两种燃料，当在较低 OR 处取 K 为正值时，具有相同的 OI，则具有较高灵敏度的燃料的 OI 将比较低敏感度燃料更加接近满足较高 OR 条件下的发动机的 OR[15]，这可从下面内容说明。让我们考虑两种燃料：燃料 F1 的研究法辛烷值为 RON1，灵敏度为 S1；燃料 F2 具有研究法辛烷值 RON2 和灵敏度 S2。我们假设 S1 > S2，并且两种燃料中的 OI 等于辛烷需求值，当 K 为正时，如 +K1，运行条件下的 ORx，就可以表示为

$$ORx = RON1 - K1 \times S1 = RON2 - K1 \times S2$$

因此

$$RON2 = RON1 - K1 \times (S1 - S2)$$

在 K 为负的运行条件下，比如 -K2，让我们假设燃料 F1 的

$$OI = (RON1 + K2 \times S1)$$

等于新的、更高的辛烷需求值 ORy。不那么敏感的燃料，燃料 F2 的 OI，将表达为

$$OI = (RON2 + K2 \times S2)$$

并且将达不到所需的 OI 或 ORy，少$(K1 + K2)(S1 - S2)$。因此，更灵敏的燃料 F1，将能够满足发动机在更宽的工况范围内的辛烷值要求。

一个非常有趣的猜想：如果 K 与 OR 之间存在线性关系：

$$K = A - B\,[OR] \tag{4-9}$$

我们也想令 OI = OR，从式（4-8）和式（4-9）中可得到：

$$RON - AS = [OR][1 - BS] \tag{4-10}$$

当 $S = 1/B$ 且 RON = A/B 时，该等式恒等，具有这些特性的燃料将能满足发动机各种运行工况的需求。

在给定的运行工况下，对于固定的点火正时，所获得的压力和转矩也将取决于火焰发展速率——通常，火焰传播得越快，气缸中的压力也就越高，自燃发生的可能性也越大。火焰传播速度加快也会导致提供给自燃的时间减少。发动机燃烧的一个特点是循环变动，一般来说，对于给定的燃料，压力效应占主导地位时，燃烧更快的循环更容易发生爆燃[33]。在上面讨论的 RON 或 MON 测试等爆燃测试中，没有考虑不同燃料之间燃烧速率差异的影响。同样，也没有考虑到不同液体燃料蒸发所引起的充量冷却差异的影响。这在 DISI 发动机中是非常重要的。当然，如果在进气门仍然打开时喷射燃料，则充量冷却还将导致更高的容积效率及更高的压力，这可能会抵消降低温度的影响。燃料之间的这种差异确实存在，但小于自燃化学反应之间的差异，所以可以合理地假设，实际燃料的爆燃行为的主要差异来自于自燃化学反应之间的差异。

4.3　燃料对均质压燃的作用

均质压燃（HCCI）发动机可以在非常稀薄的混合气浓度下运行，其 NO_x 和烟度可以非常低。SI 发动机不能在这种条件下运行，因为其不能保持稳定的火焰；在柴油发动机中，即使整体混合气非常稀薄，但其局部的浓混合区还是会不可避免地会产生 NO_x 和炭烟。HCCI 发动机也可以在没有节流的情况下运行，并且与 SI 发动机相比，HCCI 发动机压缩比更高，所以使得其效率更高。关于 HCCI 的研究，在 20 世纪 80 年代的初步研究[64,65]之后，从 20 世纪 90 年代末开始又出现新的研究热潮[66-68]，相关综述可见参考文献 [69]。

然而，HCCI 发动机的功率密度非常低——它们必须在稀薄条件下运行，以避免过度和具有破坏性的最大放热率，同时保持较低的 NO_x 水平。它们的控制非常困难，因为燃烧相位只能通过混合气自燃行为和燃烧相位的初始条件来控制。在 HCCI 发动机中为保持较低颗粒物和 NO_x 排放所需的稀薄和低温燃烧，不可避免地会导致较高的 CO 和 HC 排放，并且由于排气温度较低，CO 和 HC 将难以通过后处理来控制。显而易见的是，目前在满足燃烧稳定性、排放和最大压力升高率要求的条件下，还没有一款经济实惠的发动机，以纯 HCCl 模式在其所需速度/负载范围内运行。本文中，HCCI 指的是燃料和空气完全预混后被压缩点燃。正如第 6 章所讨论的那样，即使燃料和空气没有完全预混，由于喷油相对较晚而导致混合较为充分时，具有相对较低的自燃能力，也可以获得 HCCI 燃烧的许多优点（即，低 NO_x、低炭烟和高效率），但是燃烧相位是通过循环控制的。有时这种类型的部分预混压燃在柴油机文献中被混淆地称为 HCCI。当然，即使在 HCCl 发动机中，虽然燃料和空气通过在发动机循环的早期喷射实现了完全预混，但由于温度和混合气浓度梯度的存在[70,71]，混合气永远不会真正的均匀，并且自燃总是从局部热点开始的[72,73]。

对 HCCI 燃烧的研究有助于提高我们对自燃的理解，特别是在燃料的影响方面，因为与易出现爆燃的发动机相比，HCCI 发动机可以在更宽的压力、温度和混合气浓度范围内运行。在同一款 HCCI 发动机中，已经进行了许多关于不同化学成分的燃料的研究[2,28,29,74-83]。在大多数这些研究中，各种燃料在发动机中以固定的发动机转速、混合气浓度、EGR 率、进气温度和压力进行测试——所有混合气在压缩过程中都遵循单一的多变曲线，如图 4-10 所示。不同的燃料在自燃反应所设定的不同时间内，开始偏离压缩多变曲线，这与它们的自燃行为相关。燃料自燃特性可以通过燃烧相位参数来表征，例如 CA50，即总放热量的 50% 的曲轴转角。CA50 的值越高（即放热越晚），燃料越不易自燃。在所有这些试验中，如预期的那样，不同的燃料具有不同的燃烧相位，但这不一定与 RON 或 MON 相关。然而，基于 OI 的方法提供了一种通用框架，在该框架内可以理解 HCCI 发动机在各种环境中的各种燃料的自燃。美国桑迪亚国家试验室的小组采用了不同的方法，对 HCCI 发动机中的燃料进行排序[83]。在他们的试验中，在所有其他条件都固定的情况下，改变进气温度以确保 CA50 发生在 TDC 处——燃料越不易自燃，所需的进气温度越高。

4.3.1　基于辛烷指数的 HCCI 发动机燃料作用框架

HCCI 发动机可以在 RON 以外或超过 MON 条件下运行（参见本章第 4.2 节），因此在特定运行条件下实际的抗自燃性或燃料特性（例如 CA50）与 RON 或 MON 之间可能没有任何关联。图 4-14a 和图 4-14b 所示为平均 CA50 与 RON 和 MON 之间的关系。图 4-14 中的 HCCI 试验是在一台单缸发动机上进行的，转速为 1200r/min，进气压力为 2MPa（绝对压力），温度为 80℃，过量空气系数 λ（当量比 φ 的倒数）约为 4.5。如参考文献 [29] 所述，发动机使用 11 种不同的燃料运行，试验数据列于参考文献 [29] 的附录 2 中。在 OI 中使用的 K 值可以通过在式（4-4）和式（4-7）中使用 CA50 代入 z 来得到。在这种特殊情况下，K 的值为 - 1.94，并且在图 4-14c 中 CA50 与 OI = RON + 1.94S 之间存在良好的相关性。如果可以对所有燃料的混合气浓度和其他操作条件实现更加严格的控制，则相关性可能会更好。当发

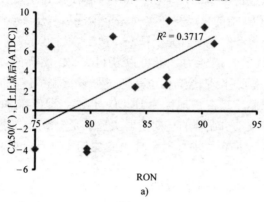

a)

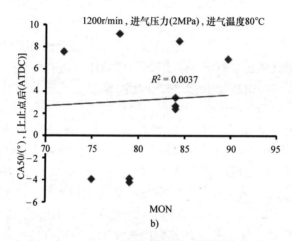

b)

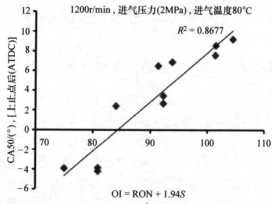

c)

图 4-14　CA50 与各参数的关系（HCCI 发动机压缩比为 14，转速为 1200r/min，进气压力为 2MPa 绝对压力，进气温度为 80℃，$\lambda = 4.5 \pm 0.1$）（数据源于 参考文献［29］附录 2。细节请见参考文献［29］

a）CA50 与 RON 关系图　b）CA50 与 MON 关系图　c）CA50 与 OI 关系图

动机运行在"超越 MON"条件下[28]，K 取负值[2,78,84]以及 $K>1$ 时，CA50 和 RON 或 MON 之间不存在相关性，但 CA50 和 OI 之间却存在良好相关性。

　　每个 OI_0 条件下，发动机的自燃特性需求被定义为，当 CA50 发生在 TDC 处（即 CA50 为 0）时的辛烷指数。对于式（4-6），当 $z = CA50$ 时：

$$OI_0 = \frac{-c}{a+b} \qquad (4-11)$$

式（4-6）可以被改写为

$$CA50 = (a+b)(OI - OI_0) \qquad (4-12)$$

　　因此，当燃料自燃特性的 OI 与发动机的需求 OI_0 相等时，CA 等于 0（即在上止点）。

　　HCCI 发动机中的燃烧很大程度上取决于燃烧室中温度/压力的变化。参考文献［2］中引入了当压力为 1.5MPa 时，未燃烧气体中的温度——T_{comp15}，用以标记温度/压力多变方程的位置，通过图 4-10 所示的试验获取，选择 1.5MPa 压力值没有特别的意义。通过改变入口条件、内部和外部 EGR 率、压缩比和混合气浓度，两种不同的 HCCI 发动机沿着许多不同的 T/P 特性线运行。例如，压缩开始时的初始混合气温度可以通过加热入口空气，或通过使用由负气门重叠产生的大量热的内部 EGR 来提高，通过加装涡轮增压器可以增加发动机的初始压力。两个发动机的综合试验结果在参考文献［29］和［84］中进行了讨论。

1. CA50 随辛烷指数的变化

　　在几个具有缸内高温的 HCCI 试验中，发现辛烷值变化很大的燃料在发动机循环的相同时刻放热[28,80,82]。换句话说，关于 CA50 对 OI 的灵敏度，即（$a+b$）直线的斜率非常小（如图 4-14c 所示）。图 4-15 中描绘了两个非常不同的 HCCI 发动机上的各种 HCCI 试验中，斜率（$a+b$）相对于 T_{comp15} 的关系；这些数据来自参考文献［29］。

　　其中一款发动机的气缸排量为 1.95L，是基于重型柴油发动机开发的，而另一款发动机的气缸排量为 0.5L，是基于汽油发动机开发的。图 4-15 中的 88 个试验点均来自于不同发动机运行条件下，如速度、当量比、进气压力、进气温度和固定的 EGR 率，不同燃料的测试结果。

　　在 T_{comp15} 的高值和低值时，（$a+b$）都很小。通过增加进气温度[4.28,4.82]或通过负气门重叠保留大量内部 EGR 气体[4.80,4.81]，可以增加 T_{comp15}。随着温度的升高，不同燃料之间自燃化学特性的差异会减小。例如，对于不同的燃料，在高温下缩放到共同压力下的滞燃期的差异很小（例如，文献［20］中所述）；也可见图 4-6。因此，如果在 HCCI 试验期间缸内温度较高，则所有燃料都将变得非常易于自燃，并且燃料之间的差异将会很小。T_{comp15} 可以通过增加进气压力而减少，同时，即使温度固定，随着压力的增加，自燃发生的概率也会增加（即滞燃期缩短）［式（4-2）］，此时不同燃料之间的差异将再次降低。显然在极端条件下，当（$a+b$）很小

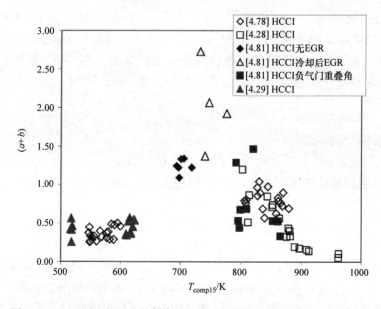

图 4-15　CA50 相对于 OI 的斜率（$a+b$）与 T_{comp15} 的关系。在高 T_{comp15} 或
低 T_{comp15} 条件下，不同 OI 燃料的燃烧相位区别很小

时，K 的绝对值将会很大［式（4-7）］，此时那些包括基于 OI 和 K 的用来描述燃料间差异的尝试都将变得无关紧要，因为所有燃料的行为都相似。

2. K 的变化

HCCI 燃烧中，K 的变动很大，但它强烈依赖于 T_{comp15}（参见图 4-16——数据来自图 4-15 中相同的试验设置）。

文献［39］中还给出了爆燃试验中 RON 和 MON 测试的结果；因为可以估计 1200r/min 下的 T_{comp15} 的值，所以文献［39］中仅考虑 1200r/min 的结果。还有证据表明，无论是 HCCI 试验[78]还是爆燃试验[58,59]，K 都随着 λ 的增加而减小，尽管图 4-16 没有考虑到这一点。参考文献［78］中给出对于 HCCI 发动机中 $\lambda>2.5$ 以及 $T_{comp15}<825$K 的这种近似趋势：

$$K = 0.00497T_{comp15} - 3.67 - 0.135\lambda \qquad (4-13)$$

SI 发动机并不依赖 λ，因为 SI 发动机主要在 $\lambda=1$ 时运行。鉴于数据的分散，式（4-13）预测的只是 K 的趋势而不是精确值。如果 T_{comp15} 大于 RON 测试，则 K 是正值，则 $S>0$ 的非 PRF 的 OI 将小于其 RON。莱帕德在他的经典论文［25］中将此归因于以下原因：与 PRF 相比，非 PRF 不太可能出现负温度系数（NTC）情况，即不会出现滞燃期随着温度的升高而增加。为了进一步说明，继续讨论了 PRF 95（95% 体积分数异辛烷＋5% 体积分数正庚烷）及 95 RON 和 85 MON 的汽油。它们在 RON 测试条件下（即具有相同的 RON）自燃情况一致。随着未燃气体温度的升高，混合气将在最终自燃前的压缩行程中发生的 NTC 区域花费更多时间，

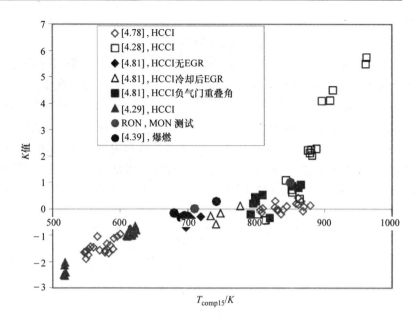

图 4-16　HCCI 和爆燃试验中测量 K 值与 T_{comp15} 的关系

（HCCI 结果见参考文献 [29，84]，爆燃结果见参考文献 [39]）

并且与非 PRF 相比，PRF 将逐渐变得更难自燃。与 MON 测试相比，RON 测试的 T_{comp15} 更低（图 4-10）。如果 T_{comp15} 升至 MON 测试条件，与 PRF 95 相比，汽油将更容易发生自燃，并且实际上与 PRF 85 类似。

如果 T_{comp15} 降低到低于 RON 测试条件，则给定温度下未燃气体中的压力将会升高。在这种情况下，与 PRF 相比，具有 RON > MON 的非 PRF 抗自燃能力将变得相对更强，正如在本章第 4.1 节中所讨论的，其 OI 将高于其 RON（即，K 将变为负值）。清晰分离压力和温度的影响是不太可能的。定义 RON 和 MON 标度的 PRF 与实际燃料之间的差异，是由于它们的自燃化学特性的不同依赖性，以及压力和温度下的自燃滞燃期而产生的。文献 [85] 中讨论了 HCCI 实验中的这些差异，其中还包括 K 值与自燃滞燃期之间的关系。

3. HCCI 发动机的辛烷需求值 OI_0

在任何特定条件下的 OI_0 定义为在该条件下，在 TDC 处 CA50 时的燃料的 OI_0。它是通过 CA50 与 OI 变化的线性模型进行实验确定的，如图 4-14c 所示。OI_0 在 HCCI 发动机中的变化也很大，但可以通过经验表达与混合气的热力学参数及发动机运行条件相关联[29,84]：

$$OI_0 = 559 + 0.015 T_{maxcomp}（单位 \ K）+ 0.663 P_{maxcomp}（单位 \ bar^{\ominus}）-$$
$$2.6\lambda^* - 0.0123 N（单位 \ r/min） \qquad (4-14)$$

$\ominus$　1 bar = 100 kPa

此处

$$\lambda^* = (1 + \text{EGR}_f)\lambda \qquad (4\text{-}15)$$

这里，λ 是过量空气系数，EGR_f 是 EGR 质量分数，其定义为当混合气中的废气只来源于排气行程结束时残留在气缸中的废气时，EGR_f 为 0。在文献［81］中研究了外部 EGR 对 HCCI 燃烧的影响，并且大多数情况下，EGR_f 是不为 0 的。OI_0 都是无量纲的，T_{maxcomp} 是压缩温度，单位是 K。p_{maxcomp} 是 TDC 压力，以 bar（绝对压力）来表示。它们都取决于压缩行程开始时的条件和发动机的压缩比。N 是以 r/min 为单位的发动机转速。图 4-17 显示，即使两个非常不同的单缸发动机在一个非常广的运行工况下，其测量的 OI_0 与式（4-14）预测的值之间都存在合理的一致性。

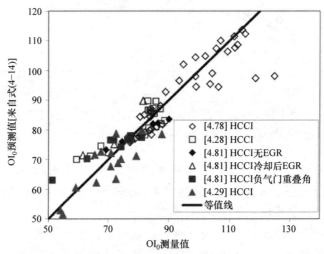

图 4-17 由式（4-14）预测的 OI_0 与实际测量值间的比较

一般来说，如式（4-14）所示。如果其他一切都保持不变，T_{maxcomp} 或 P_{maxcomp} 增加，或者 λ^* 或 N 减小时，自燃发生的可能性将增加。由于温度/压力增加或混合气浓度增加或可用于自燃的时间更长，OI_0 将会增加，也就是说，需要更高 OI 的燃料来抵消自燃增加的可能性。

理想情况下，OI 必须在所有条件下与 OI_0 相匹配。如果燃料的 OI 超过 OI_0，则发动机循环中的 CA50 将是正的（即在 TDC 之后发生）。如果固定 OI_0 下的 OI 增加，或者对于固定的燃料，由于发动机运行工况的转变，OI_0 降低，则放热将会逐渐推后，并且如果 OI 超过 OI_0 太多，最终自燃会失败。另一方面，如果 OI_0 增加到远高于燃料的 OI，则放热将会过早，放热率和压力升高率将会过高，而引起发动机爆燃。敏感燃料的优点在于[2,28,78]，当发动机内的压力和温度由于 K 的变化而变化时，它们的 OI 会与 OI_0 的变化方向相同。例如，对于给定的发动机转速，IMEP（平均有效压力）随燃料能量（每循环焦耳）线性增加[28]。这又取决于空气消耗率和当量比的乘积。因此，可以通过增加相同 λ 条件下 HCCI 发动机中的进气量来增加 IMEP。此时，$p_{maxcomp}$ 和 $T_{maxcomp}$ 将会增加，最终导致 OI_0 将增加。同时，由于在给定温度下的压力会增加，T_{comp15} 将会降低，K 会减小，甚至可能变为负值，更敏感的燃料的 $OI = RON - KS$ 将高于不太敏感的燃料。因此，对于给定的 RON，敏感燃料将更加灵活并允许 HCCI 发动机在更多工况下运行。

4. 运行极限

与 HCCI 发动操作相关的操作极限一般有两个——当压力升高率升高至不可接受时的爆燃极限，及当循环波动增加至不可接受时的不稳定极限；这些限制并不是客观固定的。最大压力升高率（MPRR）与发动机的噪声有关[79,86]，而循环波动则可以通过 IMEP 的 COV（波动系数＝平均值/标准偏差）来描述。在所有其他条件相同的情况下，随着混合气当量比增加（即当混合气变浓时）以及 CA50 的减小，HCCI 实验中的平均 MPRR 逐渐增加，且 IMEP 的 COV 将逐渐降低。如本章 4.2 节所述，CA50 取决于 OI 和 OI_0 之间的差异。此外，在其他条件相同的情况下，MPRR 会随着进气压力的增加以及燃油灵敏度的降低而增加。基于实验，参考文献 [29] 将平均 MPRR 和 IMEP 的 COV 与这些不同参数相关联，拟出了经验关系。此外，通常 HC 和 CO 排放随着 CA50 增加而增加，而 NO_x 排放则随着 CA50 降低及 MPRR 增加而增加。

单个自燃从热点开始，并且高于环境的超压随着从热点相对于未燃烧气体发出的自燃反应前沿的传播而增加，Ua 在本章第 4.2 节中进行了简要讨论，更详细的说明请见第 5 章 5.2 节中 Bradley[45] 的相关总结。

5. 辛烷值指数法的其他说明

基于 OI 和 K 值的经验方法提供了一种合适的框架，用于理解在各种运行工况下汽油自燃范围内（RON > 60，CN < 30）实验观察到的燃料的行为。K 值可以与 T_{comp15} 以及 λ 有关，T_{comp15} 简单地定义了发动机中的压力和温度状态，但它又反过来受到进气条件、发动机设计和发动机转速的影响。发动机设计和运行参数决定了气缸中的压力和温度，因此也决定了 T_{comp15}。由于来自两个非常不同的发动机的结果相一致，表明这种基于缸内条件的方法可以应用于不同的发动机。这种方法的预测值受到实验结果分散的限制，但许多趋势还是可以清楚地识别出来。如果已经有足够信息来计算 T_{comp15}，操作条件已经确定，并且已知燃料的 RON 和 MON，则仍然可以使用这种经验关系来估计关键的运行参数，例如 CA50 和 MPRR[84]。但还有一些例外情况，如一些燃料不符合 CA50 与 OI 的总体趋势，或由于高进气温度[28] 或高内部 EGR 率[81] 导致缸内温度升高时，这种情况便会发生。然而，考虑到实际燃料的复杂性，以及对这种燃料自燃化学特性的认识状态，诸如所描述的那种经验方法，使得在广泛的实验结果中找到规律成为可能。它还有助于确定基础化学动力学中进一步研究的重要领域（例如了解不同类型燃料的压力效应）。

4.3.2　描述 HCCI 发动机中燃料特性的其他方法

祖兰等[79] 引入了受控自燃数（CAN），以便比较 HCCI 发动机中的两种燃料。

考虑到负载和速度的运行边界首先建立在一个给定的基准参考燃料发动机中，例如，在图4-18中，基准燃料只能在由粗实线限定的区域中，以给定的速度实现较为满意地运行——给定转速下，在边界之外，以及高负荷时，会产生不可接受的噪声；对于低负荷，燃烧会非常不稳定。研究者为测试燃料建立了类似的操作方案：图4-18中虚线内的区域。

CAN定义为测试燃料运行区域面积与基准燃料运行区域面积之比。然而，由于自燃行为随压力和温度而变化，因此燃料的CAN等级将取决于选择的基准燃料以及发动机的运行条件。在参考文献［79］中建议，每种燃料有四个CAN评级用，对应四种转速/负荷条件，分别是低/低，低/高，高/低和高/高。

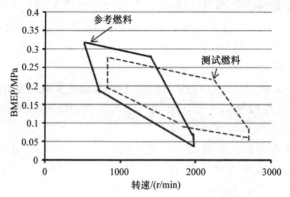

图4-18　两种燃料下HCCI发动机的运行范围

芝田、漆原及其同事使用低温放热（LTHR）和高温放热（HTHR）来表征和解释HCCI实验中燃料自燃行为的差异[82,87-89]。他们已经证实了正链烷烃显示出高的LTHR，而芳烃、一些环烷烃和烯烃则会抑制LTHR，这些影响可以从化学动力学中解释[89]。他们还将RON、MON和OI与HTHR和LTHR特征相关联，并证明K值反映了每种测试条件下LTHR和LTHR抑制剂效应之间的折中（trade-off）关系。随后，他们还提出了HCCI指数，该指数是MON的线性函数，同时也是链烷烃、异链烷烃、烯烃、芳烃和含氧化合物等燃料中体积分数的线性函数。这些参数中的每一个系数都是气缸中的压力和温度的函数。因此，该HCCI指数，会像OI一样，取决于燃料成分以及发动机的运行条件。

基于不同温度下点火质量测试（IQT）（参见第2章第2.2节）中滞燃期的测试值，Ryan及其同事使用高压自燃温度（EPAIT），以表征HCCI发动机中柴油的燃料质量[90,91]。EPAIT是产生固定滞燃期的温度，且当IQT中固定温度下的滞燃期确定后，该温度与柴油自燃范围内的十六烷值（CN>30）几乎线性相关。事实上，在HCCI发动机中，衍生的十六烷值（DCN）与柴油自燃范围内不同化学成分的燃料的CA50，具有很好的相关性[92]。

一般而言，与汽油燃料相比，自燃特性的定义对于实际柴油燃料更简单[56]。

例如，如果混合不同十六烷值的两种柴油燃料，则可以通过线性公式很好地预测混合后的十六烷值，所述线性公式是各个燃料十六烷值与体积比乘积之和。但是，通常不能通过线性函数预测不同分子结构燃料混合物的 RON 或 MON[6]。柴油燃料的自燃特性可以通过在一个实验条件下测量的单一量来充分描述，例如 IQT 中的滞燃期。如果柴油发动机在非常不同的条件下测试相同的燃料，则在 IQT 中获得的柴油自燃范围内不同化学组成燃料的自燃倾向的等级，将基本保持一致。

然而，单一滞燃期测量不能充分描述燃料在汽油自燃范围内的自燃行为，如第 4.1 节所述。在参考文献［93］中的快速压缩机中测试了一系列纯烷烃和 PRF。即使对于这些链烷烃燃料，RON 与在一个温度下测量的滞燃期之间的相关性也很差。在参考文献［92］中，还通过快速压缩机测量了不同燃料的滞燃期。参考文献［92］中的图 13 显示，对于类似成分的燃料（例如 PRF），滞燃期与 RON 之间存在相关性。但是，对于类似的 RON，不同化学成分的滞燃期存在很大差异。

对于实际的汽油燃料，需要至少三条信息来表征汽油自燃范围内燃料的自燃特性。两个参数，如 RON 和 MON，它们用于描述两种非常不同的压力/温度随时间变化下的自燃行为，还涉及第三个参数，如 OI 中的 K，它用于描述与规定测试条件相关的实际发动机运行工况。在参考文献［89］中提出的 HCCI 指数中，燃料成分信息和参数系数包含了 RON 和 OI 中 K 所反映的信息。柴油燃料中芳香族成分的自燃行为基本上由与芳香环相连接的长链所决定。在汽油芳香族成分中，与芳香环连接的链的长度会短许多，芳香环对自燃化学影响更加明显。这可能是与实际汽油燃料相比，实际柴油燃料的自燃特性更加容易定义的原因之一。

4.3.3 HCCI 发动机的燃料需求

这里，HCCI 燃烧再次被认为是完全的预混压缩燃烧。燃料必须充分地挥发，以使其与空气充分预混，否则将会产生燃油过浓区，进而导致 NO_x 和炭烟的增加，从而无法实现 HCCI 燃烧的主要目的。燃料在挥发性方面的不足，可以在很大程度上通过使用直接喷射、改进喷射器设计、高喷射压力和流量控制等更好的混合气制备策略来克服。但是，在 HCCI 发动机中，相较挥发性较低的燃料，挥发性更强的燃料依旧更具有优势。燃料的自燃特性必须在尽可能宽的运行范围内满足发动机的变化要求，OI 必须等于 OI_0。在低负荷时，无法自燃将是一个问题，此时需要很低的 OI。单一燃料通常非常困难，因为 OI_0 变化非常广泛，但如前所述，敏感燃料在这方面具有优势。当然，可以采用发动机控制来克服燃料的缺陷，并使发动机能够继续运转，但此方法不一定能达到最佳效率。例如，如果 OI 远大于 OI_0，并且无法自燃时，则可以通过保留大量残余高温废气（内部 EGR）来充分提高充量温度。如果温度足够高［在 $(a+b)$ 趋于零的区域中，见图 4-15］，大多数燃料都可以确保自燃。

1. 理想的"绝对 HCCI"模式

我们首先讨论理想化但太不可能的情况，即发动机将在整个运行范围内以 HCCI 模式运行。本节中所考虑的燃料等级已在第 2 章中进行过描述。

汽油燃料具有优于传统柴油燃料的优点，因为柴油更易挥发。当 OI 约低于 35 时，传统柴油也非常易于自燃。压缩比为 14 的 OI_0 在低负荷下约为 50，而在高当量比、低 λ 的高负荷时，OI_0 会高很多。因此，除非通过降低压缩比来降低 OI_0 ［式（4-14）中的 $p_{maxcomp}$ 和 $T_{maxcomp}$］，否则用柴油燃料将难以获得令人满意的 HCCI 燃烧。在所有条件都相同的情况下，更高 OI 的燃料可以提高 HCCI 运行的最大负载。尽管 GTL 燃料具有更强的挥发性，它们通常比传统柴油更容易发生自燃。由于具有更好的挥发性和更低的十六烷值，煤油将比传统柴油更好。另一方面，由于汽油燃料的高 OI，可能难以确保汽油燃料在低负荷下能够发生自燃。但是，如已经讨论的，通过诸如保持高的内部热 EGR 率或其他热管理的控制策略，可以较为容易地克服这种缺陷。

汽油燃料可以通过混合获得较高的敏感性，从而使其在 HCCI 发动机中具有更大的灵活性。在这方面，它们将比石脑油更好，石脑油具有合适的挥发性，但其灵敏度较低，并且其 OI 可能低于所需值。总之，传统的汽油燃料比传统的柴油燃料更适合于全 HCCI 发动机。它们需要尽可能敏感，并且 RON 值应该达到当前汽油燃料的水平。当然，这些判断是相对的，因为如果选择的条件合适，HCCI 发动机可以采用任意燃料运行。从拓展运行范围的观点到更高的负载、混合气形成的容易性和灵活的点火质量（这可能使发动机控制更容易）的角度来看，燃料可以从最佳到最差排列如下：汽油，石脑油，煤油，适当的 GTL 比例燃料和传统柴油。

2. 实际情景

在实际中，HCCI 发动机必须是双模式发动机——在可能的情况下以 HCCI 模式运行而在不能情况下（在起动和高负荷时）恢复到传统柴油机或 SI 模式。在这种发动机中，燃料必须能支持传统的燃烧方式。已经开发出一些 HCCI/SI 发动机的原型机，在高负荷时会自动切换到 SI 模式，并且它们的燃料需求将取决于在高负荷时避免在 SI 模式下发生爆燃的必要性。与现有的 SI 发动机相比，这种发动机具有更高的压缩比，以便应用汽油燃料，在低负荷下拓宽 HCCI 的操作范围。因此，理想条件下，这种发动机需要具有高 RON 和高敏感度的燃料。

除极低的负荷外，当前压缩比的柴油发动机使用当前的柴油燃料很难获得 HCCI 燃烧。因此，真正意义上的 HCCI/柴油发动机不太现实。但是，柴油发动机开发的主要目标就是获得更多类似 HCCI 的预混燃烧，以降低 NO_x 和炭烟。同时，HCCI 发动机的运行范围可以通过混合气的分层来拓展（例如，文献［93–97］中的讨论）。换句话说，燃料和空气不能像真正的 HCCI 燃烧那样完全地预混。与 HCCI 燃烧相比，在汽油自燃范围内较迟地喷射燃料，可以实现混合气分层和更多的预混燃烧。这些问题将在第 6 章中详细讨论。

4.4　一种新的测试来评估燃料的自燃特性的必要性

经常出现的一个问题是 ASTM 的 RON 和 MON 测试是否需要修改。有人建议改变 RON 和 MON 测试的操作条件[57]，以使它们更适用于 K 值可能为负的现代应用。然而，这不能解决实际燃料在不同运行工况下具有不同表现的问题。RON 和 MON 测试的主要问题是用于定义辛烷值标准的 PRF 不能正确反映实际燃料的自燃行为。一种可能方法是在较高的发动机压力下使用 ASTM 的 RON 测试，但更重要的是使用甲苯/正庚烷混合物（甲苯基础燃料或 TRF）作为参考标准。在这个标准下，甲苯的指定值为 100，正庚烷的指定值为 0。汽油将在增强的 CFR 的 RON 试验中进行测试，并指定甲苯数（TN），即在修订的 RON 测试中最接近汽油机爆燃行为的 TRF 中甲苯的体积分数。图 4-19 显示了 TRF 的 RON 和 MON 与正庚烷的体积分数的关系。

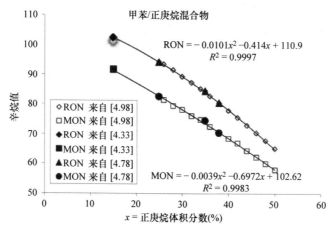

图 4-19　甲苯/正庚烷混合物（TRF）的 RON 和 MON

大部分数据来自参考文献［98］，而正庚烷浓度分别为 15%、25%、35% 和 38% 体积分数的点来自参考文献［33］和［78］。所有这些数据的二阶多项式拟合也如图 4-19 所示。当 RON > 75，TRF 的测量敏感性在 9.5 ~ 12 的范围内（见图 4-20），也因此与实际汽油的敏感性非常相似。

因为具有与汽油相同 RON 的 TRF 会有基本相同的 MON，因此两种燃料的 OI 在很宽的 K 值范围内具有相似性，并且在所有的运行工况下，改进的 CFR RON 测试中的 TN 将可以比 RON 或 MON 更好地描述汽油的自燃行为。为了说明这一点，可参考美国常规汽油 RON 92 和 MON 82——（RON + MON）/2 为 87。一个 TN 为 72.5（27.5% 体积分数的正庚烷）的 TRF 具有 91.9 的 RON 和 80.5 的 MON（图 4-19）。

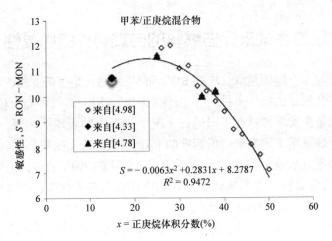

图 4-20 甲苯正庚烷混合物（TRF）的敏感性

表 4-2 列出了这两种不同 K 值燃料的 OI，并根据表中数据绘制了图 4-21。可以看出，TN 值为 72.5 的 TRF，在很宽的 K 值范围内都具有与实际汽油相当的 OI，因此它可以在很宽的运行范围内代表汽油的自燃行为。

表 4-2 美国标准汽油与 TN72.5 的 TRF 的 OI 对比 OI = RON - K（RON - MON）

K 值	美国标准汽油的 OI，（RON + MON）/2 = 87	TN72.5 的 TRF 的 OI（27.5% 体积分数的正庚烷）
+1（MON 测试条件）	82.0	80.5
+0.5	87.0	86.2
+0.2	90.0	89.6
0（RON 测试条件）	92.0	91.9
-0.2	94.0	94.2
-0.5	97.0	97.6
-1.0	102.0	103.3

单一等级的 TRF，特别是 TN72.5，便足以在不同的运行工况下合理地表征汽油的自燃特性。相反，每个 PRF 仅能在一个操作条件（K 值）下匹配汽油的点火行为（即具有相同的 OI）。因此，PRF 92 仅在 RON 测试条件（$K=0$）下匹配汽油的自燃行为，而 PRF 82 仅在 MON 测试条件下匹配汽油（$K=1$）的自燃行为。

在新测试中有几种可能的燃料排序方法：

1）将进气压力固定，例如 0.15MPa。将所有其他操作条件固定为当前 RON 测试中的条件，以不同的 TRF 运行 CFR 发动机，从而确定爆燃时压缩比与 TN 之间的标准。在相同条件下燃用汽油运行进行评估，找出爆燃时的压缩比，并从标准法

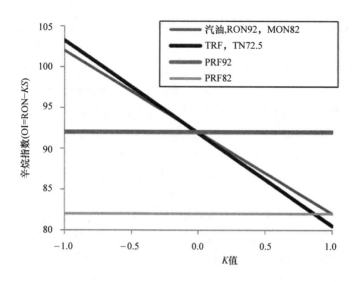

图 4-21　RON92、MON82 的汽油，TN72.5 的 TRF，PRF92 和 PRF82 的 OI 与 K 的关系。
TRF 与不同运行工况（即不同的 K 值）下汽油的 OI 匹配的非常好

则中分配 TN。

2）其他条件与 RON 测试中的一样，固定 CFR 发动机的压缩比（例如为 8.0）
和点火时刻（例如为 10 CAD BTDC）。这些值的选择是为了让处于新标准末位的正
庚烷在发动机没有任何增压的情况下产生爆燃。在不同的增压条件下采用不同的
TRF 运行，以建立 TN 和绝对进气压力之间的标准。相同条件下运行汽油进行评
估，找到发生爆燃时的进气压力，并根据标准法则分配 TN。

目前，高辛烷值燃料，如乙醇混合物，难以定量评价，因为它们的 RON 远高
于 100，而且远远超出了辛烷值的限制。基于 TRF 的标准将使这些燃料的量化评估
变得较为可信。具有较高进气压力的改进的 RON 测试，与现代发动机的运行范围
更加接近（即，超越 RON，参见本章 4.2 节），并且使得这种抗爆燃料的评估更加
简单。实际上，任何这样的新测试都可以使用更现代的单缸发动机，但使用 CFR
发动机的优势在于，它目前在世界范围内仍在应用，并且仅需对 ASTM RON 测试
过程进行轻微调整。虽然这种新测试比实际汽油的 RON 或 MON 测试更合适，但在
汽油自燃范围内这种测试方法不太适合石蜡燃料。在不同的操作条件下，石蜡燃料
具有不同的 TN。例如，异辛烷的 TN 为 75——当 K = −0.5 时，它与含有 75% 甲苯
的甲苯基准燃料（RON/MON = 94.2/82.8）相匹配，但当 K = +0.5 时，它更倾向
于 TN 89.3（RON/MON = 105.3/94.7）。RON 和 MON 测试已深深地融合入石油工
业中，并且在某种程度上融合入汽车工业中，除非取代它们的理由非常让人信服，
否则我们并不希望替换掉它们。

4.5　本章小结

爆燃是妨碍 SI 发动机效率提升的主要因素，抗爆性是 SI 发动机燃料的主要质量参数。在 SI 发动机和 HCCI 发动机中，燃料和空气都是充分预混合的，但由于存在局部的温度和混合气浓度梯度，混合气从来不是真正均质的。SI 发动机的爆燃以及 HCCI 发动机中的燃烧都是开始于局部热点处的自燃，并且通过其不均匀的自燃前沿的发展，决定了后期压力波的振幅。但是，在大多数发动机应用中，主要目的是确定在发动机循环中何时会发生自燃。就此目的而言，假设混合气是均匀的就足够了。

自燃是由化学反应动力学和混合物压力及温度的变化过程决定的。诸如测量激波管和快速压缩机中的滞燃期，以及化学反应动力学模型等基础研究，对于理解自燃有非常大的帮助。但是，实际燃料太复杂，无法为它们开发全面的化学动力学方案。目前，正在为替代燃料开发化学动力学模型，替代燃料是一些纯化合物的混合物，但与实际燃料的性能相匹配。考虑到 RON 和 MON 在燃料工业中的核心作用，无论对自燃的基本理解、动力学模型的准确性和适用性有何进展，在可预见的未来，使用实际燃料的发动机中的自燃，将仍需要根据燃料的 RON 和 MON 来描述和理解。

然而，RON 和 MON 标准是基于 PRF 的，其化学性质与其他燃料的化学性质非常不同。RON 和 MON 不能描述远离 RON 或 MON 测试条件下的燃料的自燃特性。在发动机中，未燃气体中温度随压力的变化（如图 4-10 中的 T_{comp15}）是至关重要的。HCCI 发动机可以在很宽的 T_{comp15} 范围内运行。随着历史上的 SI 发动机效率和功率密度的提高，其测试条件从接近 MON 条件逐渐过渡到 RON 条件，然后超越了 RON 条件。OI［式（4-8）］很好地描述了燃料真正的抗爆特性，它是 RON 和 MON 的组合，并且它是与发动机设计和操作条件 K 相关的参数，会随着 T_{comp15} 的减小而减小。实际应用中，如果两种燃料具有相同的 OI，则它们在 SI 发动机或 HCCI 发动机中，便具有相同的爆燃或燃烧行为。因此，一种良好的替代燃料是具有与目标汽油相同 RON 和 MON 的燃料，无论 K 值如何，两种燃料都具有相同的 OI。一种甲苯、异辛烷和正庚烷的混合物，可以实现与任意的 RON 和 MON 组合相匹配[99]，并且将是一种良好的汽油替代燃料。在现代 SI 发动机中，K 都是负值，因此对于给定的 RON，MON 较低的燃料，其抗爆性更好。这与以下事实一致：随着给定温度下压力的增加，非链烃燃料的抗自燃能力变得更强。在化学反应动力学方面还不能对这种现象进行解释。为提高 SI 发动机的效率所采用的一切手段都将会超越 RON，因此未来的发动机都将具有负 K 值。相关意义将在第 7 章中讨论。

4.6 参考文献

4.1 Westbrook, C.K. 2000. "Chemical Kinetics of Hydrocarbon Ignition in Practical Combustion Systems." *Proceedings of the Combustion Institute* 28:1563–1577.

4.2 Kalghatgi, G.T., Risberg, P., and Ångström, H.-E. 2003. "A Method of Defining Ignition Quality of Fuels in HCCI Engines." SAE Paper No. 2003-01-1816. SAE International, Warrendale, PA.

4.3 Westbrook, C.K., and Dryer, F.L. 1984. "Chemical Kinetic Modelling of Hydrocarbon Combustion." *Progress in Energy and Combustion Science* 10:1.

4.4 Warnatz, J. 1984. "Chemistry of High Temperature Combustion of Alkanes Up to Octane." Paper presented at the Twentieth Symposium (International) on Combustion. The Combustion Institute, Pittsburgh, PA, p. 845.

4.5 Simmie, J.M. 2003. "Detailed Chemical Kinetic Models for the Combustion of Hydrocarbon Fuels." *Progress in Energy and Combustion Science* 29:599.

4.6 Bradley, D., and Morley, C. 1997. "Autoignition in Spark-Ignition Engines." In *Low-Temperature Combustion And Autoignition* (chap. 7), edited by M.J. Pilling, Vol. 35 of *Comprehensive Chemical Kinetics*, edited by R.G. Compton and G. Hancock, Elsevier Science B.V.

4.7 Griffiths, J.F. 1995. "Reduced Kinetic Models and Their Application to Practical Combustion Systems." *Progress in Energy and Combustion Science* 21:25.

4.8 Farrell, J.T., Cernansky, N.P., Dryer, F.L., Friend, D.G., Hergart, C.A., Law, C.K., McDavid, R., Mueller, C.J., Patel, A.K., and Pitsch, H. 2007. "Development of an Experimental Database and Kinetic Models for Surrogate Diesel Fuels." SAE Paper No. 2007-01-0201. SAE International, Warrendale, PA.

4.9 Pitz, W.J., Cernansky, N.P., Dryer, F.L., Egolfopoulos, F., Farrell, J.T., Friend, D.G., and Pitsch, H. 2007. "Development of an Experimental Database and Kinetic Models for Surrogate Gasoline Fuels." SAE Paper No. 2007-01-0175. SAE International, Warrendale, PA.

4.10 Naik, C.V., et al. 2005. "Detailed Chemical Kinetic Modeling of Surrogate

Fuels for Gasoline and Application to an HCCI Engine." SAE Paper No. 2005-01-3741. SAE International, Warrendale, PA.

4.11 Pudupakkam, K.V., Naik, C.V., Wang, C., and Meeks, E. 2010. "Validation Studies of a Detailed Kinetics Mechanism for Diesel and Gasoline Surrogate Fuels." SAE Paper No. 2010-01-0545. SAE International, Warrendale, PA.

4.12 Andrae, J., Brinck, T., and Kalghatgi, G.T. 2008. "HCCI Experiments with Toluene Reference Fuels Modeled by a Semi-Detailed Chemical Kinetic Model." *Combustion and Flame* 155:696–712.

4.13 Andrae, J. 2008. "Development of a Detailed Chemical Kinetic Model for Gasoline Surrogate Fuels." *Fuel* 87:2013–2022.

4.14 Livengood, J.C., and Wu, P.C. 1955. "Correlation of Autoignition Phenomenon in Internal Combustion Engines and Rapid Compression Machines." In *Proceedings of Fifth International Symposium on Combustion*, Reinhold, p. 347.

4.15 Kalghatgi, G.T., Nakata, K., and Mogi, K. 2005. "Octane Appetite Studies in Direct Injection Spark Ignition (DISI) Engines." SAE Paper No. 2005-01-0244. SAE International, Warrendale, PA.

4.16 Bradley, D., Morley, C., and Walmsley, H. 2004. "Relevance of Research and Motor Octane Numbers to the Prediction of Engine Autoignition." SAE Paper No. 2004-01-1970. SAE International, Warrendale, PA.

4.17 Fieweger, K., Blumenthal, R., and Adomeit, G. 1997. "Self-Ignition of SI Engine Model Fuels: A Shock Tube Investigation at High Pressure." *Combustion and Flame* 109:599–619.

4.18 Gauthier, B.M., Davidson, D.F., and Hanson, R.K. 2004. "Shock Tube Determination of Ignition Delay Times in Full-Blend and Surrogate Fuel Mixtures." *Combustion and Flame* 139:300–311.

4.19 Herzler, J., Fikri, M., Hitzbleck, K., Starke, R., Schulz, C., Roth, P., and Kalghatgi, G.T. 2007. "Shock-Tube Study of the Ignition of N-Heptane/Toluene/Air Mixtures at Intermediate Temperatures and High Pressures." *Combustion and Flame* 149:25–31.

4.20 Fikri, M., Herzler, J., Starke, R., Schulz, C., Roth, P., and Kalghatgi, G.T. 2008. "Autoignition of Gasoline Surrogate Mixtures at Intermediate Temperatures and High Pressures." *Combustion and Flame* 152:276–281.

4.21 Eng, J.A., Leppard, W.R., Najt, P.A., and Dryer, F.L. 1997. "The Interaction Between Nitric Oxide and Hydrocarbon Chemistry in a Spark Ignition

Engine." SAE Paper No. 972889. SAE International, Warrendale, PA.

4.22 Risberg, P., Johansson, D., Andrae, J., Kalghatgi, G., Björnbom, P., and Ångström, H.-E. 2006. "The Influence of NO on Combustion Phasing in a HCCI Engine." SAE Paper No. 2006-01-0416. SAE International, Warrendale, PA.

4.23 Burluka, A.A., Liu, K., Sheppard, C.G.W., Smallbone, A.J., and Wooley, R. 2004. "The Influence of Simulated Residual and NO Concentrations on Knock Onset for PRFs and Gasolines." SAE Paper No. 2004-01-2998. SAE International, Warrendale, PA.

4.24 Dagaut, P., and Nicolle, A., 2005. "Experimental Study and Detailed Kinetic Modelling of the Effect of Exhaust Gas on Fuel Combustion: Mutual Sensitisation of the Oxidation of Nitric Oxide and Methane Over Extended Temperature and Pressure Ranges." *Combustion and Flame* 140:161–171.

4.25 Leppard, W.R. 1990. "The Chemical Origin of Fuel Octane Sensitivity." SAE Paper No. 902137. SAE International, Warrendale, PA.

4.26 Kalghatgi, G.T., Golombok, M., and Snowdon, P. 1995. "Fuel Effects on Knock, Heat Release and 'CARS' Temperatures in a Spark-Ignition Engine." *Combustion Science and Technology* 110–111:209–228

4.27 Yates, A.D., Swarts, A., and Viljoen, C.L. 2005. "Correlating Auto-Ignition Delays and Knock-Limited Spark-Advance Data for Different Types of Fuel." SAE Paper No. 2005-01-2083. SAE International, Warrendale, PA.

4.28 Kalghatgi, G.T., and Head, R.A. 2004. "The Available and Required Autoignition Quality of Gasoline-Like Fuels in HCCI Engines at High Temperatures." SAE Paper No. 2004-01-1969. SAE International, Warrendale, PA.

4.29 Kalghatgi, G.T., and Head, R.A. 2006. "Combustion Limits and Efficiency in an HCCI Engine." *International Journal of Engine Research* 7(3):215–236.

4.30 Heywood, J.B. 1988. Chap. 9. In *Internal Combustion Engine Fundamentals*. McGraw-Hill, New York.

4.31 Young, M.B. 1981. "Cyclic Dispersion in the Homogeneous-Charge Spark-Ignition Engine-A Literature Survey." SAE Paper No. 810020. SAE International, Warrendale, PA.

4.32 Kalghatgi, G.T. 1987. "Spark Ignition, Early Flame Development and Cyclic Variation in I.C. Engines." SAE Paper No. 870163. SAE International, Warrendale, PA.

4.33 Kalghatgi, G.T., Snowdon, P., and McDonald, C.R. 1995. "Studies of Knock in a Spark Ignition Engine with CARS Temperature Measurements and Using Different Fuels." SAE Paper No. 950690. SAE International, Warrendale, PA.

4.34 Burgdorf, K., and Denbratt, I. 1997. "Comparison of Cylinder Pressure Based Knock Detection Methods." SAE Paper No. 972932. SAE International, Warrendale, PA.

4.35 Gao, X., Stone, R., Hudson, C., and Bradbury, I. 1993. "The Detection and Quantification of Knock in Spark Ignition Engines." SAE Paper No. 932759. SAE International, Warrendale, PA.

4.36 Collings, N., Dinsdale, S., Eade, D., 1986. "Knock Detection by Means of the Spark Plug." SAE Paper No. 860635. SAE International, Warrendale, PA.

4.37 Nakagawa, Y., Takagi, Y., Itoh, T., and Iijima, T. 1984. "Laser Shadowgraphic Analysis of Knocking in S.I. Engine." SAE Paper No. 845001. SAE International, Warrendale, PA.

4.38 König, G., and Sheppard, C.G.W. 1990. "End Gas Autoignition and Knock in a Spark Ignition Engine." SAE Paper No. 902135. SAE International, Warrendale, PA.

4.39 Kalghatgi, G.T. 2001. "Fuel Anti-knock Quality—Part I. Engine studies." SAE Paper No. 2001-01-3584. SAE International, Warrendale, PA.

4.40 Franklin, M.L., and Murphy, T.E. 1989. "A Study of Knock and Power Loss in the Automotive Spark Ignition Engine." SAE Paper No. 890161. SAE International, Warrendale, PA.

4.41 Chun, K.M., and Heywood, J.B. 1989. "Characterization of Knock in a Spark-Ignition Engine." SAE Paper No. 890156. SAE International, Warrendale, PA.

4.42 Bradley, D., Kalghatgi, G.T., and Golombok, M. 1996. "Fuel Blend and Mixture Strength Effects on Autoignition Heat Release Rates and Knock Intensity in S.I. Engines." SAE Paper No. 962105. SAE International, Warrendale, PA.

4.43 Bradley, D., and Kalghatgi, G.T. 2009. "Influence of Autoignition Delay Time Characteristics of Different Fuels on Pressure Waves and Knock in Reciprocating Engines." *Combustion and Flame* 156:2307–2318.

4.44 König, G., Maly, R.R., Bradley, D., Lau, A.K.C. and Sheppard, C.G.W. 1990. "Role of Exothermic Centres on Knock Initiation and Knock Damage."

SAE Paper No. 902136. SAE International: Warrendale, PA.

4.45　Bradley, D. 2012. "Autoignitions and Detonations in Engines and Ducts." *Philosophical Transactions A of the Royal Society A* 370:689–714.

4.46　Kalghatgi, G.T. 2001. "Fuel anti-knock—Part II. Vehicle Studies—How Relevant Is Motor Octane Number (MON) for Modern Engines?" SAE Paper No. 2001-01-3585. SAE International, Warrendale, PA.

4.47　Bell, A. 2010. "Modern SI Engine Control Parameter Responses and Altitude Effects with Fuels of Varying Octane Sensitivity." SAE Paper No. 2010-01-1454. SAE International, Warrendale, PA.

4.48　McNally, M.J., Callison, J.C., Evans, B., Graham, J.P., Swaynos, D.V., Uihlein, J.P., and Wusz, T. 1991. "The Effect of Gasoline Octane Quality on Vehicle Acceleration Performance—A CRC Study." SAE Paper No. 912394. SAE International, Warrendale, PA.

4.49　Coordinating Research Council. 1995. "Vehicle Performance Effect of Octane on Knock Sensor Equipped Vehicles." CRC Report No. 597.

4.50　Whelan, D.E., Schmidt, G.K., and Hischier, M.E. 1998. "An Acceleration Based Method to Determine the Octane Number Requirement of Knock Sensor Vehicles." SAE Paper No. 982721. SAE International, Warrendale, PA.

4.51　Sugawara, Y., Akasaka, Y., and Kagami, M. 1997. "Effects of Gasoline Properties on Acceleration Performance of Commercial Vehicles." SAE Paper No. 971725. SAE International, Warrendale, PA.

4.52　Bell, A.G. 1975. "The Relationship Between Octane Quality and Octane Requirement." SAE Paper No. 750935. SAE International, Warrendale, PA.

4.53　Arrigoni, V., Cornetti, G.M., Spallanzani, G., Calvi, F., and Tontodonati, A. 1974. "High Speed Knock in S.I. Engines." SAE Paper No. 741056. SAE International, Warrendale, PA.

4.54　Ingamells, J.C., and Jones, E.R. 1981. "Developing Road Octane Correlations from Octane Requirement Surveys." SAE Paper No. 810492. SAE International, Warrendale, PA.

4.55　Douaud, A., and Eyzat, P. 1978. "Four-Octane-Number Method for Predicting the Anti-Knock Behavior of Fuels and Engines." SAE Paper No. 780080. SAE International, Warrendale, PA.

4.56　Kalghatgi, G.T. 2005. "Auto-Ignition Quality of Practical Fuels and Implications for Fuel Requirements of Future SI and HCCI Engines." SAE Paper No. 2005-01-0239. SAE International, Warrendale, PA.

4.57 Mittal, V., and Heywood, J.B. 2008. "The Relevance of Fuel RON and MON to Knock Onset in Modern SI Engines." SAE Paper No. 2008-01-2414. SAE International, Warrendale, PA.

4.58 CRC. 2011. "Fuel Antiknock Quality—Engine Response to RON vs MON, Scoping Tests—Final Report." Report No. 660. Coordinating Research Council (CRC).

4.59 Gerty, M.D., and Heywood, J.B. 2006. "An Investigation of Gasoline Engine Knock Limited Performance and the Effects of Hydrogen Enhancement." SAE Paper No. 2006-01-0228. SAE International, Warrendale, PA.

4.60 Akihama, K., Taki, M., Takasu, S., Ueda, T., Iwashita, Y., Farrell, J.T., and Weissman, W. 2004. "Fuel Octane and Composition Effects on Efficiency and Emissions in a High Compression Ratio SIDI Engine." SAE Paper No. 2004-01-1950. SAE International, Warrendale, PA.

4.61 Amer, A., Babiker, H., Chang, J., Kalghatgi, G., Adomeit, P., Brassat, A., and Guenther, M., 2012. "Fuel Effects on Knock in a Highly Boosted Direct Injection Spark Ignition Engine." SAE Paper No. 2012-01-1634. SAE International, Warrendale, PA.

4.62 Davies, T., Cracknell, R., Lovett, G., Cruff, L., and Fowler, J. 2011. "Fuel Effects in a Boosted DISI Engine." SAE Paper No. 2011-01-1985. Also JSAE 20119155. SAE International, Warrendale, PA.

4.63 Mittal, V., and Heywood, J.B. 2009. "The Shift in Relevance of Fuel RON and MON to Knock Onset in Modern SI Engines Over the Last 70 Years." SAE Paper No. 2009-01-2622. SAE International, Warrendale, PA.

4.64 Najt, P., and Foster, D. 1983. "Compression-Ignited Homogeneous Charge Combustion." SAE Technical Paper No. 830264. SAE International, Warrendale, PA.

4.65 Thring, R. 1989. "Homogeneous-Charge Compression-Ignition (HCCI) Engines." SAE Paper No. 892068. SAE International, Warrendale, PA.

4.66 Christensen, M., Johansson, B., and Einewall, P. 1997. "Homogeneous Charge Compression Ignition (HCCI) Using Isooctane, Ethanol and Natural Gas—A Comparison with Spark Ignition Operation." SAE Paper No. 972874. SAE International, Warrendale, PA.

4.67 Stanglmaier, R., and Roberts, C. 1999. "Homogeneous Charge Compression Ignition (HCCI): Benefits, Compromises, and Future Engine Applications." SAE Paper No. 1999-01-3682. SAE International, Warrendale, PA.

4.68　Christensen, M., Hultqvist, A., and Johansson, B. 1999. "Demonstrating the Multi Fuel Capability of a Homogeneous Charge Compression Ignition Engine with Variable Compression Ratio." SAE Paper No. 1999-01-3679. SAE International, Warrendale, PA.

4.69　Zhao, H. (editor). 2007. *HCCI and CAI Engines*. Woodhead, Cambridge, UK.

4.70　Hultqvist, A., Christensen, M., Johansson, B., Richter, M., et al. 2002. "The HCCI Combustion Process in a Single Cycle—Speed Fuel Tracer LIF and Chemiluminescence Imaging." SAE Paper No. 2002-01-0424. SAE International, Warrendale, PA.

4.71　Reuss, D., and Sick, V. 2005. "Inhomogeneities in HCCI Combustion: An Imaging Study." SAE Paper No. 2005-01-2122. SAE International, Warrendale, PA.

4.72　Bradley, D., Morley, C., Gu, X.J., and Emerson, D.R. 2002. "Amplified Pressure Waves During Auto-Ignition: Relevance to CAI Engines." SAE Paper No. 2002-01-2868. SAE International, Warrendale, PA.

4.73　Sheppard, C.G.W, Tolegano, S., and Wooley, R. 2002. "On the Nature of Auto-Ignition Leading to Knock in HCCI Engines." SAE Paper No. 2002-01-2831. SAE International, Warrendale, PA.

4.74　Oakley, A., Zhao, H., Ladommatos, N., and Ma, T. 2001. "Dilution Effects on the Controlled Auto-Ignition (CAI) Combustion of Hydrocarbon and Alcohol Fuels." SAE Paper No. 2001-01-3606. SAE International, Warrendale, PA.

4.75　Montagne, X., and Duret, P. 2002. "What Will Be the Future Combustion and Fuel-Related Technology Challenges?" In *A New Generation of Engine Combustion Processes for the Future?* edited by P. Duret, Editions Technip, Paris, p 177.

4.76　Aroonsrisopon, T., Sohm, V., Werner, P., Foster, D. et al. 2002. "An Investigation into the Effect of Fuel Composition on HCCI Combustion Characteristics." SAE Paper No. 2002-01-2830. SAE International, Warrendale, PA.

4.77　Ryan, T.W., and Matheaus, A. 2002. "Fuel Requirements for HCCI Engine Operation." *Proceedings of THIESEL 2002, Thermo and Fluid Dynamic Processes in Diesel Engines, Valencia.*

4.78　Risberg, P., Kalghatgi, G.T., and Ångström H.-E. 2003. "Autoignition Quality of Gasoline-Like Fuels in HCCI Engines." SAE Paper No. 2003-

01-3215. SAE International, Warrendale, PA.

4.79 Jeuland, N., Montagne, X., and Duret, P. 2003. "Engine and Fuel Related Issues of Gasoline CAI (Controlled Auto-Ignition) Combustion." SAE Paper No. 2003-01-1856. SAE International, Warrendale, PA.

4.80 Koopmans, L., Strömberg, E., and Denbratt, I. 2004. "The Influence of PRF and Commercial Fuels with High Octane Number on the Auto-ignition Timing of an Engine Operated in HCCI Combustion Mode with Negative Valve Overlap." SAE Paper No. 2004-01-1967. SAE International, Warrendale, PA.

4.81 Risberg, P., Kalghatgi, G.T., and Ångström H.-E. 2004. "The Influence of EGR on Autoignition Quality of Gasoline-Like Fuels in HCCI Engines." SAE Paper No. 2004-01-2952. SAE International, Warrendale, PA.

4.82 Shibata, G., and Urushihara, T. 2006. "The Interaction Between Fuel Chemicals and HCCI Combustion Characteristics Under Heated Intake Air Conditions." SAE Paper No. 2006-01-0207. SAE International, Warrendale, PA.

4.83 Sjöberg, M., and Dec, J. 2003. "Combined Effects of Fuel-Type and Engine Speed on Intake Temperature Requirements and Completeness of Bulk-Gas Reactions for HCCI Combustion." SAE Paper No. 2003-01-3173. SAE International, Warrendale, PA.

4.84 Kalghatgi, G.T. 2007. "Fuel Effects in Gasoline HCCI Engines." In *HCCI and CAI Engines,* edited by H. Zhao, Woodhead, Cambridge, UK, pp. 206–238.

4.85 Bradley, D., and Head, R.A. 2006. "Engine Autoignition: The Relationship Between Octane Numbers and Autoignition Delay Times." *Combustion and Flame* 147:171–184.

4.86 Eng, J. 2002. "Characterization of Pressure Waves in HCCI Combustion." SAE Paper No. 2002-01-2859. SAE International, Warrendale, PA.

4.87 Shibata, G., Oyama, K., Urushihara, T., and Nakano, T. 2004. "The Effect of Fuel Properties on Low and High Temperature Heat Release and Resulting Performance of an HCCI Engine." SAE Paper No. 2004-01-0553. SAE International, Warrendale, PA.

4.88 Shibata, G., Oyama, K., Urushihara, T., and Nakano, T. 2005. "Correlation of Low Temperature Heat Release With Fuel Composition and HCCI Engine Combustion." SAE Paper No. 2005-01-0138. SAE International, Warrendale, PA.

4.89　Shibata, G., and Urushihara, T. 2007. "Auto-Ignition Characteristics of Hydrocarbons and Development of HCCI Fuel Index." SAE Paper No. 2007-01-0220. SAE International, Warrendale, PA.

4.90　Ryan, T.W. 2007. "HCCI Fuel Requirements." In *HCCI and CAI Engines*, edited by H. Zhao, Woodhead, Cambridge, UK, pp. 342–362.

4.91　Ryan, T., and Matheaus, A. 2003. "Fuel Requirements for HCCI Engine Operation." SAE Paper No. 2003-01-1813. SAE International, Warrendale, PA.

4.92　Risberg, P., Kalghatgi, G.T., and Ångström H.-E. 2005. "Autoignition Quality of Diesel-Like Fuels in HCCI Engines." SAE Paper No. 2005-01-2127. SAE International, Warrendale, PA.

4.93　Griffiths, J.F., Halford-Maw, P.A., and Mohammed, C. 1997. "Spontaneous Ignition Delays as a Diagnostic of the Propensity of Alkanes to Cause Engine Knock." *Combustion and Flame* 111:327–337.

4.94　Tanaka, S., Ayala, F., Keck, J.C., and Heywood, J.B. 2003. "Two-Stage Ignition in HCCI Combustion and HCCI Combustion Control by Fuels and Additives." *Combustion and Flame* 132:219–239.

4.95　Aroonsrisopon, T., Werner, P., Waldman, J., Sohm, V., et al. 2004. "Expanding the HCCI Operation with the Charge Stratification." SAE Paper No. 2004-01-1756. SAE International, Warrendale, PA.

4.96　Berntsson, A., and Denbratt, I. 2007. "HCCI Combustion Using Charge Stratification for Combustion Control." SAE Paper No. 2007-01-0210. SAE International, Warrendale, PA.

4.97　Sjöberg, M., and Dec, J. 2005. "Effects of Engine Speed, Fueling Rate, and Combustion Phasing on the Thermal Stratification Required to Limit HCCI Knocking Intensity." SAE Paper No. 2005-01-2125. SAE International, Warrendale, PA.

4.98　*Annual Book of ASTM Standards*, Vol. 5.01–5.05. 2011. ASTM International, West Conshohocken, PA.

4.99　Morgan, N., Smallbone, A., Bhave, A., Kraft, M., Cracknell, R., and Kalghatgi, G. 2010. "Mapping Surrogate Gasoline Compositions into RON/MON Space." *Combustion and Flame* 157:1122–1113.

第5章 点燃式涡轮增压发动机中的早燃和超级爆震

点燃式涡轮增压（DISI）发动机经常被观察到称为自燃的异常燃烧现象[1-9]，即在发动机的火花塞点火之前就建立了膨胀的火焰前锋面。在火花塞点火（SI）发动机发展历史的不同阶段，早燃一直持续受到关注[10-19]。在20世纪50年代和60年代早期，压缩比迅速增加，早燃成为一个非常严重的问题（例如，参考文献[11-15] 所进行的讨论）。在某些领域，人们认为在阻碍发动机性能提高方面，早燃可能比爆燃更加严重[14]。在20世纪60年代和70年代这一相对平静的时期之后，早燃在20世纪80年代（例如，参考文献[17-19] 所述）再次引起人们的注意。这主要是因为使用甲醇汽油时遇到的问题。我们首先讨论早燃，这是真正的问题，因为没有它，超级爆震就不太可能会发生。

在火花塞点火之前，早燃使气缸压力增加到压缩压力以上。与正常点火正时相比，早燃导致前进到火焰锋面之前的未燃气体（即末端气体）的压力和温度上升得更快。如果在高压和高温下的末端气体中发生自燃，则可能导致极其严重的爆燃，有时被称为"超级爆震"，这是另一种可能会损坏发动机的异常燃烧现象[1-8]。需注意的是，没有超级爆震的定量定义。最初，在参考文献[5，7] 中讨论的循环内缸内压力的例子，显示了早燃和超级爆震现象，如图5-1所示。

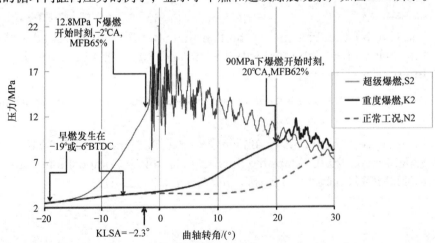

图5-1　涡轮增压发动机中的早燃和超级爆震（缸压曲线来自参考文献[5，7] 中的实验数据）

　　循环 S2 显示爆燃强度（KI，峰 – 峰压力波动）超过 14MPa，此时可以被认为是超级爆震。相反，"正常"爆燃循环（循环 N2），没有显示出自燃，且 KI 小于 0.05MPa。虽然在自燃开始时，循环 K2 与循环 S2 具有相似的未燃气体质量分数，大约均为 40％，但其早燃开始时刻比循环 S2 要晚，同时其 KI 约为 2.4MPa。为了将爆燃强度引入文中，在发动机爆燃实验中，通常设定爆燃阈值在 KI 为 0.02 ～ 0.05MPa，KI 为 0.2MPa 被认为是长时间不会发生严重爆燃。来自不同发动机的一个超级爆震事件的例子，也已经在参考文献［7］中得到了预测和讨论。

　　图 5-2 显示了由这三个循环的压力估算得到的放热率。但是一旦出现较大的压力波动，就不能对循环 S2 和 K2 进行这样的计算。

　　在早燃开始之后，循环后期爆燃发生之前，循环 S2 和 K2 中的放热率低于循环 N2 中的峰值放热率，而循环 N2 是没有早燃的正常循环。早燃后的放热率与选定点火正时下进行的火花塞点火的正常循环相当，并且远小于会发生自燃的预期值（图 5-2；另见参考文献［2］）。这表明，与正常循环一样，早燃开始后的放热发生在膨胀的火焰锋面中。光学研究显示了早燃后湍流火焰的发展（例如，参考文献［4］中的图 6，参考文献［9］中的图 3）。在不采用光学方法的条件下，离子间隙测试法也证实了发动机中早燃后湍流火焰的发展[11-13]。因此，实验证据表明在早燃后会建立湍流火焰锋面。

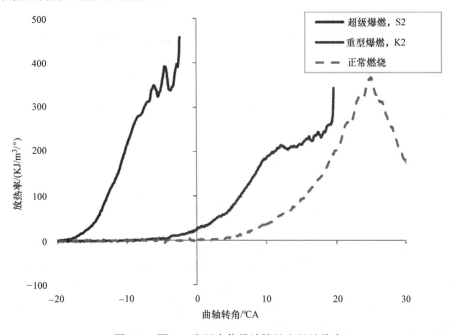

图 5-2 　图 5-1 中压力信号计算的出的放热率

　　这些事件是很少发生的，它们可能在数千次循环中仅发生一次[1-4]。压缩行程由于早燃引起的压力增加，会使得在压缩行程结束之前产生负功，从而导致功率损失，并增加向缸壁的传热损失。在许多情况下，这种增加的传热可以加强早燃过程[10]，这取决于早燃的起源。在单缸发动机中，这最终可能会导致发动机的熄火。在多缸发动机中，一个气缸发生了早燃，其他气缸正常运转可以使发动机保持运转。然而，在压缩行程中因自燃而导致的高压和高温，可能导致活塞或连杆损坏[10]。

5.1 早燃

能否通过外部能量成功建立火焰锋面，主要取决于化学放热与通过传导、扩散和辐射的方式向周围环境散发的热量和自由基的损失之间的竞争[20]。起初，需要将局部小体积的可燃混合气加热到足够高的温度以引起热逃逸。当满足该点火标准，并且燃烧波开始向外传播时，燃烧化学反应开始消耗反应物[21]。

在原点温度降低到正常火焰温度附近时，为了继续传播，火焰应该已经增长到临界尺寸。若低于该临界火焰尺寸，化学反应区域内的放热率不足以补偿向周围环境散发的热损失，并且在没有充足能量和持续时间的外部能量输入的情况下，温度将随着反应体积的减小而降低。在这种情况下，反应会逐渐停止，只有在少量的可燃混合气燃烧后火焰才会熄灭。为了使火焰核超过临界尺寸，来自外部的能量输入必须满足更强的起燃条件。

因此，为了使早燃发生，在火花塞点火以前，燃烧和起爆条件都要满足。

5.1.1 点火条件

在实际的 SI 发动机中，点火正时的设置要避免可燃混合气（甚至是火焰前锋面的末端气体，此处温度和压力在压缩行程会更高）自燃的发生，从而可以避免爆燃。所以，导致早燃的初始放热肯定不是由可燃混合气的局部自燃引发的，因为大部分可燃混合气的滞燃期在这些条件下都是非常短的[2,22]。

1. 表面引燃

在早期的研究中，认为早燃发生在化油器或进气道喷射发动机中，压缩比相对较低且没有涡轮增压。在所有这些情况下，早燃被认为是开始于发动机缸内表面上的热点处。例如，过热的气门或火花塞[10]。通常，所有使用过的发动机的缸内表面总是被不同数量和性质的沉积物覆盖，且沉积物成分取决于燃料、润滑剂和发动机的运行条件（见第 3 章）。在实际中，燃烧室沉积物（CCD）会在表面引燃中发挥作用，尽管表面引燃总是发生在没有 CCD 的情况下[11]（例如，通过使用加热的金属丝，见文献［10］）。燃烧室中的固体颗粒也会导致早燃的发生。梅尔比等人描述了相关实验[13]，当从发动机燃烧室刮下的沉积物颗粒和在实验室中制备的沉积物混合物被引入发动机中时，早燃大大增强。由早燃引起的向壁面传递的热量的增加，可能进一步增加表面热点的温度，并加剧早燃过程[10]。

2. 远离表面的引燃：自燃早燃

与早期的研究不同，现代发动机是缸内直喷，并且由于涡轮增压，现代发动机有着更高的缸内压力，这使得早燃再次成为关注热点。经验数据表明，在现代发动机中，早燃通常不会在燃烧室的内壁表面开始[1-4,9]。文献［1，4，9］的研究表明，早燃开始在随机分布于缸内的不同的点上，且远离内壁表面。扎哈德等人[4]发现，通过避免燃料撞壁，可以大大减少早燃。达恩斯等人[1]讨论了许多可能导致局部热点产生的机理。

基于这些观察结果，文献［1，2，4］提出了关于早燃发生的机理。如果燃料液滴最终落在气缸壁上，它们会与润滑油膜混合并改变其表面张力和黏度。该润滑油/燃料混合物被收集在活塞顶部区域的缝隙中。由于表面张力降低，这种润滑油/燃料混合物的液滴更可能被缸内气流吹入气缸。润滑油/燃料混合物对自燃的抵抗力也低于燃料本身，因为润滑油对自燃的抵抗力非常低——它类似于柴油而不是汽油。在压缩行程中，随着气缸中的温度和压力增加，这些液滴可以蒸发，与氧气混合，经历自燃反应，并最终作为点火中心而燃烧。

为了使燃烧在热点处发生，两个条件需要满足[22]以下条件：

1）滞燃期 τ_i 必须足够短，以便在足够短的时间尺度上在热点处发生自燃。

2）热点的尺寸必须要超过自燃临界半径 r_c。

基于早燃发生时的压力和温度下典型汽油的滞燃期，可以证明，大部分燃料/空气混合物在气相中发生自燃是不可能的[1,2,22]。因此，最初的热点一定在润滑油/燃料混合物液滴的周围形成的。即使假设液滴中的这种混合物具有与正庚烷一样的反应活性，它的滞燃期也不会低到足以导致液滴与空气混合后在气相中发生自燃[22]。但是，润滑油可能比正庚烷更具反应活性。

催化反应也可能在促进以润滑油/燃料液滴为中心的局部放热方面发挥作用。有实验证据表明在润滑油中添加的金属添加剂可以促进早燃。例如，当用合成基础油和低含量金属添加剂制成的润滑油，来代替含有正常含量金属添加剂的标准润滑油时，早燃显著减少[4]。即使在早期研究中，通过表面点火引发的早燃，润滑油中的金属添加剂也可以增加沉积物的金属含量并促进早燃。吉贝特和杜瓦尔[16]报道说，金属润滑油添加剂，特别是钙和钡添加剂，显著增加了早燃的可能性。斯温等[19]发现，在甲醇燃料发动机中，钙基添加剂增加了表面点火的可能性。曼拉德等人[17]观察到火花塞电极上的贵金属涂层促进了甲醇燃料发动机的早燃。

产生以球形润滑油/燃料液滴为中心的局部放热的详细机理尚不清楚，但很可能涉及化学动力学和催化反应。对于较高的压力，这些化学反应速率可能更高，因此当因涡轮增压而增加缸内压力时，局部放热增加的可能性也会增加。

典型的基于点火线圈的汽车点火系统通过电火花提供大约 100mJ 的电能，其中大约 90% 的电能损失到电极中，且无法接触到混合气促使其燃烧[23]。用于燃料和润滑油中的液态烃通常具有约 32MJ/L 的较低热值。因此，直径为 100μm 的球形燃料和润滑油滴在完全燃烧的条件下，将释放约 17mJ 的能量。如果满足所有其他条件，则这种液滴可以提供的能量比典型火花提供的更多，并且有可能引出火焰。

5.1.2 起始条件

Zeldovich 等人[24]的分析引入了具有临界半径 R_f 的"火焰球"的概念。半径小于 R_f 的球形火焰熄灭，而半径大于 R_f 的球形火焰继续传播。此外，R_f 与层流火焰厚度 δ 有关[24,25]，即

$$\frac{R_f}{\delta} = \exp\frac{1}{2}\beta\left(1 - \frac{1}{Le}\right) \tag{5-1}$$

式中　Le——Lewis 数；

　　　β——Zeldovich 数，$\beta = E(T_b - T_u)/R\,T_b^2$。

如果 $Le > 1$，则 R_f 大于 δ，如果 $Le < 1$，则 R_f 小于 δ。任何情况下，临界半径 R_f 都取决于 δ。R_f 越大，从式（5-1）中可看出，δ 也越大，同时越难建立传播的火焰。因此，我们应该能推测出，一旦达到点火标准，火焰开始的概率就会随着 δ 的增加而降低。

层流火焰厚度 δ 由 $\delta = D/S_L$ 给出，其中 D 是热扩散率，S_L 是层流火焰速度。此外，$D = \mu/\rho$，其中 μ 是动力黏度（假设普朗特数 =1）。因此

$$\delta = (\mu/\rho\,S_L) \tag{5-2}$$

所有其他参数都相等时，S_L 越大，早燃的可能性越高。

此外，根据参考文献［26 – 28］，S_L 对于温度和压力的依赖性可以表示为

$$S_L = S_{L0}(T/T_0)^n(p/p_0)^{-m} \tag{5-3}$$

式中　S_{L0}——在参考压力 p_0 和参考温度 T_0 下的层流火焰速度。

此外，根据理想气体定律，$(p/p_0) = (T/T_0)(\rho/\rho_0)$，其中 ρ_0 为在压力 p_0 和温度 T_0 下的密度。最终，实际动力黏度 μ 随 $T^{0.5}$ 变化。

如果 μ 是 p_0 和 T_0 下的动力黏度。由式（5-2）和式（5-3）可得：

$$\delta = (\mu_0/\rho_0 S_{L0})(p/p_0)^{(m-1)}(T/T_0)^{(1.5-n)} \tag{5-4}$$

文献中已经报道过不同燃料的不同 m 值和 n 值。梅塔尔奇和凯克[26]建议，对于异辛烷的当量比混合物，n 为 2.18，m 为 0.16。顾德莱[27]建议，甲醇和乙醇的 n 为 1.75，异辛烷的 n 为 1.56，同时，三种燃料的 m 值为 0.17～0.22。然而，对于异辛烷/空气混合物，Bradley 等人给出了一个相当低的 n 值，即 n 为 1.01，而 m 值为 0.282[28]。Bradley 等人认为，当压力增加时，文献［26，27］中的结果会受到火焰结构变化的影响。在发动机中，实际条件与 Bradley 等人的实验更加相似[28]。当然，S_{L0} 还取决于当量比[26,27]和稀释。例如，S_{L0} 随着废气再循环（EGR）的增加而减小[26]。文献［22］中进行了对于乙醇、氢气、异辛烷和汽油的 m 和 n 的值，以及早燃结果的讨论。

5.1.3 量化早燃的方法

可以从压缩行程期间高于正常压力或高于最大正常压力[3]的状况中识别发生

早燃的循环。通过使用燃烧室中的离子间隙来跟踪火焰发展，也可以识别异常燃烧模式[11,13]。火花间隙中离子电流的变化也可以用于识别早燃[11,18,19]。离子间隙测量可以在不促进早燃的前提下，计算发生早燃的循环次数[1,3,4]。

在一些研究中，使用低点火能量的火花塞（例如，使用延伸电极[14]），或引入由燃烧气加热的化学惰性颗粒[15]来促进早燃。这个主题的一个变体是使用所谓的后燃技术[17,18]。在该方法中，火花塞被禁用几个循环，并且通常在正常点火正时之后，通过热火花电极触发早燃。经常使用的另一种方法（特别是用于评定燃料）是在发动机中引入电加热的热点或电热塞[10,11,29,30]。评估早燃抗性（PR）的方法在参考文献［10］中进行了描述。在一个单缸 E6 发动机中，压缩比和其他操作条件都固定，通过燃烧室中的电加热丝引发早燃。燃料根据通过电热丝传导引起早燃的电能量来评定——该能量越高，PR 越高。根据 PR 建立质量标准，其中异辛烷值为 100，环己烷为 0。所测试燃料混合浓度比理论当量比高约 10%——事实上，层流火焰速度可以接近碳氢化合物燃料的最大值。

5.1.4　压力和温度对早燃的影响

涡轮增压 DISI 发动机中的压力高于非涡轮增压发动机；发动机设计者试图将缸内温度保持与非涡轮增压发动机相似。由于压力增加，自燃反应速率（以及由此在润滑油/燃料液滴周围产生局部放热的可能性）和满足点火条件的概率都会增加。如果进气温度固定，且压力增加，则对于给定的燃料，在压缩行程期间，在给定的曲轴转角下，式（5-4）中的温度相关项将保持相同。但压力相关项将减小，因为在式（5-4）中的压力指数（m^{-1}）是负值。因此，在给定的曲轴转角下，当进气压力增加时，层流火焰厚度将会减小，火焰发生的可能性增加，因此，其他条件相同时，对于给定燃料，涡轮增压发动机中发生早燃的可能性更高。

显然，如果润滑油/燃料液滴的燃烧是达到点火条件的主要机理，那么降低早燃发生概率的一种方法是降低润滑油/燃料液滴进入气缸的可能性。例如，通过减少燃料对气缸壁的冲击，或通过增加活塞顶部区域的狭缝体积[4]。同样，也可采用通过去除润滑油中的金属添加剂来降低早燃的方法[4]，此方法最有可能的原因是降低了油/燃料液滴点燃的可能性。

已经发现，升高温度不会增加早燃的可能性。唐思和西奥博尔德[29]的实验表明，进气温度和冷却液温度的显著变化对早燃几乎没有影响。在梅尔比等人[13]的实验中，将进气温度从 71℃升高到 149℃，对早燃频率几乎没有影响。门拉德等人[17]也发现，升高进气温度对早燃没有显著影响。另一方面，在参考文献［1］和文献［4］中，指示冷却液温度实际上降低了早燃的可能性。显然，在式（5-4）中，如果 $n < 1.5$，当进气压力保持不变时，随着进气温度的升高，在给定的曲轴转角下，层流火焰厚度将增加，火焰发生的可能性以及早燃的可能性都将会降低。改变冷却液温度也可能影响在压缩行程期间润滑油/燃料液滴进入气缸的可能性，并且可能影响现代发动机早燃的可能性。

在参考文献［22］中，已经针对不同的燃料，增加进气压力或进气温度的结果做了更为详细的研究。该研究强调需要更好地理解压力和温度对层流火焰速度的影响［即，对于不同燃料，在式（5-4）中建立 n 和 m 值］。如参考文献［31］所述，在其他条件相同的情况下，使用冷却 EGR 可以降低给定燃料的 S_{L0}，并且可能是降低早燃概率的一种方法。

5.1.5　混合气浓度对自燃的影响

S_{L0} 还取决于混合气浓度，它的最大值出现在略浓于理论当量比的混合气浓度下，并且当混合气变得更稀或更浓时，S_{L0} 会从该最大值降低[26,28]。Downs 和 Theobald[29] 发现，不同燃料的最大早燃倾向发生在混合气浓度比理论当量比浓度高约10%时，这时对于大多数烃类燃料来说，层流火焰速度都接近最大值的混合气浓度。Hamilton 等人[30] 研究了在固定条件下，使用电热塞的 CFR 发动机中，混合气浓度对 E85（85% 体积分数的乙醇和 15% 体积分数的汽油）的早燃倾向的影响。当电热塞功率设定为 80W 时，与理论当量比条件相比，它们可以在较浓的（体积分数 33%）和较稀的（体积分数 18%）的混合气浓度范围内发生早燃。据推测，在该范围之外，由于层流火焰速度太低，早燃无法发生。可以预见，当电热塞功率较低时，发生早燃的混合气浓度范围是变窄的[30]。

5.1.6　燃料对早燃的影响

许多先前的研究都试图确定影响早燃的燃料特性[10,14,16,17]，但都没有取得很大成果。在所有这些研究中，使用电热丝或电热塞来引发早燃，以便满足点火条件。因此，早燃的可能性仅取决于火焰开始的可能性。这些研究发现，燃料的早燃倾向与研究法辛烷值（RON）或马达法辛烷值（MON）之间几乎没有相关性。

对于液体燃料，不同燃料的运动黏度（μ_0/ρ_0）都相似，且类似于空气的黏度，因为在摩尔角度上，混合气主要由空气组成[22]。因此，在发动机中的压力和温度均相同的条件下，比较不同燃料的早燃情况。随着层流火焰速度的增加，层流火焰厚度的减小，早燃的可能性会增加［式（5-4）］。当然，相同压力和温度下（即 $T_0 = T$ 和 $p_0 = p$）的层流火焰速度，如果测得了发生早燃时，这肯定是正确的。如果没有测得，那么［式（5-4）］中第二和第三项，对于所比较的不同燃料应该是相似的。即使没能满足这些条件，仍然可以从实验中找到燃料早燃倾向与层流火焰速度之间良好的相关性。

众所周知，具有非常高的层流火焰速度的氢气特别容易发生早燃[32]。与液体燃料相比，氢气具有较高的运动黏度，但由于其具有较高的燃烧速度，其层流火焰厚度仍将比其他燃料小得多（见表 5-2）。参考文献［10］中测量了很多不同的单组分烃燃料的 PR。Farrell 等人[33] 在 0.304MPa（p_0）和 450K（T_0）的条件下测量了许多燃料的最大层流火焰速度（S_{Lmax}）。这些数据列于表 5-1 中（也可见参考文献 [22]），燃料按 PR 递增顺序排列；该表还显示了这些燃料的 RON 和 MON。乙醇的 PR 取自参考文献 [34]，其余燃料取自参考文献 [10]。

PR 与表 5-1 中 S_{Lmax} 的关系见图 5-3。

表 5-1　不同燃料的早燃抗性（PR）和最大燃烧速率 S_{Lmax}

燃料	PR	S_{Lmax}/(m/s)	RON	MON	来源
乙醇	−28	0.87	110	91	参考文献 [31]
1-戊烯	−21	0.845	90.9	77.1	美国石油协会
1-己烯	−20	0.835	76.4	74	美国石油协会
环己烷	0	0.78	83	78	美国石油协会
乙苯	18	0.77	109	97.9	估计值
异丙基苯	19	0.765	113.1	99.3	美国石油协会
苯	26	0.84	105	97	美国石油协会
2-甲基丁烯	50	0.71	98	82	美国石油协会
环戊烷	70	0.782	102.8	85.7	估计值
异戊烷	75	0.662	93.5	93	美国石油协会
甲苯	93	0.68	117	102	美国试验材料学会
对二甲苯	95	0.615	113	100.6	估计值
异辛烷	100	0.667	100	100	美国试验材料学会
邻二甲苯	120	0.615	105.4	88.8	估计值
间二甲苯	125	0.56	117	101.3	估计值

表 5-1 中乙醇的 PR 来自参考文献 [34]，其余的燃料来自参考文献 [10] 中的表 4-9。S_{Lmax} 来自 Farrell 等人著作的参考文献 [33] 中的图 15。这是在压力（p_0）为 0.304MPa，温度（T_0）为 450K 时测得的最大层流火焰速度。

显然，当层流火焰速度增加时，PR 降低（即，更有可能发生早燃）。鉴于 S_{Lmax} 是在大约 50 年后独立于 PR 测量得到的，且考虑前文所述的不确定性，这种相关性是惊人的。

PR 与 RON（图 5-4）或 PR 与 MON（图 5-5）之间的相关性非常差。

乙醇具有最大的 S_{Lmax} 值，为 0.87m/s，因此我们可以认为乙醇比表 5-1 中列出的其他燃料更容易发生早燃。在进气道喷射发动机中，确实发现乙醇比汽油的抗自燃性更差[30]，并且比异辛烷和其他汽油组分的抗自燃性都要差[17]。然而，在 DISI 发动机中，如果引发燃烧的机理是润滑油/燃料液滴的燃烧，则与汽油相比，乙醇非常高的自燃抵抗力可能降低早燃发生第一步的可能性，从而降低了乙醇较高火焰传播速率的作用。与其他燃料相比，乙醇具有更高的汽化潜热，在 DISI 发动机中，它会通过冷却充量更多地降低混合气温度。如参考文献 [27, 35] 所述，对于乙醇，如果式（5-4）中 n 的值高于 1.5，其火焰厚度将随着温度的降低而增加，使得早燃的可能性降低，并降低其较高的层流火焰速率所造成的影响。

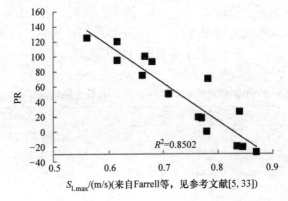

图 5-3 早燃抵抗力（PS）与 S_{Lmax} 的关系（数据来自表 5-1）

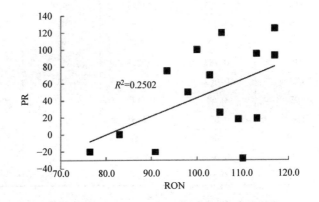

图 5-4 早燃抵抗力（PR）与 RON 的关系

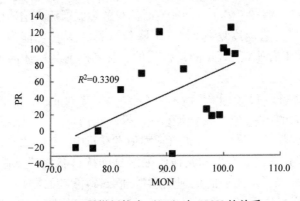

图 5-5 早燃抵抗力（PR）与 MON 的关系

　　因此，虽然在催化反应的帮助下，以润滑油/燃料混合物液滴为中心的自燃可能对引发 DISI 发动机中的火焰非常重要，但早燃这种异常燃烧现象主要还是由火焰的引发决定的。对火焰的引发的简单分析得到了式（5-4）。它可以定性地解释之前实验中大部分未被解释的结果。在其他条件相同的情况下，具有较高层流火焰速度的燃料，将具有低层流火焰速度的燃料更容易发生早燃。但是，如果早燃是通过润滑油/燃料液滴所引发的，那么除了层流火焰速度之外，混合物（液滴）的形成和这些液滴的可燃性也肯定是非常重要的。

早燃将使发动机缸内的压力和温度远高于在正常燃烧中出现的值，并且可能由于在高压和高温下末端气体的自燃而导致非常高强度的爆燃。

5.2　超级爆震

即使燃料和空气充分预混，末端可燃混合气也不会是均质的；温度和/或可燃混合气浓度总会有一个渐变的梯度。触发爆燃的自燃在一个或多个中心或热点处开始。正如已经被广泛研究过的[36-38]，自燃产生的压力波随着穿过热点的不均匀性而发生变化。相同的现象也发生在均质压燃（HCCI）发动机中[39,40]。这些研究是基于 Zeldovich[41] 和 Oppenheim[42] 的早期工作。热点与反应活性梯度有关，这就导致了自燃滞燃期的梯度。当燃料和空气完全预混时（如在 SI 或 HCCI 发动机中），反应活性梯度可以假设为温度梯度。然后，反应锋面将会以一个相对于未燃气体的速度（u_a）进行传播，即

$$u_a = (\partial \tau_i / \partial r)^{-1} = (\partial \tau_i / \partial T)^{-1} (\partial T / \partial r)^{-1} \qquad (5-5)$$

如果假设 τ_i 可以在恒定压力下以 Arrhenius 形式局部表示，则

$$\tau_i = A' \exp(E/RT) \qquad (5-6)$$

此处，A' 为一个数值常数，然后从式（5-5）和式（5-6）可得

$$u_a = -(RT^2 / \tau_i E)(\partial T / \partial r)^{-1} \qquad (5-7)$$

自燃产生的压力波幅度取决于 u_a [43,40]。在没有冲击波的情况下，由反应锋面通过热点传播产生的高于环境的超压，可以与无量纲共振参数 ξ 相关，其定义为：

$$\xi = \frac{a}{u_a} \qquad (5-8a)$$

式中　a——声速，$a = \sqrt{rp/\rho}$ [22,43]。

但是，当压力锋面密度发生较大变化，以及化学能量可以在热点处输入到发展中的压力波时，当激发时间 τ_e 比 τ_i 的数量小时，主要的能量开始释放。压力脉冲的强度受到这种能量释放的快速性的影响[37,44]。爆炸的发展不仅取决于 ξ，还取决于无量纲反应活性参数 ε。如果 r_0 是热点的半径，则 ε 定义为：

$$\varepsilon = \frac{r_0}{a \tau_e} \qquad (5-8b)$$

式中　ε——热点反应活性的量度。它是在热点时间内适应压力脉冲的激发次数。

热点产生的压力波在以接近声速的速度进入未燃混合气时，可以与自燃反应锋面相耦合。锋面间相互加强，从而产生一种具有破坏性的压力峰值，这个压力峰值

在热点内以一种逐渐发展中的爆炸的形式（DD）高速传播[41]。这种耦合很复杂，对 DD 的充分理解需要对发展锋面进行直接数值模拟。文献［40，45］中使用 CO/H_2—空气混合气，在不同条件下进行这种模拟。选择这些燃料是因为相关的反应动力学已经得到比较充分的理解。结果发现，通过绘制 ξ 和 ε 的范围边界值可以获得很好的计算结果，如文献［40］所示（见图 5-6）。

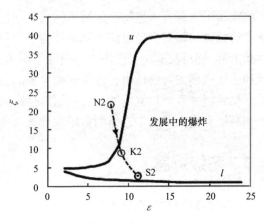

图 5-6　DD 发生时的 ξ 和 ε 条件

化学共振对应于 $\xi = 1$。爆炸可以在图 5-6 中的一个半岛状的范围内（上限 ξ_u 和下限 ξ_l）逐渐发展于热点中。文献［40］、［45］中给出的分析确定了热点内的传播模式如下：

1）$\xi = 0$，热爆炸。

2）$0 < \xi < \xi_l$，超音速自燃爆燃。自燃压力波超前于声波。

3）$\xi_l < \xi < \xi_u$，发展中和发展完成的爆炸。

4）$\xi_l < \xi < a S_l^{-1}$，亚音速自燃爆燃，其中 S_l 是层流火焰速度。

5）$\xi > a S_l^{-1}$，以层流火焰速度发生的层流火焰爆燃。

无论是在爆燃 SI 发动机还是 HCCI 发动机中，如果我们可以估算 ξ 和 ε，我们就可以使用图 5-6 评估发生自燃的循环中的压力波传播模式。对文献［7］中图 5-1 所示的循环进行了上述评估。通过评估压力曲线，建立了自燃开始时的压力和温度（p_{ai} 和 T_{ai}）。声速 a 可以从自燃开始时的温度中计算得出。需要假设存在式（5-5）给出的温度梯度。

实验技术目前没有足够的空间分辨率或准确度来准确地衡量这个参数，文献［7］中假设这个值为 $-2K/mm$。

采用化学动力学模型来估计滞燃期参数，从而计算出式（5-5）右边的第一项。使用由甲苯（9% 体积分数）、异辛烷（62% 体积分数）和正庚烷（29% 体积分数）组成的替代燃料，因其在爆燃方面与实际燃料方面表现得非常相似。使用文献［46］中描述的化学动力学模型计算在不同的压力和温度下的滞燃期——这些计算的结果显示在图 5-7a 中。以 T 和 $\ln p$ 作为自变量，$\ln (\tau_i)$ 作为因变量，通过多元回归，对这些数据拟合成为一个方程：

$$\tau_i = 83.1 \exp\left(\frac{6626}{T}\right) p^{-1.12} \tag{5-9}$$

式（5-9）中 p 的单位是 bar，T 的单位是 K。图 5-7b 表明，在图 5-7a 中提到的 p 和 T 范围内，式（5-9）可以很好地估计 τ_i 的值。

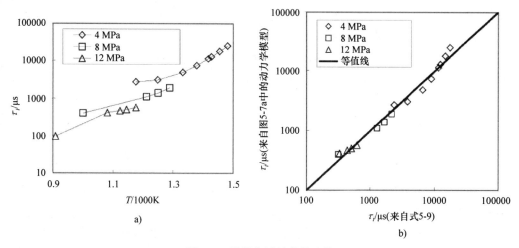

图 5-7　滞燃期计算值的比较

a) RON98，MON91 的替代汽油（62% 体积的异辛烷，29% 体积的甲苯，9% 体积的正庚烷）的滞燃期 τ_i，

采用文献［46］中的动力学模型

b) 图 5-7a 中的 τ_i 与式（5-9）的计算 τ_i 值的比较

通过使用式（5-9），τ_i 可以作为图 5-1 中所示循环的曲轴转角的函数来计算，因为压力是已知的，并且在每个曲轴转角处火焰锋面之前未燃气体的温度是可以估计的[7]。这也可以使用 livengood – Wu 积分 I 对每个循环进行评估（见第 4 章）。当 I 达到统一时，就会发生自燃，以及之后的爆燃。用这种方法估算的爆燃开始时的曲轴转角位置与图 5-1 中的循环 S2 和 K2 的观测值以及使用类似燃料的另一发动机循环都非常一致[7]。因此，式（5-9）对于欧洲优质汽油来说，是一个非常好的 τ_i 预测因子。

接下来可以使用式（5-7）来估算固定压力下的 u_a，从而可以计算出 ξ。激发时间 τ_e 定义为从最大值 5% 的时刻到最大热释放率点的时间，它也可以使用化学动力学机理进行计算[46]，但对于不同的压力和温度，需要使用最小时间增量，那么就要用到化学模拟软件 CHEMKIN[47]。同样，式（5-10）可适用于这些数据。

$$\tau_e = 3.07 \exp\left(\frac{799}{T}\right) p^{-0.456} \tag{5-10}$$

目前，还未能通过实验确定热点半径 r_0，在文献［7］中，假设其为 5mm。此时可以估计得到反应活性参数 ε［式（5-8b）］。结果列在表 5-2 中，并绘制成图 5-6：p_{ai} 和 T_{ai} 是通过自燃开始的压力曲线估计得到的压力和温度值。

表 5-2 中还列了在 -19 CAD BTDC 处的这些参数的估计值，这个点是图 5-1 中的循环 S2 中早燃开始的点，所用平均温度是该循环中此时的平均温度——620K。可以看出，此时 u_a 仅为 0.39m/s，因此几乎可以肯定其低于大多数可燃混合气的层流火焰速度。因此，尽管在这个条件下，热点本身不能产生早燃事件中燃料/空气混合物的自燃行为，但在此压力和温度下的任何热点都会产生层流火焰（即满足

第 5 章 5.2 节中模式 5 的条件）。一旦层流火焰成功建立，它就会受到周围湍流的影响并发展成湍流火焰。

表 5-2　图 5-1 中三个循环的参数估计值，假设 $(T/r)=2K/mm$，$r_0=5mm$

循环	p_{ai}/MPa	T_{ai}/K	$a/(m/s)$	τ_e/μs	$a\tau_e$/mm	τ_i/μs	$\tau_i /(T,\ μs/K)$	$u_a/(m/s)$	ε	ξ
S2	12.8	926	577	0.78	0.45	300	2.3	216	11.1	2.7
K2	9.0	850	555	0.99	0.55	870	8.0	62.7	9.1	8.8
N2	7.0	800	540	1018	0.64	1924	19.9	25	7.8	21.6
S2@ −19CAD	2.5	620	479	2.54	1.22	74036	1276	0.39	4.1	1222

图 5-1 中的循环 N2 远远超出图 5-6 中的 DD 半岛形区域，而循环 S2 则完全落在这个半岛形区域内。来自一个不同发动机的另一个超级爆震循环也在 DD 半岛形区域内[7]。对另一个发动机[8]做相似的分析表明，早燃后 KI 非常高的循环可能是 DD 产生的结果。随着爆燃开始时压力的增加，ε 增加，ξ 降低[7,22]，爆燃的严重程度增加[22]。与具有相同比例未燃混合气的循环 N2 相比，循环 S2 在爆燃开始时的 KI（超级爆震）要高很多，这很可能是循环 S2 中 DD 的结果，当然，热点可能有很多个。在这种情况下，反应锋面和冲击波的耦合可能会产生更多的 DD[48]，并最终导致超级爆震。关于这种情况下自燃模式的进一步讨论可以从[22]中找到。还应该记住，早燃并不一定会导致 DD 和超级爆震[8]。因此，当压力较高，且在末端气体中发生自燃的温度较高时，超级爆震的概率会更高；这可以通过循环早期的早燃来实现。

上面所做关于反应锋面从热点开始的传播模式的分析并不包括湍流。而且，式（5-5）中的温度梯度和式（5-8b）中的热点半径（r_0）都是假设的。Peters 等人[49]指出，在湍流条件下，这些数量只能用统计术语来描述。他们使用改进的湍流理论来估计温度梯度的联合概率和温度梯度所存在的长度尺度 l，l 被视为是 r_0 的量度。然后，他们可以估计 DD 的概率，从而可以对自燃行为可建模的燃料，在给定压力和温度范围内发生爆燃的概率进行评估[48]。

因此，ξ、ε 以及 DD 的概率取决于定义自燃阻力的参数，即取决于燃料的辛烷值。Bradley（图 5-3[37]中）表示考虑到基础参考燃料（PRF）的 ξ 比异辛烷的要低（如 PRF90），因此，其他条件都相同时，我们应该预计 PRF90 中更可能产生 DD。Peters 等人[48]发现与异辛烷相比，PRF85 的 DD 的概率更高。我们可以推测，与异辛烷相比，乙醇和氢气等自燃抵抗力更强的燃料产生 DD 和超级爆震的概率会更低。

与火花引发的正常燃烧相比，早燃使气缸中的压力升高，因此爆燃发生的可能性更高。如果避免了早燃，则可以避免任何类型的爆燃，包括 DD。因此，发动机中超级爆震的概率取决于两个概率：早燃的概率 P_{PI} 和 DD 应该发生自燃的概率 P_{DD}。

Peters 等人开发了一个估算 P_{DD} 的框架[48]，Kalghatgi 和 Bradley[22]认为早燃取决于初始层流火焰的建立，而当其他条件都相同时，P_{PI} 随着层流火焰速度的增加而增加。可以通过检测在火花塞点火之前缸内压力是否高于压缩压力来检测早燃。实验上，已经确定具有高层流火焰速度的燃料（如乙醇和氢气）都具有较高的 P_{PI}。通过在比正常更提前的火花正时运行发动机以引发爆燃，然后比较在相同压力和温度下不同燃料发生自燃的循环的 KI，从而实现对燃料的 P_{DD} 进行排序。这样的实验可能表明，与异辛烷相比，乙醇（或氢气）具有更低的 P_{DD}。另一方面，可以通过在固定条件下运行发动机（例如，在没有早燃的情况下避免爆燃的正常火花塞点火正时），然后确定超高强度（例如，高于 8MPa）爆燃循环的发生频率，来估计超级爆震的概率。在这样的实验中，与异辛烷相比，乙醇可能具有相同或更低的超级爆震概率，因为乙醇的较高 P_{PI} 被其较低的 P_{DD} 抵消。

5.3　本章小结

早燃（在火花塞点火之前产生的火焰锋面）是涡轮增压发动机面临的潜在问题。与正常点火正时相比，它使前进的火焰锋面前方的压力和温度上升得更快。在许多情况下，在早燃之后可能发生极度强烈的爆燃（简称为超级爆震）。这些异常燃烧现象确实严重地限制了高效 SI 发动机的发展。

为了使早燃发生，必须满足点火条件，这主要通过在火花塞点火之前，由一些外部热源引发热失控后局部温度的增加来实现。因为当早燃正常发生在压缩行程期间火花塞点火之前时，滞燃期非常短，所以初始热失控（早燃的源头）不可能是由于大量可燃混合气的自燃。这个源头可以是发动机内表面上的热点，或者在现代发动机中由自燃和催化反应引起的润滑油/燃料液滴的燃烧。然而，为了建立点火以后的稳定的火焰锋面，必须满足起始条件。点火条件得到满足的概率取决于发动机中许多随机过程，随着层流火焰厚度的减小，起始条件得到满足的可能性增加，而层流火焰厚度又与层流火焰速度成反比 [式 (5-4)]。随着压力的增加，层流火焰厚度降低，因此在其他条件相同的条件下，发生早燃的可能性增加。

在许多关于早燃的实验中，通过使用电加热丝或电热塞来满足点火条件，使得早燃的可能性仅取决于是否满足起始条件。对于给定的发动机运行条件，具有更高层流火焰速度的燃料更容易发生早燃。该结论通过文献中的实验结果得到证实。通过降低点火或火焰起始条件的可能性，可以降低早燃的可能性。例如，如果早燃是由于润滑油/燃料液滴的燃烧引发的，则可以通过减少燃料对缸壁的冲击，增加活塞顶部区域的缝隙量，或者从润滑油中去除可以促进催化反应及润滑油/燃料液滴燃烧的金属添加剂来降低早燃。通过向润滑油中添加抗爆剂，可能使其更耐自燃，从而降低导致自燃的初始点火事件发生的可能性。冷却的 EGR 可以通过降低层流燃烧速度，减少火焰的萌生，从而减少预燃。

与没有可导致爆燃的早燃和自燃行为的正常循环相比，早燃明显增加了在火焰锋面前端的末端气体中的压力和温度。随着爆燃开始时的压力和温度的增加，KI

将增加并且可能导致 DD，DD 能够产生非常高的 KI，即所谓的超级爆震。这种自燃事件的严重性也可以随着多个热点的出现而增加。但是，如果可以避免早燃，那么在实际发动机中是可以避免超级爆震的。

5.4 参考文献

5.1 Dahnz, C., Han, K-H, Spicher, U., Magar, M., Schiessel, R., and Maas, U. 2010. "Investigation on Pre-ignition in Highly Supercharged Engines." SAE Paper No. 2010-01-0355. SAE International, Warrendale PA.

5.2 Dahnz, C., and Spicher, U. 2010. "Irregular Combustion in Supercharged Spark Ignition Engines—Pre-Ignition and Other Phenomena." *International Journal of Engine Research* 11(6):485–498.

5.3 Manz, P-W, Daniel, M., Jippa, K-N, and Willand, J. 2008. "Pre-ignition in Highly Turbo-charged Engines. Analysis Procedure and Results." Paper presented at 8th International Symposium on Internal Combustion Diagnostics, Baden-Baden.

5.4 Zahdeh, A., Rothenberger, P., Nguyen, W., Anbarasu, M., Schmuck-Soldan, S., Schaefer, J., and Goebel, T. 2011. "Fundamental Approach to Investigate Pre-ignition in Boosted SI Engines." SAE Paper No. 2011-01-0340. SAE International, Warrendale PA.

5.5 Han, K-M, Sauter, W., and Spicher, U. 2008. "3-D Visualization of Spark-Ignition Combustion: Practical Examples of Flame Propagation, Abnormal Combustion and Controlled Compression Ignition." Paper presented at the 8th International Symposium on Internal Combustion Diagnostics, Baden-Baden.

5.6 Amann, M., Mehta, D., and Alger, T. 2011. "Engine Operating Condition and Gasoline Composition Effects on Low-Speed Pre-ignition in High Performance Spark Ignited Engines." SAE Paper No. 2011-01-0342. SAE International, Warrendale PA.

5.7 Kalghatgi, G.T., Bradley, D., Andrae, J., and Harrison, A.J. 2009. "The Nature of 'Super-Knock' and Its Origins in SI Engines." In *Conference on Internal Combustion Engines: Performance, Fuel Economy and Emissions*, edited by Institution of Mechanical Engineers, Chandos, London.

5.8 Rudloff, J., Zaccardi, J-M, Richard, S., and Anderlohr, J.M. 2013. "Analysis of Pre-ignition in Highly Charged SI Engines: Emphasis on the Auto-Ignition Mode." *Proceedings of the Combustion Institute* 32(2):2959–2967.

5.9 Hüsler, T., Grünfeld, G., Brands, T., Günther, M., and Pischinger, S. 2013.

"Optical Investigation of Pre-ignition in a Highly Boosted SI Engine Using Bio-Fuels." SAE Paper No. 2013-01-1636. SAE International, Warrendale PA.

5.10   Ricardo, H.R., and Hempson, J.G.G. 1972. *The High-Speed Internal Combustion Engine*. Blackie and Son, London.

5.11   Winch, R.F., and Mayes, F.M. 1953. "A Method of Identifying Pre-Ignition." *SAE Transactions* 61:453–468. SAE International, Warrendale PA.

5.12   Hirschler, D.A., McCullough, J.D., and Hall, C.A. 1954. "Deposit-Induced Ignition—Evaluation in a Laboratory Engine." *SAE Transactions* 62:41–49. SAE International, Warrendale PA.

5.13   Melby, A.O., Diggs, D.R., and Sturgis, B.M. 1954. "An Investigation of Preignition in Engines." *SAE Transactions* 62:32–38. SAE International, Warrendale PA.

5.14   Sturgis, B.M., Cantwell, E.N., Morris, W., and Schultz, D.L. 1954. "The Preignition Resistance Of Fuels." *Transactions of the API, Division of Refining* 34:256–269.

5.15   Pahnke, A.J. 1963. "Surface Ignition; Factors Affecting Its Occurrence in Engines." SAE Paper No. 630489. SAE International, Warrendale PA.

5.16   Guibet, J.C., and Duval, A. 1972. "New Aspects of Preignition in European Automotive Engines." SAE Paper No. 720114. SAE International, Warrendale PA.

5.17   Menrad, H., Haselhorst, M., and Erwig, W. 1982. "Pre-ignition and Knock Behaviour of Alcohol Fuels." SAE Paper No. 821210. SAE International, Warrendale PA.

5.18   Suga, T., Kitajima, S., and Fujii, I. 1989. "Pre-ignition Phenomena of Methanol (M85) Fuel by the Post-Ignition Technique." SAE Paper No. 892061. SAE International, Warrendale PA.

5.19   Swain, M.R., Blanco, J.A., and Swain, M.N. 1989. "Abnormal Combustion in a Methanol Fuelled Engine." SAE Paper No. 892162. SAE International, Warrendale PA.

5.20   Lewis, B., and von Elbe, G. 1961. *Combustion, Flames and Explosions of Gases*. Academic Press, New York.

5.21   Joulin, G. 1985. "Point Source Initiation of Lean Spherical Flames of Light Reactants: An Asymptotic Theory." *Combustion Science and Technology* 43:99–113.

5.22 Kalghatgi, G.T., and Bradley, D. 2012. "Pre-ignition and 'Super-Knock' in Turbocharged Spark Ignition (SI) Engines." *International Journal of Engine Research* 13(4):399–414.

5.23 Kalghatgi, G.T. 1987. "Spark Ignition, Early Flame Development and Cyclic Variation in I.C. Engines." SAE Paper No. 870163. SAE International, Warrendale PA.

5.24 Zeldovich, Y. B., Barenblatt, G.I., Librovich, V.B., and Makhviladze, G.M. 1985. *Combustions and Explosions*. Consultants Bureau.

5.25 He, L., and Clavin, P. 1993." Premixed Hydrogen-Oxygen Flames. Part II: Quasi-Isobaric Ignition Near the Flammability Limits." *Combustion and Flame* 93:408–420.

5.26 Metghalchi, H., and Keck, J.C. 1982. "Burning Velocities of Mixtures of Air with Methanol, Isooctane and Indolene at High Pressure and Temperature." *Combustion and Flame* 48:191–210.

5.27 Gulder, O.L. 1982. "Laminar Burning Velocities of Methanol, Ethanol and Isooctane-Air Mixtures." *Nineteenth Symposium (International) on Combustion*. 275–281. The Combustion Institute.

5.28 Bradley, D., Hicks, R.A., Lawes, M., Sheppard, C.G.W., and Woolley, R. 1998. "the Measurement of Laminar Burning Velocities and Markstein Numbers for Iso-octane—Air and Iso-octane-N-heptane-Air Mixtures at Elevated Temperatures and Pressures in an Explosion Bomb." *Combustion and Flame* 115:126–144.

5.29 Downs, D., and Theobald, F.B. 1963. "the Effect of Fuel Characteristics and Engine Operating Conditions on Pre-ignition." *Proceedings of the Institution of Mechanical Engineers (Auto Division)* 178(2A):89–102.

5.30 Hamilton, L., Caton, P., and Cowart, J. 2008. "Pre-ignition Characteristics of Ethanol and E85 in a Spark Ignition Engine." SAE Paper No. 2008-01-0321. SAE International, Warrendale PA.

5.31 Amann, M., Alger, T., and Mehta, D., 2011. "The Effect of EGR on Low-Speed Pre-ignition in Boosted SI Engines." SAE Paper No. 2011-01-0339. SAE International, Warrendale PA.

5.32 Verhelst, S., Verstraeten, S., and Sierens, R. 2007. "A Comprehensive Overview of Hydrogen Engine Design Features." *Proceedings of the Institution of Mechanical Engineers, Part D: Journal of Automobile Engineering* 221(8):911–920.

5.33 Farrell, J.T., Johnson, R.J., and Androulakis, I.P. 2004. "Molecular

Structure Effects on Laminar Burning Velocities At Elevated Temperature and Pressure." SAE Paper No. 2004-01-2936. SAE International, Warrendale PA.

5.34 Thring, R.H. 1983. "Alternative Fuels for Spark Ignition Engines." SAE Paper No. 831685. SAE International, Warrendale PA.

5.35 Bradley, D., Lawes, M., and Mansour, M. S. 2009. "Explosion Bomb Measurements of Ethanol-Air Laminar Flame Characteristics at Pressures Up to 1.4 MPa." *Combustion and Flame* 156:1462–1470.

5.36 König, G., Maly, R. R., Bradley, D., Lau A. K. C., and Sheppard C. G. W. 1990. "Role of Exothermic Centres on Knock Initiation and Knock Damage." SAE Paper No. 902136. Also SAE Transactions. SAE International, Warrendale PA.

5.37 Bradley, D. 2012. "Autoignitions and Detonations in Engines and Ducts." *Philosophical Transactions R of the Royal Society A* 370:689–714.

5.38 Pan, J., Sheppard, C.G.W., Tindall, A., Berzins, M., Pennington, S.V., and Ware, G.M. 1998. "End Gas Inhomogeneity, Auto-Ignition and Knock." SAE Paper No. 982616, SAE International, Warrendale PA.

5.39 Sheppard, C.G.W, Tolegano, S., and Wooley, R. 2002. "On the Nature of Auto-ignition Leading to Knock in HCCI Engines." SAE Paper No. 2002-01-2831. SAE International, Warrendale PA.

5.40 Bradley, D., Morley, C., Gu, X.J., and Emerson, D.R. 2002. "Amplified Pressure Waves during Auto-ignition: Relevance to CAI Engines." SAE Paper No. 2002-01-2868. SAE International, Warrendale PA.

5.41 Zeldovich, Y. B. 1980. "Regime Classification of an Exothermic Reaction with Non-uniform Initial Conditions." *Combustion and Flame* 39:211.

5.42 Oppenheim, A.K. 1985. "Dynamic Features of Combustion." *Philosophical Transactions R of the Royal Society A* 315:471–508.

5.43 Bradley, D., and Kalghatgi, G.T. 2009. "Influence of Autoignition Delay Time Characteristics on Pressure Fluctuations and Knock in Reciprocating Engines." *Combustion and Flame* 156:2307–2318.

5.44 Lutz, A. E., Kee, R. J., Miller, J. A., Dwyer, H. A., and Oppenheim, A. K. 1988. "Dynamic Effects of Autoignition Centers for Hydrogen and $C_{1,2}$-Hydrocarbon Fuels." *Proceedings of the Combustion Institute* 22:1683–1693. The Combustion Institute.

5.45 Gu, X. J., Emerson, D. R., and Bradley, D. 2003. "Modes of Reaction Front Propagation from Hot Spots." *Combustion and Flame* 133:63–74.

5.46   Andrae, J., P. Björnbom, R.F. Cracknell, G.T. Kalghatgi. 2007. "Auto-ignition of Toluene Reference Fuels at High Pressures Modelled with Detailed Chemical Kinetics." *Combustion and Flame* 149:2–24.

5.47   "CHEMKIN." Reaction Design. http://www.reactiondesign.com/products/open/chemkin.html. Accessed February 6, 2013.

5.48   Pan, J., and Sheppard, C.G.W. 1994. "A Theoretical and Experimental Study of the Modes of End Gas Autoignition Leading to Knock in SI Engines." SAE Paper No. 942060. SAE International, Warrendale PA.

5.49   Peters, N., Kerschgens, B., and Paczko, G. 2013. "Super-Knock Using a Refined Theory of Turbulence." SAE Paper No. 2013-01-1109. SAE International, Warrendale PA.

第6章 燃料对压燃的影响——对于先进柴油机而言低辛烷值的汽油是否是最佳燃料

现实中，压燃（CI）发动机是燃用传统柴油燃料的柴油机。在柴油机中，柴油燃料在压缩行程末期（上止点，TDC）附近时，喷入高温高压空气中。不同于火花塞点火（SI）发动机和均质压燃（HCCI）发动机那样燃油和空气会完全预混，CI 发动机的燃烧过程是由燃油蒸发、混合并与缸内氧气反应自着火开始的。与HCCI 发动机相比，CI 发动机燃烧相位是通过燃烧前燃油最终喷射定时来控制的。燃油喷射量取决于喷射压力、喷孔面积、喷孔数和喷射持续期。柴油机比汽油机效率更高的原因主要有以下三方面[1]：

1）与 SI 发动机相比，柴油机部分负荷运行是通过减少喷油量来实现的，而不是通过节气门的开度来控制进入缸内的空气量。节流损失是 SI 发动机在部分负荷下效率低的主要原因，而且大多数发动机在实际中在部分负荷主要运行。

2）柴油机在高负荷下不会遇到爆燃问题，因此相比 SI 发动机可以采用更高压缩比。

3）在压缩行程阶段，柴油机主要压缩空气而不是油气混合物，这使得压缩过程更接近理想气体循环效率。

然而，燃用柴油时发动机会遇到氮氧化物（NO_x）、炭烟/颗粒物排放高的问题，这些都很难通过后处理系统控制。传统柴油燃料极易自燃——其十六烷值（CNs）要高于 40——因此燃料一经喷入缸内就会很快开始燃烧。传统柴油机缸内开始燃烧之前，尤其在大负荷工况下，通常不可能完成燃油的最终喷射，因此柴油的燃烧状态是准稳定喷束扩散火焰，正如参考文献［2］中描述那样。油气首先在燃空当量比约为 4 的富油区域反应，使得炭烟生成。接着该富油混合气在喷束外围的高温扩散火焰中燃烧完全，生成 NO_x[2,3]。通过保证燃烧开始位置的混合气浓度当量比不超过 $\phi > 2$ 或 $\lambda < 0.5$，可将炭烟生成降到最低，其中 $\lambda = 1/\phi$，是当量燃空比（参见图 6-1 及参考文献［5，6］）。

如果燃烧过程温度能保持在 2200K 以下[4]，则 NO_x 生成可以降到最低值，这可以通过使用高比例废气再循环（EGR）来实现。燃烧发生时如果混合气稀薄，λ 远大于 1，也可以避免 NO_x 生成，但这在传统柴油机燃烧过程中是不可能实现的，

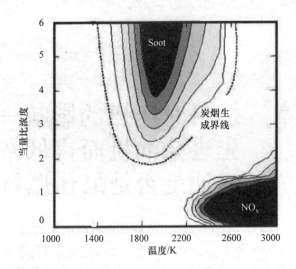

图 6-1　当量比浓度和温度对炭烟和 NO_x 生成的影响（取自参考文献 [5，6]。

当 $\phi < -2$ 时可避免炭烟生成，且降低燃烧温度可将 NO_x 生成降至最低）

因为混合气开始时很浓且燃烧发生前油气来不及充分混合。在大多数运转情况下柴油机无法在避免炭烟和 NO_x 生成的区域运行，如图 6-1 所示。发动机最终排出的炭烟反映了炭烟在缸内生成和氧化破坏之间的平衡。如果用于控制 NO_x 排放的 EGR 率增大，则缸内温度和氧浓度都会下降；这样一来，炭烟的氧化也会减弱，从而导致排出的炭烟或颗粒物（PM）升高。因此，在传统柴油机上同时控制炭烟和 NO_x 排放是非常困难的。

如果能够避免炭烟形成，就可以利用 EGR 来降低燃烧温度，从而降低 NO_x 排放。这要求在燃烧开始前缸内任意位置的当量比小于 2，如果燃烧已开始而燃油喷射仍未完成，这种情况就不可能发生。在过去几十年里柴油机燃油喷射压力显著增加，目的就是为了改善燃烧开始前的油气混合过程以避免炭烟生成。然而，类似的高压喷射系统是非常昂贵的。世界范围内控制 NO_x 和 PM 排放的法规正变得日益严格[6,7]，如果柴油机仍采用传统柴油为燃料，那么在高压喷射系统之外还需要有 NO_x 和 PM 相关的后处理系统。这就会进一步增加发动机的成本。

传统柴油机变得越来越昂贵也更加复杂，主要是因为其在燃用传统柴油并且在混合过程早期着火情况下，试图同时控制 NO_x 和炭烟排放。如果所选燃料相比传统柴油更不易自燃，那么 CI 发动机的低 NO_x 排放和低炭烟排放的控制就相对容易些。这种情况下通常会因为燃烧温度较低而增加 CO 和 HC 排放，如果 NO_x 和炭烟排放量降低到了足够低的水平，则可以将后处理系统的关注点放在 CO 和 HC 控制上。当尾气中氧气较多且尾气温度足够高时，通过氧化催化剂降低 CO 和 HC 排放要比 NO_x 后处理系统容易些。采用类似汽油燃料增加 CI 发动机的着火延迟期，实现相比传统柴油机更简单、更经济且同样高效清洁的想法是很有潜力的。用于货车的重型（HD）发动机和用于乘用车的轻型（LD）发动机在排放法规和其他要求上是不同的。比如，与 LD 发动机相比，HD 发动机更大，且最大转速也更低。在 LD 发动机上，需要在一个排放测试循环中控制 NO_x 和炭烟排放，因此 LD 发动机不必在给定转速下的所有负荷控制 NO_x 和炭烟排放。相反，HD 发动机在任意转速下，甚至是全负荷工况，也需要满足严格 NO_x 和炭烟排放要求，尤其在美国。考虑到 HD 发动机通常装在更昂贵的车辆上，相应更昂贵的技术比如高压喷射系统有可能在 HD 发动机上采用，本章将会讨论这些问题。

接下来用到的描述性实验结果均取自参考文献［8－16］，实验是在两台不同类型单缸机以及一台欧标 2.7L 的 V6 发动机燃用不同燃料情况下进行的。排放数据取自一定时间间隔，通常是 60s 的平均样本值，而基于压力的参数取自发动机运转稳定后的 100 或者 250 个循环的平均值，更多实验详细介绍可在相关文献中查阅。表 6-1 列出了其中部分燃料的一些性质，图 6-2 为其挥发性特点。

表 6-1　第 6 章讨论的部分燃料的性质

	D1 欧标柴油	SwedishMK1	柴油（CN39）	D2（CN39.6）	正庚烷	KeroF1	ULG95	D4	G4（RON84）	G5（RON91）
密度/（g/mL）	0.833	0.810	0.810	0.852	0.632	0.738	0.726	0.87	0.736	0.738
DCN	56.2	54	39	39.6	~55	44.5	~15*	22.5	~19*	~16*
芳香烃体积分数（%）	25.2	3	34	42.5	0	0	28.5	75.3	26.5	29.8
LHV*** M/（J/kg）	42.9	43.8	43.5	42.6	44.6	44.3	43.2	42.1	43.2	43.1
硫含量/（1×10⁻⁶）	7	10	12	10	0	<10	<10	<10	<10	<10
润滑性**/μm	285	280	290	332	270	225	~260	~250	241	254
RON					0	94.7			84	90.7
MON					0	85.9			78	81.8
碳					7	7.06	6.7		6.68	6.63
氢					16	15.3	12.8		12.5	12.2
碳氢比	1.97				2.29	2.17	1.91	1.59	1.87	1.840

注：燃料覆盖范围包括汽柴油沸点和自燃性。

* 派生辛烷值（DCN）的估算公式为：$DCN = 54.6 - 0.42 \times RON$［17］

** 所有燃料均包含润滑添加剂——详情见第 2 章

*** LHV 为低热值

这些燃料覆盖了从汽油到柴油沸点的范围，以及自燃性质范围。正庚烷的 CN 值为 54，与欧洲柴油很像，不过它挥发性更好。D4 燃料是在柴油沸点范围内，但测得的派生十六烷值（DCN，见第 2 章）约为 22，并且在自燃性质方面更像汽油（本章 6.3 节会讨论）。D4 燃料是在欧标柴油中加入高剂量的芳烃溶剂合成的。在本章中，烟度、炭黑和颗粒物（PM）表达的是同样的意思，可以互换。炭烟测量

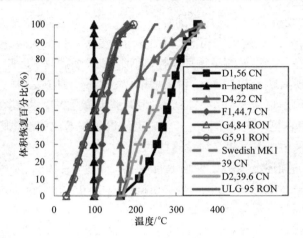

图 6-2　比较表 6-1 中燃料在 ASTM 挥发性测试中体积恢复百分比随温度的变化规律

均采用 AVL 烟度计实现，该烟度计让一定量的尾气通过滤纸，烟度值通过滤纸过滤前后重量变化来计算。

　　效率、排放和最大放热率均受燃烧相位的影响，而燃烧相位依赖于发动机运转参数，比如喷射定时、喷射压力、喷射策略、发动机转速和滞燃期（ID）。燃烧相位通常由 CA_x 指代，表示发动机多次循环中 $x\%$ 的总放热量释放时曲轴转角的平均位置。本文中另一个用来表明柴油机中燃料自燃性质的参数是燃烧滞后期（CP）[8-14]

$$CD = CA50 - SOI$$

其中 SOI 表示喷射始点。

6.1　预混压燃

　　如果在燃烧开始前燃油喷射已经结束，那么燃烧前缸内就存在一定程度的混合气分布。所有的燃烧均发生在预混模式下，也就是说，发生在油气形成的不同浓度的混合气中。与最后喷入缸内的燃油相比，最先喷入缸内的燃油有更长的时间与空气混合，因此形成的混合气 ϕ 更低。文献［15］对预混压燃（PCI）做了定义，它发生条件是在喷油结束时才开始燃烧，同时炭烟排出非常低，小于 0.05FSN（滤纸法烟度值）。以下内容均采用此定义。

　　相关的时间常量是点火间隔（ignitiondwell，IDW）　　IDW = SOC – EOI
其中 SOC 和 EOI 分别指代燃烧开始和喷油结束的曲轴转角[14]。IDW 有时也被描述为混合时间。PCI 燃烧的特点就是 IDW 为正值。如果 IDW 为负值，准稳定的浮起扩散火焰就会出现，因为燃烧在喷油结束前已经开始。除非 IDW 为正值，否则想要避免形成炭烟的过浓当量比出现是不可能的。然而，IDW 需要足够大的正值，才能保证有足够时间让最后喷入缸内的那部分燃油与氧气充分混合，避免形成炭烟的当量比浓区形成。

与 HCCI 燃烧不同，在 PCI 燃烧中燃油和空气不是完全混合的，且燃烧相位的控制可通过控制着火前最后部分燃油喷射的时刻来实现。PCI 燃烧能否实现取决于最后部分燃料喷射时长和混合气的自燃滞燃期。对于给定喷油器，喷射时长取决于要喷入缸内的油量（即取决于发动机负荷和喷油压力）。燃料抗自燃的性质反映在滞燃期（ID）上，ID 在柴油机中通常定义为 SOI 和 SOC 之间的差值[18]。另外，ID 也取决于发动机运转参数，比如喷油定时、喷油量、油滴尺寸、喷油速率、新鲜充量温度和压力、发动机转速以及 EGR 率。在给定转速、喷油器和燃料前提下，PCI 所能实现的最大负荷由喷油压力决定。喷油压力越大，着火前能喷入缸内的油量越大。图 6-3 描述了在给定温度、不同混合气浓度下 NO_x、HC 和 CO 的变动的一个定性草图。

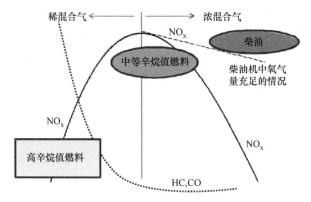

图 6-3　氮氧化物（NO_x）、一氧化碳（CO）、未燃碳氢（HC）生成量在给定温度下随混合气浓度变化的定性简图

可以认为，燃烧发生在缸内分布有混合气的区域。缸内分布着不同浓度范围的混合气，PCI 燃烧则取决于这些混合气的滞燃期。比如，对于滞燃期较低的柴油，着火开始前混合气浓度比当量比要浓一些，而相同情况下，对于滞燃期较长的燃料（如汽油）则会混合得更好，且更接近均值混合，而柴油机燃烧开始时通常比较稀薄。这种情况下这些污染物形成和氧化的机制是非常复杂的，可在其他文献（比如文献［18］）中查阅。对于预混燃烧没有过多氧气存在的情况，如 SI 发动机，NO_x 排放随混合气浓度变化，如图 6-3 中实线所示，则 NO_x 排放在略稀的混合气浓度下达到最大值。然而，当缸内存在多余氧气时，比如柴油机，混合气浓区燃料与氧气混合，燃烧以扩散火焰方式进行。如果所有的 NO_x 均为热 NO_x，且所有混合气区域均在均质条件下燃烧完全，那么在曲线浓区侧的 NO_x 随混合气强度变化的改变会很小。然而，柴油机中混合和燃烧过程是极其复杂的[18]，且 NO_x 排放也

受应变率、与火焰前锋面接触和NO_x分解等的影响[19]。那么从定性角度来看，NO_x排放随混合气浓度真实的变化规律就极有可能如图6-3浓区一侧的虚线所示。

CO和HC（未燃碳氢）排放也由混合过程和温度决定[20,21]。如果局部当量比过稀（过度混合）以至于燃烧无法在相应的时间内完成，那么CO和HC排放就会增加。在某些情况下，混合不足（比如，环隙区域的燃油在做功行程进入缸内，无法与氧气充分混合）会导致局部浓区出现，以至于无法保证燃烧完全。当采用高比例EGR时，氧浓度不足也会导致燃烧不完全。此外，壁面淬熄或者不完全燃烧产物的气体淬熄也会生成HC。较低的燃烧温度也会抑制HC和CO生成后的氧化过程，从而增大排放量。

6.2 常规柴油机运行时柴油自燃范围内燃料的影响

传统、实用的柴油CN值为40~60，沸点范围在160~380℃之间，详情见第2章。对于现代共轨直喷柴油机而言，在给定油量、给定负荷和转速下运行时，燃烧和排放取决于进气压力、RGR率、喷油压力、喷油定时和喷油策略（即喷射次数和相位）等参数。通过对这些参数进行优化可得到理想的效率和排放。

CN和燃料的挥发性质会影响油气混合和燃烧过程，因此也就会影响排放和效率。此外，燃料化学成分（如硫和芳烃含量）会影响NO_x和炭烟形成。实用柴油中也可能含有生物柴油和天然气合成油（GTL）成分。生物柴油成分的CN值约为50，沸点范围在300~350℃之间，GTL柴油组分的CN值高于65，沸点范围与柴油相当，尽管其最终沸点可能略低。霍克豪泽[22]针对柴油性质对柴油机排放的影响做了总结调研。然而，在实用柴油中，很多这类性质之间是互相关联的，因此无法对燃料某一性质的影响进行单独研究。

6.2.1 对放热过程和噪声的影响

小负荷工况下，发动机所需油量较少，对于固定喷油器和固定喷油压力，喷油持续期通常较短，在着火前能完成喷射过程，因此PCI燃烧也就可以实现。当着火的混合气区域较浓时（$\phi>1$），ID就会变短、压力脉冲大于稀混合气的情况，这是因为着火传播速度v_a将变得更大（见第5章）。对于高CN值燃料，着火区域混合气较浓，这是因为ID较短限制了着火前油气的混合过程。因此，峰值放热速率和峰值温度比较高。图6-4是文献[14]中关于此类放热率的例子，发动机运行工况为小负荷：1200r/min、0.4MPa（IMEP，指示平均压力）、无EGR、燃料为正庚烷（CN约为54）。图6-4所示放热率为净放热速率，即不考虑壁面传热。放热率的计算通过测得的250个循环的缸压平均值再经热力学第一定律得出，详情参见文献[18]。

燃烧温度高会导致生成的NO_x排放量较高。缸内部分区域混合气较浓会生成

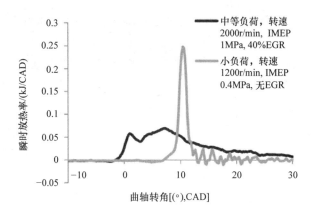

图 6-4　压缩比为 16 的单缸发动机燃用低 ID 燃料在两种负荷下——预混燃烧和扩散
燃烧的放热规律。小负荷燃料为正更旺，中等负荷燃料为表 6-1 中的柴油 D1。
两种工况下均为单次喷射，CA50 约为上止点后 11°CAD。小负荷下的放热率峰值非常高
因为低滞燃期燃料引起的混合气浓区自燃（数据取自文献 ［14］）

炭烟，如果缸内氧气充足且温度足够高，生成的炭烟会在缸内被氧化，最终排放量较低。但在这种情况下如果采用 EGR 来降低 NO_x 排放，炭烟的氧化过程就会减弱，以至炭烟最终排放量增大。传统柴油机只有在小负荷情况下才能实现 PCI 燃烧，因为柴油 ID 较短，即让燃油喷完实现 PCI 燃烧的时间是有限的。本章第 6.3 节将会讨论采用比传统柴油 IDs 更长的燃料，来扩展 PCI 工况范围的潜力。

大负荷工况下缸内喷油量较大，因此在着火前完成喷油过程就不可能实现。在这种情况下，燃烧以准稳态浮起扩散火焰进行，详情参见文献 ［2，3］。这种燃烧情况下，放热率会有一个初始峰值，它反映早期喷入缸内燃料的着火特性，这部分燃料与空气混合时间较充足。而随后的大部分燃料的燃烧主要是在混合控制引导阶段[18]。图 6-4 中也有对此类燃烧过程的样例描述。样例来源于文献 ［14］，以表 6-1 的 D1 （一种欧标柴油）为燃料。混合控制的燃烧放热速率与湍流混合速率程度相当[18]，且与预混放热速率相比偏低。

预混着火对应的放热速率峰值会引起缸压剧增，而这正是柴油车噪声的主要来源[23-25]。对于小负荷工况来说，预混着火占主导地位。因此要采取措施缓解噪声，尤其是对于 LD 发动机，通常的解决办法是在上止点前（BTDC）喷入少量燃油[26,27]，即采取主预喷的策略。预喷燃油着火引起缸内温度升高，从而降低了主喷燃油的 ID。采用这种策略，主喷燃油的燃烧更偏向于混合控制模式，从而降低了放热率峰值以及缸内燃烧平均温度[26]。图 6-5a 和图 6-5b 对此进行了描述。图中放热率通过两缸缸压计算得到，试验机型为一台欧标 V－6 柴油机，燃料为表 6-1 中的 D1，数据来源文献 ［16］。

图 6-5a 是对应厂商设置的发动机脉谱图并采用预喷策略的结果。该情况下，16CAD BTDC （上止点前 16°曲轴转角）开始预喷少量燃油，预喷比例为总油量的

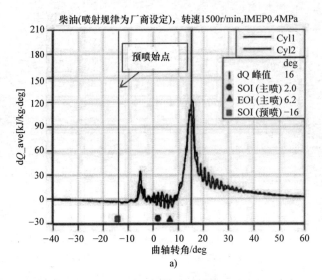

a)

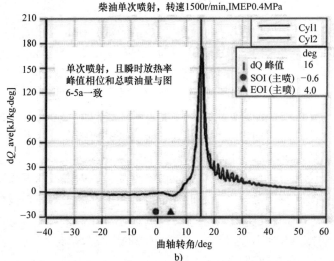

b)

图6-5 燃用欧洲柴油的2.7L V-6发动机的1、2缸放热规律

a）燃用欧洲柴油的2.7L V-6发动机的1、2缸放热规律，燃料 CN 值为54，工况条件为厂商设定值。

喷油策略为预、主喷两次喷射。转速为1500r/min，IMEP 为 0.4MPa[16]

b）瞬时放热率峰值相位和总油量与图6-5a一致前提下，单次喷射后1、2缸放热规律。

放热峰值比图6-5a 高

13%。图6-5b 可以看出，当在单个脉冲中注入与图6-5a 相同量的燃料，保证两种情况放热率峰值相位的曲轴转角相同，放热速率峰值较前者高得多。图6-5a 中，预喷部分燃油放热过程发生在 TDC 之前，降低了热效率，且扩散火焰传播过程也会增加炭烟排放。因此实际运行中，燃用柴油的轻型发动机通常遇到这种情况，即虽然降低了小负荷的噪声，反而增大了烟度排放且降低了热效率。

6.2.2　对预混压燃柴油机运行参数、燃烧相位及排放的影响

图 6-6 中是在压缩比（CR）为 16 的发动机上，四种在柴油自燃范围内的燃料，在不同 SOI 下对应的 CA50 曲线图，其中 SOI 为喷油开始时刻电子信号记录的曲轴转角（CAD）位置。详细数据在文献［12，14］中有介绍。另外，对喷油速率进行了调整，以保证所有燃油的 SOI 均在 TDC，IMEP 在 0.4～0.408MPa；发动机转速为 1200r/min，EGR 为零；喷油压力为 65MPa。如图 6-7 所示，所有情况下 IDW 均为正值。

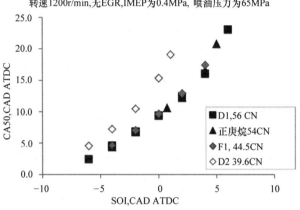

图 6-6　柴油自燃范围内但成分和挥发性不同的四种燃料的 CA50 随 SOI 的变化规律，CA50 随喷油始点推迟而增大（即 SOI 增大）（发动机压缩比为 16，转速 1200r/min，无增压，无 EGR，喷油压力为 65MPa，IMEP 为 0.4MPa）（原始数据和发动机参数源自文献，［12，14］）

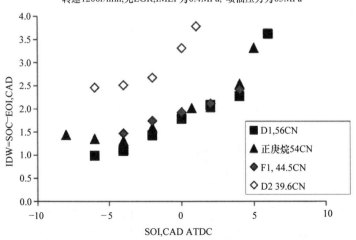

图 6-7　对应图 6-6 的 IDW 随 SOI 的变化规律。IDW（SOC－EOI）在所有条件下均为正值——即着火前燃料已喷完

随着 SOI 增大（即燃油喷射推迟），CA50 和 IDW 均增大。SOC、CA50 和爆压位置等燃烧相位参数之间通常互相联系。图 6-8 所示为 CA50 随 CA5 的变化规律（文献 [28] 有介绍）。因此，ID 和 CD 等其他参数之间也存在一定的联系。

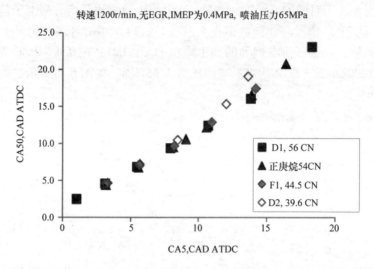

图 6-8 对应图 6-6 的 CA50 随 CA5 的变化规律。不同燃烧相位参数之间通常相关性很好

在 PCI 燃烧中，相比可燃性，燃油挥发性对燃烧相位的影响不是很重要[14,15,29-31]。比如，图 6-6 中采用 DCN 均在 44～56 之间的 D1、F1 和正庚烷的曲线没有明显差异，不过三种燃料的挥发性却大不相同（图 6-2）。燃料 D2 的DCN 为 39.6，与其他三种燃料相比，相同工况、相同 SOI 下 CA50 和 IDW 更大。如果燃料有足够抗着火的能力，那么就不需要挥发性来保证 PCI 燃烧。对于 CN 值在 40～60 之间的燃料，在给定 SOI 下 CN 是否对 ID 和燃烧相位有显著影响，很大程度上取决于喷油压力和压缩比（CR）等发动机设计和运转条件。比如，与图 6-6 对应，对于给定 SOI，CN 值为 54 的 SwedishMK1 燃料和表 6-1 中 CN 值为 39 的柴油之间的 CA50 没有明显差异，其中不同发动机 CR 均为 14，速度/负荷工况相近，喷油压力较高为 130MPa[8]。然而，同样发动机同样工况条件下，当 CR 降至 11.2时（即，着火变得困难），相同 SOI 下 CN 值为 39 的燃料比 SwedishMK1 燃料着火/燃烧延迟期明显更高[28]。同样的道理，当缸内有 EGR 时，着火不易发生，43CN燃料比 53CN 燃料有更大的 ID[28]。然而，如果两种燃料的 CN 足够高且相当，比如正庚烷和欧标柴油，燃烧相位或者 IDs 之间就没有明显差异[15,29]，尽管挥发性和组分上差异明显。

对于给定燃料，发动机喷油正时范围一般接近 TDC，提前 SOI 会使得放热率峰值靠近 TDC，放热率峰值增大且最大压升率（MPRR）增加。排放同样受燃烧相位影响：CA50 提前会使得 NO_x 排放增大，而 CO 和 HC 排放降低[8-15,28-30]。图 6-9是对应图 6-6 工况下的 NO_x 排放情况。

EGR 也会严重影响燃烧相位和排放：随着 EGR 比例增大，其他条件不变，ID 会增大且燃烧推迟。不过，EGR 的主要影响在于降低燃烧温度，也就降低了 NO$_x$ 排放。EGR 也会降低缸内氧浓度，从而导致 CO、HC 和炭烟排放增加[8-15,28-30]。伴随着火区域混合气 ID 延长，其在燃烧时的浓度也变得更加稀薄，因为可用于油气混合的时间延长。如果着火区域柴油混合气平均浓度降低（即图 6-3 中曲线左移），在无 EGR 情况下 NO$_x$ 排放会增加，而炭烟排放会降低。比如，燃料 D2 与图 6-9 中其他三种燃料的 CA50 相当，不过前者 ID 较长，大多数情况下 NO$_x$ 排放也更高。其他影响油气混合速率的发动机参数，包括喷油压力，也会影响排放。比如，随着柴油喷油压力增大，在无 EGR 情况下且其他条件均不变时，NO$_x$ 排放也会增加[11,12,32]，这是因为着火区域油气混合得到改善，原本的浓混合气变成化学计量比混合气（图 6-3）。

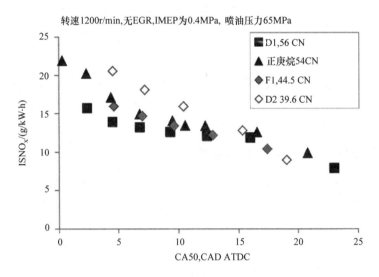

图 6-9　对应图 6-6 的 NO$_x$ 随 CA50 的变化规律。在 PCI 燃烧中 NO$_x$ 随 CA50 增大而降低。具有相近点火/燃烧滞后期的燃料，NO$_x$ 排放也相似

通常来说，SOI 固定不变时，如果两种燃料在 PCI 燃烧中的相位相当，那么 NO$_x$、CO 和 HC 排放在一定程度上也大致相同（详情参见本章第 6.3 节）。比如，图 6-6 中燃料 D1、F1 和正庚烷在相同 SOI 时的 CA50 相当，因此图 6-9 中得到的 NO$_x$ 排放也一样。图 6-10 是对应图 6-6 工况下烟度和 SOI 的曲线关系图，其中烟度反映了炭烟生成和氧化之间的平衡。

很明显，尽管 IDW 为正值，尽管图 6-10 中炭烟排放量非常低，燃料 D1 还是会有炭烟生成。有可能是因为存在由燃油喷射末期形成的局部浓区。燃料 D2 也在柴油沸点范围内，其炭烟排放量较少，因为其燃烧/着火滞燃期较长，也就有更长的时间允许油气混合。燃油 F1 和正庚烷的炭烟排放量少到可以忽略。这两种燃料

的挥发性均强于 D1 和 D2，因此与空气混合更好，也就避免了会生成炭烟的浓区出现；此外，这两种燃料中也不存在会促进炭烟生成的芳烃成分。

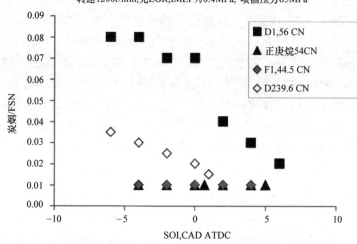

图 6-10　对应图 6-6 的炭烟随 SOI 的变化规律。炭烟排放随柴油沸点范围内几种燃料的燃烧滞燃期降低而降低。小负荷下，挥发性好且无芳烃的燃料——正庚烷和 F1 排出的炭烟非常少

6.2.3　对柴油机大负荷工况的影响

在柴油机大负荷工况下，着火开始时燃油喷射尚未结束，燃烧以准稳态浮起扩散火焰方式进行[2,3,33,34]。最初着火后，燃烧反应区固定在喷油嘴下游区域。喷油器喷孔出口到反应区之间的距离被称作火焰浮起长度。周围空气中的氧被卷入燃油喷束中，与燃油蒸气混合，并在富油预混火焰中发生反应。这些浓混合气燃烧的热产物包括未燃柴油和炭烟前体物，后者进一步反应生成炭烟颗粒。生成的炭烟在燃油喷束外围的扩散火焰中燃烧，而这个区域也会生成 NO_x。残余物质在膨胀冲程会进一步被氧化。如果为了降低 NO_x 排放而降低缸内氧浓度和温度（比如采用EGR），这种氧化反应就会减弱，而炭烟排放会增加。增大火焰浮起长度会增加富油预混火焰中可用氧含量，同时该火焰区域混合气越稀薄，未燃燃油和炭烟前体物就越少，最终生成的炭烟也就越少[3335]。增大火焰浮起长度可通过增加喷油压力[33]和 ID[34]来实现。

相同火焰浮起长度下，如果发动机负荷增大，喷油持续期也会增加，从而更多燃油以扩散火焰方式燃烧，导致炭烟排放量增大，MPRR 降低。图 6-11 建立了炭烟和发动机 IMEP 之间的关系对此进行说明；所有数据来源均来自文献 [9]。试验机是一台 2L 单缸发动机，转速为 1200r/min，无 EGR，燃料为表 6-1 中的 Swedish-MK1，喷油时刻为 TDC，单次喷射，喷油压力为 130MPa。

即便在大负荷、喷油速率较大情况下，炭烟排放的减少可通过在 TDC 之后推

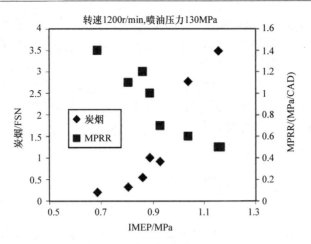

图 6-11　随着负荷增大，喷油持续期延长，扩散燃烧模式的燃料增多。炭烟排放增加同时最大压
升率（MPRR）下降。数据来源文献［9］。试验燃料为 SwedishMK1，单缸发动机容积 2L、
压缩比为 14，试验转速 1200r/min，单次喷射，喷射始点为 TDC，喷油压力为 130MPa，
无 EGR。这些算例之间 CA50 基本不变

迟柴油喷射时刻来实现。图 6-12 为炭烟排放量与 CA50（实心菱形）的关系，其
中燃料为 SwedishMK1，固定喷油速率为 1.2g/s。

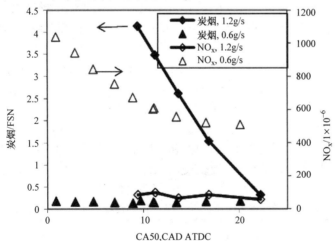

图 6-12　SwedishMK1 喷射速率分别为 0.6g/s 和 1.2g/s 下，改变 SOI 时炭烟和 NO_x 排放随
CA50 的变化规律。喷油速率小时，燃烧过程以预混着火为主，且 NO_x 排放高、炭烟排放低。
数据来源文献［8，9］。发动机转速 1200r/min，发动机容积 2L，压缩比 14，单次喷射，
喷油压力为 130MPa，$T_{in} = 40℃$，无 EGR。喷油速率为 0.6g/s 时绝对进气压力
为 0.15MPa，1.2g/s 时为 0.2MPa

因为扩散燃烧模式中温度峰值较低，对应的 NO_x 排放较低（空心菱形）。图 6-
12 中也绘出了相同燃料和喷油压力下炭烟和 NO_x 排放的结果[8]，但在喷油速率较

低（0.6g/s），燃烧主要以预混自着火方式进行。大负荷情况下，相比混合控制的燃烧方式，预混燃烧下柴油（图6-4）放热速率峰值和温度峰值更高。因此，大负荷时 MPRR 和 NO_x 较低而炭烟排放较高，如图6-12所示，这是因为燃烧以扩散火焰方式进行。如果炭烟生成首先是由混合不充分导致的（见本章第6.3.2节），那么燃料成分也会影响炭烟的生成和最终排放量。比如，随着柴油中氧元素的质量分数的增加，炭烟排放量会降低[35-38]，而燃料中多环芳烃质量分数增加，会增加炭烟排放[22,39]。

6.2.4 柴油燃料压燃点火燃烧综述

为了满足日益严峻的环境保护法规，柴油机必须同时控制炭烟和 NO_x 排放。当然降低 NO_x 排放可通过采用 EGR 来实现，但这会减弱最初形成炭烟的氧化过程从而增加炭烟排放。采用 PCI 燃烧可避免炭烟形成（本章第6.1节），这就需要在 SOC 之前完成燃油喷射过程以保证燃油与空气充分混合，从而避免当量比大于2的局部浓区出现。

ID 越长，越容易实现 PCI 燃烧。传统柴油，CN 值在 40～60 之间，IDs 较短，因此仅在小负荷下才能实现 PCI 燃烧。在这个 CN 范围内，ID 的绝对差值非常小，CN 对燃烧相位的影响不明显；除非其他工况条件，比如较低压缩比（CR）或者较高 EGR 率，使得着火更困难。当小负荷下柴油机以 PCI 燃烧模式运行，预混着火发生在化学当量比或偏浓的混合气区域，尽管总体混合气浓度偏稀，压升率峰值和 NO_x 排放仍较高。在浓区生成的炭烟被氧化后，最终排出缸外的炭烟很少。实际 LD 柴油机为了使缸内燃烧过程偏向混合控制的模式，以缓解小负荷下的噪声问题，要采用预喷策略，不过这会降低热效率而增大炭烟排放。高挥发性和低 CN 值等燃料性质可使 PCI 燃烧变容易，但达不到排放法规要求的程度。

霍克豪泽[22]回顾了大量关于传统柴油性质对发动机排放影响的文献。不过，与柴油 CN 值范围以外的燃料相比，这些柴油的影响要小（本章第6.3节有讨论）。霍克豪泽[22]认为随着发动机变得越来越复杂，同时采用排放后处理系统，燃油性质的影响将会进一步减弱。表6-2汇总了霍克豪泽的结论。

表6-2 霍克豪泽[22]总结的 CN 值在 40–60 之间的传统柴油对发动机排放的直接影响

	密度降低	PAH 降低 *	十六烷值增大	T90 或者 T95 降低	生物柴油 *** 含量增加
HC	降低[a]	增加	降低	增加[b]	降低
CO	降低[a]	增加	降低	增加[b]	降低
NO_x	降低[b]	降低			增加
PM **	降低	降低	增加[a]	降低	降低

* 多环芳烃

** 颗粒物（PM）

*** 脂肪酸酯

a 仅有 LD 柴油机上可靠数据[22]

b 仅有 HD 发动机可靠数据[22]

燃用传统柴油的现代发动机不得不采用日益昂贵且复杂的技术,以实现低 NO_x 和低炭烟排放,从而满足现代排放法规的要求。比如,所用喷油系统的喷射压力越来越高,目的是为了克服柴油低 ID 的特点,改善着火前的油气混合以降低炭烟排放。用于降低 NO_x 和炭烟的后处理系统也不可或缺,而这也进一步增加了柴油机成本。

目前采用一些策略同时降低柴油机的炭烟和 NO_x 排放,而这些技术都依赖于通过促进预混燃烧来降低炭烟排放。丰田 UNIBUS 系统在循环前期就喷入部分柴油,使其有充分时间与空气混合。剩余燃料在近 TDC 附近喷入缸内。为了避免压缩过程放热,循环早期预喷部分的柴油量是有限的,同时在大负荷情况下,发动机要切换回常规喷射正时、常规柴油或 CI 燃烧,文献 [40,41] 对该系统进行了详细介绍。日产 MK(Modulated Kinetics,调谐动力)系统采用高比例冷却 EGR 来推迟着火时刻,降低缸内温度[42,44]。桥爪等人[45]发明的 MULDIC(Multiple stage Diesel Combustion,多阶段柴油燃烧)系统中,部分燃料在循环非常早的阶段喷入缸内,经历预混稀薄燃烧过程;TDC 之后同样有部分燃料喷入高温混合气中。多次喷射策略同样可与高 EGR 率耦合以降低 NO_x 和炭烟排放[46,47]。桥爪等人[45]同时也对汽油着火范围内的燃料进行了研究,该燃料的 CN 为 19。结合预喷策略,循环中柴油着火时间也会提前,除非总体混合气过于稀薄[47]。

即便采用多次喷射策略,对于高 CN 值燃料,早期、预喷燃油也会在压缩行程放热,降低热效率[45,47]。当预喷部分燃料 CN 值降低时,炭烟排放和油耗都会改善[45]。这种策略与 RCCI(活性控制压燃着火,见本章 6.5 节)中的双燃料方式相当。在该系统中,高涡流、晚喷油(TDC 以后)以及短的喷油持续期,也会促进着火前的混合过程。不过,这种策略常常也会导致油耗增加[48]。

6.3　长滞燃期燃料对预混压燃的影响

与传统柴油相比,在汽油着火范围内(RON > 60,CN < 30)的燃料的 IDs 明显较长,最近的研究表明[8-16,49-71],燃用此类燃料更容易实现高热效率、低 NO_x、低炭烟的目标。

6.3.1　小负荷

图 6-13 绘出了 SwedishMK1 柴油和 ULG95 汽油(表 6-1)两种燃料的 CA50 和 NO_x 排放随 SOI 变化曲线。数据来源于文献 [8],工况条件与图 6-12 中喷油速率 0.6g/s 的算例一致。在该工况条件下,几种燃料[8]的 CA50 在 5 ~ 7CAD 之间时,IMEP 约为 0.57MPa。

随着喷油时刻提前到 30CAD BTDC,汽油的 CA50 急剧增大,燃烧开始变得非常不稳定。如果喷油定时早于 37CAD BTDC,图 6-13 左侧最后的点,则汽油燃烧

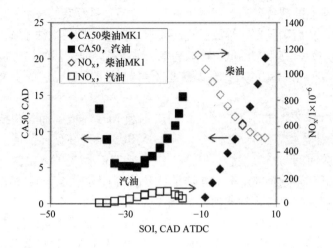

图 6-13　比较 SwedishMK1 柴油和 ULG95 汽油的 CA50 及 NO_x 排放随 SOI 的变化规律。

数据来源 [8]。发动机运转参数与图 6-12 中喷油速率 0.6g/s 的算例一致。

若要保证相同的 VA50，汽油必须比柴油早喷入缸内。同时汽油排放的 NO_x 非常少

无法一直保持。如此提前的喷油定时会导致油气充分混合，从而使燃烧更接近 HC-CI 模式。如果油气完全预混，该工况条件下缸内混合气平均浓度偏稀：λ 约为 3.8。在这种情况下，测试中使用的汽油燃料因为抗自燃能力太强而不能保证 HCCI 燃烧模式进行。

但喷油定时迟于 30CAD 时，燃烧以部分预混方式进行，燃烧室内必然存在部分区域的浓混合气可以着火，且着火发生后燃烧在剩余混合气中进行。缸内同时存在着混合气自燃和局部火焰传播。这种情况下，CA50 与 SOI 之间呈近似线性增长关系。因此，发动机在该工况条件下运行时存在一个汽油喷射正时窗口，燃烧相位可通过喷油正时来控制。油气不像 HCCI 燃烧模式那样完全预混，混合气中存在的非均匀性质或分层特点，对于保证燃烧进行至关重要。柴油喷射不能像图 6-13 中那样过分提前，否则，热量将会在 TDC 之前释放，MPRR 将会非常高。

当燃料 ID 很长，比如汽油，着火前燃料与氧气混合会更充分，与柴油相比，汽油着火时的混合气浓度更接近整体混合气浓度。小负荷时，缸内混合气整体偏稀（图 6-3），此时高辛烷值燃料相比高十六烷值燃料着火时的混合气浓度更稀。因此相比柴油，汽油的 NO_x 排放会明显更低[8-16]，如图 6-13 所示。同理，小负荷下汽油类型的燃料的放热速率峰值也更小。图 6-14 对表 6-1 中的正庚烷和汽油 G4（84RON）进行了说明。数据来源于文献 [14]：试验机是一台 0.54L、压缩比为 16、转速 1200r/min、无 EGR 的单缸发动机，发动机标定 IMEP 为 0.4MPa，两种燃料的 CA50 约为 10.5CA ATDC。喷油压力为 65MPa，单次喷射下 G4 相比正庚烷更早：前者为 12CAD BTDC，后者为 0.7CAD ATDC。

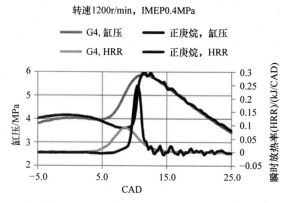

图 6-14　表 6-1 中的正庚烷（SOI = +0.7 CAD ATDC）和 G4 汽油（SOI = -12 CAD ATDC）的缸压变化和放热规律曲线。试验单缸机容积为 0.54L，压缩比为 16，单次喷射，喷油压力为 65MPa，$T_{in}=60℃$，无 EGR。绝对进气压力 $p_{in}=0.11MPa$，CA50 = 11CAD ATDC，额定 IMEP = 0.4bar（数据来源于文献 [14]）

因此在小负荷工况且 CA50 相同情况下，汽油的 MPRR 和噪声比柴油小，因为前者 ID 较长[8-16]。图 6-15 在图 6-14 的工况条件下对柴油 D1 和汽油 G5（91RON）进行了比较。同理，汽油的 HC 和 CO 排放也比柴油高。图 6-16 比较了两种燃料相应的 HC 指示比排放（ISHC）和 CO 指示比排放（ISCO）。

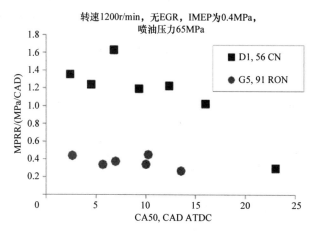

图 6-15　比较柴油和汽油变动 SOI 后，MPRR 随 CA50 的变化规律，发动机运转条件与图 6-14 一致。小负荷下汽油相比柴油有更小的 MPRR

采用预喷策略来降低柴油机小负荷时的噪声是常用措施，但这会增加炭烟排放和油耗，如本章 6.2.1 节讨论的那样。然而，采用类汽油燃料就可以避免这种问题，且发动机整体燃油经济性也会得到改善[16]。

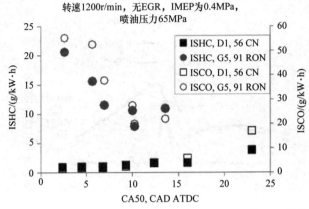

图6-16　比较柴油和汽油的 HC 指示比排放（ISHC）和 CO 指示比排放（ISCO）随 CA50 的变化规律，运转条件与图 6-14 一致。汽油相比柴油有更高的 CO 和 HC 排放

6.3.2　大负荷

　　速度一定时，发动机负荷随喷油量增加而增大，整体当量比也会增加；对于滞燃期长的燃料而言，燃烧仍以 PCI 模式为主，且相比小负荷工况，着火位置的混合气更接近化学计量比。相反，柴油滞燃期短，燃烧仍以扩散火焰为主。因此，滞燃期长的燃料的峰值温度、NO_x 和最大 HRRs 也更高。EGR 可用于降低 NO_x；而对于所有燃料，ID 和 CD 也会随着 EGR 增大而延长。初始生成的炭烟氧化过程随 EGR 率增大而减弱，因此最终炭烟排出量增加。图 6-17 和图 6-18 对此进行了描述。图

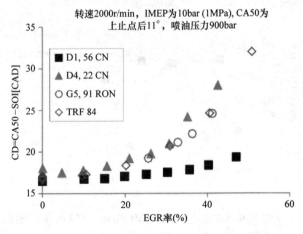

图6-17　四种不同燃料的 CD 随 EGR 的变化规律。燃料喷射速率保持不变以保证 CA50 为 11CAD ATDC 时的 IMEP 为 1MPa。另外，喷油速率和 CA50 固定后，变动 EGR。单缸试验机压缩比为 16，容积为 0.54L，喷油压力为 90MPa，$T_{in} = 60℃$，绝对进气压力为 0.2MPa（数据来源于文献 [14，15]）

6-17 是四种不同燃料的燃烧延迟期，CD = CA50 – SOI，与 EGR 率的关系图。

数据来源于文献［14，15］。相比柴油 D1，汽油 G5（91RON）、燃油 D4 和 TRF84（65% 体积分数甲苯和 35% 体积分数正庚烷混合物）有更高的抗自燃能力。燃料 G5、D4 和 TRF84 的组分和挥发性各不相同。比如，TRF84 是沸点为 98℃ 的正庚烷和沸点为 111℃ 的甲苯的混合物，而 D4 在柴油沸点范围内，不过有更高的（75% 体积分数）芳香烃含量。试验机运行工况为 1MPa 的 IMEP、2000r/min、单次喷射，喷射压力为 90MPa，CA50 固定为 11CADATDC。油量固定时，改变 EGR 率——EGR 定义为进气中 CO_2 浓度占尾气中 CO_2 浓度百分比。随着 EGR 比例增大，改变喷油定时以确保 CA50 不变，其他实验详情参考文献［14，15］。对所有燃料来说，随着 EGR 比例增大，燃烧延迟期增大，不过柴油的燃烧延迟期相比其他三种燃料更短。图 6-18 是对应的 IDW = SOC – SOI（见本章第 6.1 节）。对柴油来说，IDW 在所有情况下均为负值，而对其他三种燃料为正值。

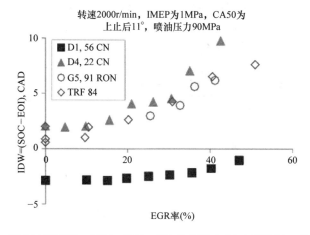

图 6-18　着火时间窗口，IDW = SOC – SOI 对应图 6-17 中的数据。柴油为扩散
模式燃烧（IDW 为负值），而其他三种燃料在所有情况下均以预混模式燃烧

因此，柴油燃料通常以扩散火焰模式燃烧，而其他三种燃料的燃烧则以预混着火方式进行。图 6-19、图 6-20、图 6-21 和图 6-22 为对应的指示 NO_x 排放（IS-NO_x）、烟度、ISCO、ISHC。

对所有燃料来说，NO_x 排放均随 EGR 率增大而减少，不过小 EGR 率时柴油的 NO_x 排放比其他三种燃料少得多，这是因为前者峰值温度低。但仅有柴油的炭烟排放随 EGR 率增大而增加（图 6-20），因此柴油的扩散燃烧模式导致无法避免炭烟形成。相反对于其他三种燃料，包括芳烃体积分数为 75% 且密度高的 D4 燃料（表 6-1），炭烟排放即便在高 EGR 率下也可忽略，表明 PCI 燃烧模式避免了初始炭烟生成。柴油的 CO 和 HC 排放很低（图 6-21）。

图 6-23 比较了 D1 柴油和 G4 汽油（84RON）的平均放热情况，运行工况和图

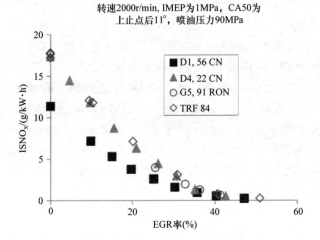

转速2000r/min, IMEP为1MPa，CA50为
上止点后11°，喷油压力90MPa
D1, 56 CN
D4, 22 CN
G5, 91 RON
TRF 84
ISNOx/(g/kW·h)
EGR率(%)

图 6-19　对应图 6-17 参数下 $ISNO_x$ 的变化规律。对所有燃料来说 NO_x 随 EGR 增大而降低。在低 EGR 时由于温度峰值低，柴油的扩散模式燃烧，相比其他三种燃料的 NO_x 排放更低

转速2000r/min, IMEP为1MPa，CA50为
上止点后11°，喷油压力90MPa
D1, 56 CN
D4, 22 CN
G5, 91 RON
TRF 84
炭烟/FSN
EGR率(%)

图 6-20　对应图 6-17 参数，炭烟排放的变化规律。柴油机中常常有炭烟生成，且随着 EGR 增大而显著增加，这是因为温度和氧浓度降低导致缸内氧化过程减弱。其他三种燃料燃烧为预混模式，且即便含有 75% 体积分数芳烃的 D4 燃料，在高 EGR 下也几乎没有炭烟排放

6-17 一致，不过采用了高达 40% 的 EGR。

汽油的 HRR 峰值比柴油更高，前者燃烧以预混模式为主，后者燃烧则受油气混合控制。这与本章 6.3.1 节讨论的情况相反，本章 6.3.1 节中柴油在小负荷工况下的 HRR 峰值更高。因此，柴油的 MPRR 较低（图 6-24）。

图 6-25 比较了对应的指示比油耗（ISFC）。

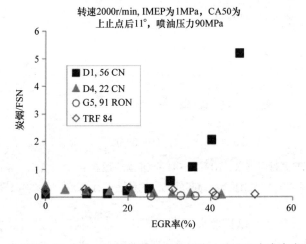

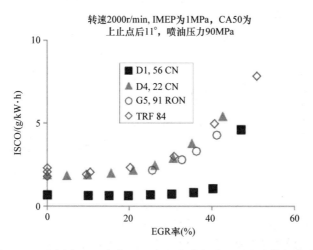

图 6-21　对应图 6-17 参数，ISCO 的变化规律。对所有燃料来说，
CO 随 EGR 增大而增大，因为温度和氧浓度降低。这种情况下柴油燃烧的 CO 排放低

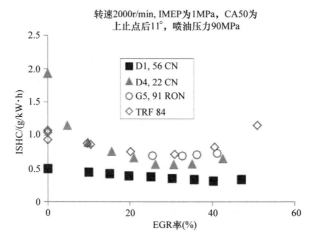

图 6-22　对应图 6-17 参数，ISHC 的变化规律。这种情况下柴油燃烧的 HC 排放少

在这些实验中，燃料流量是通过空气消耗率和根据排放物的估算当量比计算出的，当量比的估计值则基于尾气而不是直接测量。当保持 CA50 固定不变时，ISFC 随 EGR 增大而下降[9-12,14]，文献［52］也得到了同样的趋势，这可能是因为 EGR 率增大导致燃烧温度降低，从而减少了传热损失。这种情况下，柴油的 ISFC 相比其他三种燃料更低，这有一部分是因为其他三种燃料较高的 HC 和 CO 排放。不过，随着 EGR 率进一步增大，不同燃料之间的油耗差距缩小。此外，对于滞燃期长的类汽油燃料，降低喷油压力可降低 ISFC、HC 和 CO 排放，同时炭烟排放不会显著增加。

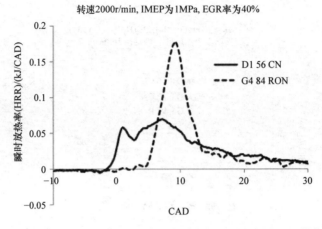

图 6-23　与图 6-15 进行比较，扩散燃烧模式的柴油燃料相比预混燃烧模式的
汽油燃料有更低的最大 HRR，因为这种情况下汽油的 ID 较长

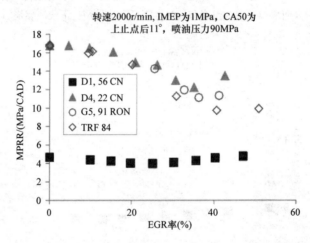

图 6-24　对应图 6-17 参数，MPRR 的变化规律。在这种情况下柴油
以混合控制模式燃烧的 MPRR 较低

6.3.3　汽油性质对预混压燃的影响

PCI 燃烧模式中，如果两种燃料在相同喷油定时下有相同的燃烧相位（比如，CA50），不管挥发性和成分有什么差别，它们的 NO_x 排放、炭烟排放、CO 排放、ISFC 和 MPRR 大致相当[12-15]。这些匹配的燃料在碳氢成分方面可能存在差异，不过与燃料间燃烧相位的显著差异相比就显得不那么明显。CO 和 NO_x 排放可能受大部分气体燃烧过程影响，而碳氢排放也要受淬熄层和环隙层发生的反应影响，同时更受燃料挥发性和成分差异的影响。

比如，图 6-17 中 EGR 率一定时，CD = CA50 – SOI，由于 CA50 固定不变，

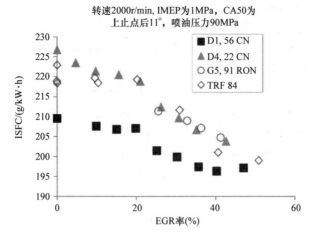

图 6-25　对应图 6-17 的参数，ISFC 的变化规律。当 CA50 固定不变，
ISFC 随 EGR 增大而降低且柴油的油耗要低于其他三种燃料

D4、G5 和 TRF84 三种燃料的 SOI 也是一致的，尽管三种燃料的挥发特性和成分大不相同。相同 EGR 率下，三种燃料的 NO_x 排放、CO 排放、HC 排放、MPRR、炭烟排放和 ISFC 的水平相当。这一结果与文献［30，31］中的研究发现一致，即在低 NO_x 排放、低炭烟排放的 CI 发动机燃烧过程中，决定燃烧相位的燃料着火特性远比其挥发性和成分更重要。通常来说，如果两种燃料在相同 SOI 下具有相同 ID 或 CD，那么它们在 PCI 燃烧模式下具有相当的排放量和效率。

　　第 4 章讨论的辛烷指数（OI）方法也可用于 PCI 燃烧[13,15]。汽油真实的抗自燃能力由其辛烷指数表示，经以下公式计算得出：

$$OI = RON - KS$$

其中 $S = (RON - MON)$ 为辛烷值敏感性，RON 和 MON 分别为研究法辛烷值和马达法辛烷值，K 为取决于油气混合过程中压力和温度变化的常量。CD 或 ID 等依赖于给定条件下汽油抗自燃能力的参数与 OI 相关。非链烷烃燃料的 S 大于 0。正如第 4 章所讨论的，如果混合气在给定温度下的压力比在 RON 测试中高，则 K 值为负，且与烷烃燃料相比，非烷烃燃料的抗自燃能力变得相对高一些（即其 OI > RON），同时混合气的性质类似基准燃料（PRF），后者的辛烷值高于汽油的 RON 值。

　　在 SI 和 HCCI 燃烧模式中，混合气浓度保持不变，但缸内温度和压力直到着火发生前一直增大。在 PCI 燃烧模式中，燃料喷射进入高压高温的环境中后，缸内温度和压力变化不大，不过混合气浓度在时间和空间上不断变化直到着火出现。由于着火反应基本发生在压力较高的时候，因此非烷烃燃料的抗着火特性相应较高（详情参见第 4 章的 4.1 节），且 K 为负值。图 6-26 到图 6-28 描述的正是这种情况，其中数据来源于文献［13］。本文选用的测试中，包括全沸点范围汽油、PRF

和 TRF 等不同燃料的运行条件均在参考图 6-14。这些燃料具有不同的成分，RON和辛烷值敏感性也不同。而只有在汽油着火（RON > 60）和挥发范围内的燃料才被考虑用于分析。如前述所讨论，燃料 D4 性质更像汽油，但其挥发性太低，RON和 MON 无法在标准 CFR 测试中测得，因此不予考虑。

图 6-26、图 6-27 和图 6-28 为 CA50 在 11CAD ATDC 固定不变情况下，燃烧滞燃期（CD）与 RON、MON 及 OI 的关系。K 值通过线性回归方法估算（第 4 章的4.2 节有讨论），而式（4-4）中的 z 值由 CD 代替。CD 与 RON 或 MON 之间的相关性较差，不过 $K = -2.95$ 时 OI 与 CD 相关性非常好。

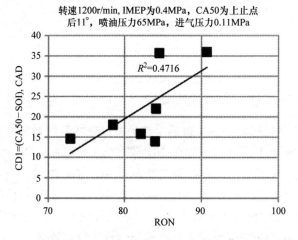

图 6-26　燃烧滞后期（CD）随 RON 的变化规律。试验参数与
图 6-14 一致（数据来源于文献［13］）

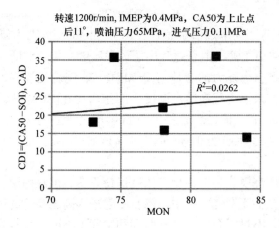

图 6-27　不同 MON 下，从图 6-25 得出的 CD 变化规律

随着给定条件下 RON 增大，燃料 OI 也增加，则着火滞燃期延长。在任意给定条件下均存在一个着火滞燃期限值（IDL）。如果 ID 大于 IDL，着火就会失败。随

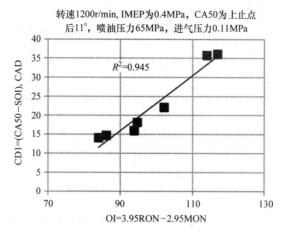

图 6-28　不同辛烷指数下，从图 6-25 得出的 CD 的变化规律。

$$OI = (1 - K) \ RON + KMON, \ K = -2.95$$

着真实的 ID 降至 IDL 以下，循环早期就会发生着火。IDL 自身依赖于发动机运转条件。在低压低温条件下着火很难发生。另外，小负荷下混合气总体偏稀，高 EGR 或高速下用于着火时间窗口变短都会导致着火困难。当着火困难时，IDL 也会变低。减小发动机压缩比也会引起 IDL 降低。在 IDL 较低的条件下，燃用高 OI（高 RON）燃料的发动机很难运行。同理，燃料的着火滞燃期要足够大才能保证 PCI 燃烧。对于压缩比约为 16 的发动机而言，希尔丁松等人[11]认为适用 PCI 燃烧的最佳燃料的 RON 应在 75 ~ 85 之间。相反，对于压缩比为 12 的发动机，燃料的 RON 要低一些，约为 60，才能保证 PCI 在覆盖 FTP75 城市测试循环的工况点上运行 PCI 模式。马南特等人[51]认为 PCI 发动机最佳 RON 在 "70 ~ 80 范围内"；在他们的实验中发动机的压缩比为 14.3 或 17。高辛烷值燃料使得发动机在小负荷、高 EGR 工况条件下运转困难，而低辛烷值燃料降低了 PCI 运行的负荷。

　　在燃用类汽油单一燃料的多缸机上，可采用可变气门技术改变缸内条件，以保证发动机在更宽的工况范围内运行 PCI 模式[54,55]。小负荷时，进气行程阶段通过打开排气门让废气再回流缸内可增加缸内温度，使着火变容易；而在大负荷时，推迟进气门关闭时刻可降低有效压缩比，从而降低缸内压力和温度，增大燃料着火滞燃期[54,55]。

　　尽管燃料挥发性不如抗自燃能力重要，但因为影响混合过程，其在 PCI 燃烧过程中也起一定作用。有研究表明，汽油和柴油混合后的挥发性范围较宽，强化了混合气分层效果，因此是有利于 PCI 燃烧的。比如，当 EGR 率高于 37% 时，表 6-1 中的汽油燃料 G5 无法使发动机在 3000r/min、1MPa 额定 IMEP 工况下运行[12,14]。相较之下，将 10% 体积分数的欧标柴油与 90% 体积分数的汽油 GD10（95RON）混合而成的燃料，其 RON 和 MON 与 G5 燃料非常相似，着火燃烧表现应该与 G5 非常相近，却可以在更高 EGR 下运行，甚至在高 EGR、4000r/min、1MPa 额定 IMEP 工况条件下也能运行[62]。为了了解其中原因有必要开展进一步工作。

6.3.4 喷油压力、喷射策略以及喷油器设计对汽油预混压燃的影响

如本章第 6.3.2 小节所述，大负荷下发动机的最大 HRR 值和 MPRR 值（对发动机噪声有影响）是很高的。两次[9]或三次[10]喷射策略能极大改善大负荷工况下压升率峰值过高的问题，同时保证较低的 NO$_x$ 和炭烟排放以满足法规要求，对热效率的影响也不大。事实上，近来有不少针对中高负荷下在汽油 PCI[49-52,54,55] 中采用多次喷射策略进行的研究。在循环早期喷入一定量的类汽油燃料，由于此类燃料较高的抗自燃能力，压缩行程阶段不会释放热量。近 TDC 附近喷入剩余燃料可能导致混合气不均匀，从而触发着火。因此，类汽油燃料多次喷射策略使得缸内混合气浓度出现的空间分层更容易控制，热量也就能及时释放出来，降低了 HRR 峰值。对于任意速度/负荷工况点而言，采用多次喷射策略时需要对喷油次数、喷油定时和每次喷油持续期进行优化，才能满足排放和效率目标的要求。此外，最佳喷油策略也依赖于其他运转参数，比如 EGR 率、喷油压力、涡流比、增压压力，这些参数会影响缸内的油气混合过程[54,55]。

小负荷工况下，混合气总体浓度偏稀且燃料的 ID 较长，着火位置的混合气也会较稀，CO 和 HC 排放较高（本章第 6.3.1 小节有讨论）。降低喷油压力对于改善小负荷工况下类汽油燃料的 PCI 燃烧非常有好处，可能是因为减少了油气过浓混合和过稀混合的情况。图 6-29 ~ 图 6-31 对此进行了说明。图 6-29 ~ 图 6-31 中比较了不同喷射压力下 G4 燃料、RON85 汽油和欧标 D1 柴油的表现，发动机转速为 2000r/min、绝对进气压力为 0.2MPa。

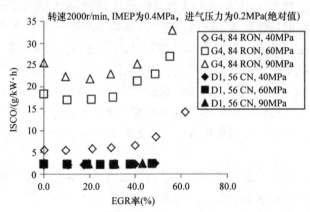

图 6-29　不同喷油压力下 G4 汽油（84RON）和 D1 柴油的 ISCO 随 EGR 率的变化规律，随着喷油压力下降，汽油的 CO 排放显著下降（数据来源文献［11］）

上述试验在文献［11］有详细介绍，在每个喷射压力下均保证油量不变、无

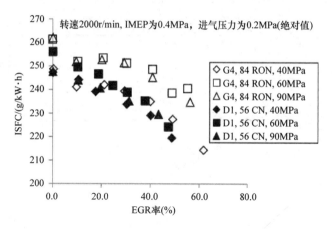

图 6-30　对应图 6-29 下，汽油 G4（84RON）和柴油的 ISFC 随 EGR 率的
变化规律。汽油的 ISFC 也随着喷油压力下降而降低

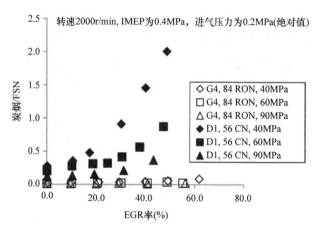

图 6-31　对应图 6-29，汽油 G4（84RON）和柴油 D1 的炭烟排放
随 EGR 率的变化规律。随着喷油压力降低，柴油的炭烟排放显著增大，
而汽油一直保持在非常低的水平

EGR 的情况下，IMEP 为 0.4MPa 且 CA50 在 11CAD ATDC。EGR 随油量变化而变化同时保持 CA50 不变。随着喷油压力下降、喷油时间延长，IDW 减小。将汽油喷油压力从 90MPa 降低到 40MPa 会显著降低 CO 排放（图 6-29）和 ISFC（图 6-30），同时不会明显影响炭烟排放（图 6-31）。图 6-32 表明，两种燃料的 $ISNO_x$ 随 EGR 率增大而降低且与喷油压力无关。

文献 [12] 对 G5 燃料和 RON91 汽油的研究也得出了相似的结论。不过对于柴油来说，喷油压力下降后，炭烟排放会明显恶化（图 6-31）。即便在大负荷工况下，汽油 PCI 燃烧也能在较低的喷射压力下实现，这一点在文献 [54，55] 中已经证实，文中试验选用的喷油压力低于 50MPa，而文献 [63] 中采用的最大喷油

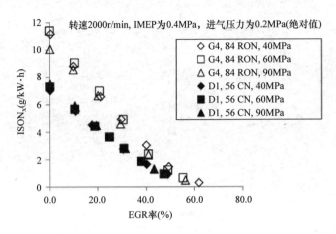

图 6-32　对应图 6-29，汽油 G4（84RON）和柴油 D1 的 ISNO$_x$ 随 EGR 率的
变化规律。两种燃料的 NO$_x$ 排放在不同喷油压力下均随 EGR 率增大而降低

压力为 40MPa。

　　目前为止，几乎所有相关研究均使用了现代柴油机喷油器，其特点是相对小的
喷孔尺寸。如果考虑到混合过程由可用的长滞燃期控制，过度混合更多是小负荷条
件下的问题，那么较大喷孔尺寸耦合较低喷油压力，可能更适合汽油 PCI 燃烧。即
便在大负荷下，对于相同喷油压力而言，较大的喷孔尺寸会降低喷油持续期从而有
利于 PCI 燃烧。事实上，在单缸机上进行的初步研究表明[61,62]，增大喷孔尺寸并
采用较低喷油压力可拓展 PCI 燃烧的负荷限制。文献［60］中采用汽油 DISI 喷射
系统实现了 PCI 燃烧。

　　显而易见，对于汽油 PCI 而言，仍需要投入大量的研发工作来优化喷油器设计
和喷油策略。

6.3.5　双燃料或活性控制压燃技术

　　发动机对于燃料自燃性质的要求随运转工况条件的变化而变化。小负荷时混合
气总体浓度偏稀，或者为了控制 NO$_x$ 排放采用高比例 EGR 时，着火变得困难且
IDL 变小。在这种情况下发动机需要容易自燃的燃料（即低 OI 值燃料）。另一方
面，高负荷下，可燃混合气浓度接近化学当量比，着火变得相对容易，低 OI 值的
燃料会使得滞燃期变短，同时 PCI 燃烧变得困难。这种情况下发动机需要高 OI 值
的燃料以实现 PCI 燃烧。解决上述问题的办法之一就是让发动机燃用两种自燃性不
同的燃料，并根据工况需要改变燃料的着火性质。瑞兹等人[65-71]将此双燃料
（DF）策略称之为活性控制压燃（RCCI）。

　　在这种方法中，进气道喷入抗自燃能力好的燃料，比如商用汽油或者汽油、乙
醇[67,70]或天然气[71,72]的混合物，而通过在上止点附近将高活性燃料如商用柴油，
直接喷入缸内触发着火。两种燃料的比例依发动机运转工况而变化（即小负荷下

柴油比例相对高一些）。然而，在正常工况范围内，柴油比例约占总燃料质量分数的 10%。此类方法的变种是汽车携带类汽油燃料，但通过调整柴油着火改进剂的量来改变燃料活性，并在此活性燃料直接喷入缸内时引发着火[65,70]。文献［69］认为，RCCI 燃烧能够在较宽的发动机负荷范围内实现 NO_x 和炭烟近零排放，压升率和噪声也可以接受，且指示效率非常高。

6.3.6　全负荷工况的汽油压燃

对于轻型乘用车柴油机，要在运转循环中控制 NO_x 和炭烟排放，取决于该转速下实现 PCI 燃烧受到的负荷限制。使用类汽油燃料后可明显拓展这种极限负荷，从而可降低占空比的平均速度。这提供了发动机低速化和小型化的可能性。在该极限负荷以外，缸内燃烧必须在油气混合控制模式下运行——方法是首先在循环早期喷入足够燃料，从而在 TDC 附近释放热量，随后喷入更多燃料到正在燃烧的气体中。但重型发动机的排放法规，尤其是在美国，要求所有转速即使在全负荷下都要控制 NO_x 和炭烟排放，而且重型发动机转速要比乘用车低。目前，在重型单缸机和多缸机上的研究已经表明，燃用类汽油燃料能实现低 NO_x、低炭烟排放，从而满足这些严格的排放法规[51]。

6.3.7　汽油压燃的燃料经济性

已有研究表明燃用类汽油燃料的 CI 发动机可实现非常高的热效率。燃用单一燃料[51,52]以及双燃料[65-70]的重型（HD）发动机，在中等到全负荷工况范围内，均实现了高达 56% 的指示热效率。轻型（LD）发动机如果燃用同样的汽油[54,55]或者辛烷值更低的燃料[60]，与 SI 模式下的汽油机相比，油耗改善效果在一个运转循环内约为 20%。与燃用柴油时相比，LD 发动机燃用汽油时在任意转速的高负荷下均能控制 NO_x 和炭烟排放，发动机尺寸可缩小，因此燃油经济性可进一步降低。此外，LD 发动机燃用汽油时不必再采用预喷策略控制小负荷下的噪声，因此可进一步提高效率。由此看来，汽油压燃发动机的效率不仅与柴油机相当，而且相比传统柴油机，其满足法规要求和其他目标的成本更低。

6.3.8　汽油预混压燃模型

发动机为了达到效率、排放和压升率等目标要求，可调节的运行参数非常多，比如转速、喷油压力、喷油策略、EGR 率、气门定时、进气压力、进气温度等。此外，发动机压缩比和喷油器设计等设计参数也需要优化。如果仅通过纯粹经验性的实验方法，在众多参数中找到最佳组合值必定是极其耗费财力的。因此，能指导实验和优化的可靠模型在发动机研发中是很有价值的。文献［56，69，73-75］报道了类似模型研究的样例。

在 PCI 模式下，着火前的油气混合过程决定了燃烧过程和污染物排放。因此搭建的模型要能够预测缸内混合气在空间和时间上的变化，并与适当的化学机理模型耦合来预测缸内着火过程。化学动力学模型要足够小才能与油气混合模型耦合形成混合模型。如果在 PCI 燃烧中模拟汽油的化学动力学过程，那么与汽油有相同的 RON 和 MON 异辛烷、正庚烷和甲苯组成的混合物（成分比例参考文献［76］），是一种很好的汽油替代物[15]。该混合物与汽油有相同的 OI 值，因此在相同喷油策略下燃烧相位也相同，同时在 PCI 燃烧中的性能和排放也相当，详情可参见本章第6.3.3 节。

6.4 本章小结

CI 发动机的效率要高于 SI 发动机。目前唯一实用的 CI 发动机是燃用传统柴油的柴油机，传统柴油 CN 较高（大于 40），且极易自燃。因此在大多数工况下，燃油一经喷入，缸内着火立马开始，燃油与空气没有充足的时间混合。相比 SI 发动机，柴油机的 HC 和 CO 排放较低，而炭烟和 NO_x 排放较高。

柴油机在所有工况下缸内混合气浓度总体偏稀，尾气中含有氧气，导致采用催化后处理装置降低 NO_x 的措施非常困难。此外，传统柴油机在大多数工况下不能避免炭烟生成，因为总会存在当量比大于 2 的局部浓区。生成的炭烟也会在缸内被氧化，最终排放的炭烟量反映了炭烟生成和氧化之间的平衡。EGR 技术的采用可降低燃烧温度从而改善缸内 NO_x 生成，但由此也会减弱炭烟的氧化过程导致最终炭烟排放量升高。因此，对于传统柴油机而言，同时控制 NO_x 和炭烟排放极其困难，并且世界范围内针对这两种污染物的排放法规也变得日益严格。如果初始生成的炭烟能得到改善，那么 NO_x 的控制可通过 EGR 来实现。

如果燃烧开始前最后喷入缸内的燃料能充分混合，炭烟生成就可以避免，这被称为 PCI 燃烧。传统柴油机仅在小负荷工况下才能实现 PCI 燃烧。现代柴油机采用高压喷射等技术来拓展 PCI 燃烧的工况范围，但成本会显著增加且附加损失也会增大，而这些附加损失在一定程度上会影响总体效率。当前降低柴油机 CR 以延长柴油 ID，实现 PCI 燃烧也是一种趋势。为了满足法规对炭烟和 NO_x 排放日益严格的要求，通常会进一步采用尾气后处理装置，但这会进一步增加发动机成本，且在一定程度上降低燃油经济性［如柴油颗粒捕集器（DPF）的再生］。NO_x 和 PM 的后处理装置目前已经实用——译者注。

汽油着火范围的燃料（RON ＞ 60）更容易实现 PCI 燃烧，因为较长的 ID 使得着火前油气混合时间更长。本章 6.3 节讨论的技术可称为 GCI（汽油压燃着火）。相比先进柴油机，GCI 需要的喷油压力更小，且后处理系统更简单，因为对污染物的关注从同时控制 NO_x 和炭烟排放转变为富氧环境中 HC 和 CO 的氧化。在给定转速下控制 NO_x 和炭烟排放，与燃用传统柴油的 CI 燃烧模式相比，GCI 可拓展到更大的负荷范围。这就使得 LD 柴油机小型化、低速化成为可能，从而在排放测试循

环中达到 NO_x 和炭烟排放目标，并获得油耗方面的改善效果。

为了缓解小负荷下的噪声问题，LD 柴油机会采用预喷等改进措施。GCI 燃烧可以避免小负荷下的噪声问题并能改善油耗。因此，对于柴油机而言，燃用类汽油燃料可在满足排放要求情况下降低成本，另外油耗也有可能改善。

对于汽油机而言，GCI 可以被认为是燃用类汽油燃料使发动机提高效率的一种方式。另外一个提高汽油机效率、降低 NO_x 和炭烟排放的方法是 HCCI 燃烧，即尽量完全预混压燃模式，但在必要时采用 SI 模式（如冷起动和大负荷下热机）。通用（GM）公司和梅赛德斯 - 奔驰（Mercedes - Benz）公司已经公布了类似的方案[77]。由于 SI 模式在大负荷下的爆燃问题，HCCI/SI 发动机的压缩比不能太高，而 GCI 发动机可在大负荷下运行，并拥有和柴油机相当的压缩比。通过控制最后喷入缸内燃油的时刻，GCI 模式下燃烧相位的机内控制可使发动机整体控制相比 HCCI 模式更容易。另外一种改善汽油机效率的常用方法是，将发动机设计和运行参数向柴油机靠拢（如增压耦合小型化），以减小节流损失，以及实施稀薄燃烧和缸内直喷的技术。这些措施增加了 SI 发动机的成本，同时也受爆燃和着火界限的限制。

此外，GCI 发动机可燃用 RON 值在 70~85 之间的低品质的汽油，且对挥发性要求也不高。此类燃料相比如今的汽油所需的处理工艺相对简单。事实上，如果柴油机仍以传统柴油为燃料，未来市场对柴油的需求有可能急剧增长，与汽油相比尤甚，这一点在第 1 章有过讨论。未来精炼厂在处理更多燃油以满足不断增长的燃料需求时，还要尽力调整这种燃料需求的不平衡。在这种情况下，直馏汽油等轻质成分以及原油最初蒸馏出的多成分混合物会更多，这些物质的辛烷值通常为 70。这部分燃料可在 GCI 发动机上进一步使用，不需要对其辛烷值或十六烷值进一步升级。

表 6-3 比较了 GCI 发动机、燃用传统柴油的先进柴油机、HCCI/SI 发动机和 SI 发动机的一些关键特点。

表6-3 内燃机不同燃烧系统间一些常见特点比较

	GCI 系统	燃用柴油的先进柴油机系统	燃用汽油的 HCCI/SI 系统	SI 系统
运行模式	起动和小负荷工况可能采用 SI 模式，其他大部分情况采用 CI 模式	CI	小负荷采用 HCCI，起动、热机和大负荷采用 SI	SI
负荷控制	喷油速率	喷油速率	HCCI 模式下通过喷油速率控制，SI 模式下通过节气门	节气门开度
喷油压力	中等	高	低	低
效率	高	高	中等	低

（续）

	GCI 系统	燃用柴油的先进柴油机系统	燃用汽油的 HCCI/SI 系统	SI 系统
后处理关注点	HC 和 CO	炭烟和 NO_x	SI 模式下的 HC、CO 和 NO_x	HC、CO 和 NO_x，三效催化剂
总成本	低/中等	高	中等	低，但随着对更高燃油效率的需求正日益增长
燃料	目前采用商用汽油或者汽油柴油混合物，未来可以采用对挥发性要求不高的低辛烷值燃料——RON 介于 75~85 之间	高十六烷值柴油	高辛烷值（RON）汽油	高辛烷值（RON）汽油

GCI 概念的优点如下：

1）GCI 发动机在高效、清洁方面不输于当前柴油机，但成本更低（即更低喷油压力，后处理装置不再关注 NO_x 排放控制而是 HC 和 CO 排放）。

2）GCI 发动机所需的最佳燃料相比目前的汽油和柴油，处理工艺更少、更简单。

3）目前，全球对更重组分燃料和更轻组分燃料的需求不平衡，GCI 概念是缓解这一问题的方法。替代方案之一是对精炼厂的投资以生产所需柴油，同时柴油机为了满足日益严峻的 NO_x/炭烟排放要求而成本越来越高。另一种替代方案是将天然气作为运输工具的燃料，以压缩天然气或者 GTL 的方式替代传统柴油。

但是，在 GCI 发动机能在车辆上实装之前需要大量的研发工作。GCI 发动机上仍有一些重要问题亟待解决，包括发动机冷起动，如何保证瞬态工况下运转平滑，高 EGR 率下如何提供足够的增压压力，燃烧温度和尾气温度较低情况下如何控制 HC 和 CO 排放，如何控制大负荷下的噪声，喷油器和燃烧室设计优化以及喷油策略等。目前还没有找到这些问题难以解决的根本原因，也没找到多需求冲突之间的适当折中。

可能的解决办法是发动机压缩比约为 16，燃料以中等压力（<50MPa）直喷进缸内，燃用 RON 值在 70~85 之间、挥发性没有严格限制的燃料。发动机起动阶段采用火花点火，暖机阶段采用 SI 模式，部分节气门策略使得缸内压力较低从而保证火花稳定着火，或者在起动阶段采用足够强力的火花塞辅助着火。在其他工况条件下采用多次喷射策略实现 CI 燃烧模式。后处理装置采用氧化催化剂来控制 CO

和 HC 排放。如果有必要的话也可增加颗粒捕集器。如果大负荷下无法实现 PCI 燃烧，或者为了避免压升率过高而不采用 PCI 模式导致炭烟生成，颗粒捕集器会因尾气温度足够高可以再生。然而，PCI 发动机在采用高 EGR 率控制 NO_x 排放的同时，需要足够的增压压力/进气氧浓度，因此可能需要增压器以及涡轮增压器。

考虑到目前柴油机和汽油机的设计正互相靠拢，也就不难猜想最佳的燃料可能介于柴油和汽油之间。不过，最佳燃料可能更像目前的汽油而不是柴油，且对于燃料加工商来说，制造起来比两者都简单。第 7 章将会进一步讨论未来燃料进展的可能性。

6.5 参考文献

6.1 Stone, R. 1999. Chap. 2. In *Introduction to Internal Combustion Engines*. SAE International, Warrendale PA.

6.2 Dec, J.E. 1997. "A Conceptual Model of DI Diesel Combustion Based on Laser Sheet Imaging." SAE Paper No. 970873. SAE International, Warrendale PA.

6.3 Dec, J., and Canaan, R. 1998. "PLIF Imaging of NO Formation in a DI Diesel Engine." SAE Paper No. 980147. SAE International, Warrendale PA.

6.4 Kamimoto, T., and Bae, M. 1988. "High Combustion Temperature for the Reduction of Particulate in Diesel Engines." SAE Paper No. 880423. SAE International, Warrendale PA.

6.5 Dec, J.E. 2009." Advanced Compression Ignition Engines—Understanding the in-Cylinder Processes." *Proceedings of the Combustion Institute* 32:2727–2742.

6.6 Johnson, T. 2005. "Diesel Engine Emissions and Their Control." *Platinum Metals Review* 52(1):23–37.

6.7 "Emission Standards: Summary of Worldwide Engine Emission Standards." DieselNet. http://www.dieselnet.com/standards/. Accessed August 7, 2012.

6.8 Kalghatgi, G.T., Risberg, P., and Ångström, H.-E. 2006. "Advantages of a Fuel with High Resistance to Auto-ignition in Late-Injection, Low-Temperature, Compression Ignition Combustion." SAE Paper No. 2006-01-3385. SAE International, Warrendale PA.

6.9 Kalghatgi, G.T., Risberg, P., and Ångström, H.-E. 2007. "Partially Premixed Auto-ignition of Gasoline to Attain Low Smoke and Low

NOx at High Load in a Compression Ignition Engine and Comparison with a Diesel Fuel." SAE Paper No. 2007-01-0006. SAE International, Warrendale PA.

6.10 Kalghatgi, G.T., L. Hildingsson, B. Johansson. 2010. "Low NO$_x$ and Low Smoke Operation of a Diesel Engine Using Gasoline-Like Fuels." ASME Paper No. ICES2009-76034. *Journal of Engineering for Gas Turbines and Power* 132(9) doi: 10.1115/1.4000602.

6.11 Hildingsson, L., Kalghatgi, G., Tait, N., Johansson, B., and Harrison, A. 2009. "Fuel Octane Effects in the Partially Premixed Combustion Regime in Compression Ignition Engines." SAE Paper No. 2009-01-2648. SAE International, Warrendale PA.

6.12 Hildingsson, L. Johansson, B., Kalghatgi, G.T., and Harrison, A.J. 2010. "Some Effects of Fuel Autoignition Quality and Volatility in Premixed Compression Ignition Engines." SAE Paper No. 2010-01-0607. SAE International, Warrendale PA.

6.13 Kalghatgi, G.T., Hildingsson, L. Johansson, B., and Harrison, A.J. 2011. "Autoignition Quality of Gasolines in Partially Premixed Combustion in Diesel Engines." *Proceedings of the Combustion Institute* 33:3015–3021.

6.14 Kalghatgi, G.T., Hildingsson, L. Johansson, B., and Harrison, A.J. 2010. "Low-NOx, Low-Smoke Operation of a Diesel Engine Using "Premixed Enough" Compression Ignition—Effects of Fuel Autoignition Quality, Volatility and Aromatic Content." *THIESEL 2010, Thermo and Fluid Dynamic Processes in Diesel Engines, September 14–17, Valencia*, pp. 409–420.

6.15 Kalghatgi, G.T., Hildingsson, L., Harrison, A.J., L., and Johansson, B. 2011. "Surrogate Fuels for Premixed Combustion in Compression Ignition Engines." *International Journal of Engine Research* 12(5):452–465.

6.16 Kalghatgi, G.T., Gurubaran, K., Davenport, A., Taylor, A.M., Hardalupas, Y. 2013. "Some Advantages and Challenges of Running a Euro IV, V6 Diesel Engine on a Gasoline Fuel," *Fuel* 108:197–207.

6.17 Kalghatgi, G.T. 2005. "Auto-Ignition Quality of Practical Fuels and Implications for Fuel Requirements of Future SI and HCCI Engines." SAE Paper No. 2005-01-0239. SAE International, Warrendale, PA.

6.18 Heywood, J.B. 1988. Chaps. 10 and 11. In *Internal combustion engine fundamentals*. McGraw-Hill, New York.

6.19 Xue, H., and Aggarwal, S.K. 2003. "NOx Emissions in N-Heptane/Air Partially Premixed Flames." *Combustion and Flame* 132:723–741.

6.20 Colban, W.F., Miles, P.C., and Oh, S. 2007. "On the Cyclic Variability and Sources of Unburned Hydrocarbon Emissions in Low Temperature Diesel Combustion Systems." SAE Paper No. 2007-01-1837. SAE International, Warrendale, PA.

6.21 Opat, R., Ra, Y., Manuel, A., Gonzalez, D., Krieger, R., Reitz, R.D., Foster, D.E., Durrett, R.P., and Siewert, R.M. 2007. "Investigation of Mixing and Temperature Effects on HC/CO Emissions for Highly Dilute Low Temperature Combustion in a Light Duty Diesel Engine." SAE Paper No. 2007-01-0193. SAE International, Warrendale, PA.

6.22 Hochhauser, A.M. 2008. CRC Report E-84, "Review of Prior Studies of Fuel Effects on Vehicle Emissions." Coordinating Research Council, August 2008. http://www.crcao.com/reports/recentstudies2008/E-84/E-84%20Report%20Final,%20Aug%2014.pdf. Accessed January 28, 2013. Also published as "Review of Prior Studies of Fuel Effects on Vehicle Emissions." SAE Paper No. 2009-01-1181. SAE International, Warrendale, PA.

6.23 Farnell, R., and Riding, D. 2003. "Engine Noise," Chapter 20. In *Diesel Engine Reference Book*, edited by B. Challen and R. Baranescu, Elsevier Butterworth-Heinemann, Oxford.

6.24 Reinhart, T.E. 1987. "An Evaluation of Lucas Combustion Noise Meter on Cummins B Series Engines." SAE Paper No. 870952. SAE International, Warrendale, PA.

6.25 Chan, C.M.P., Moncrieff, I.D., and Pettitt, R.A. 1982. "Diesel Engine Combustion Noise with Alternative Fuels." SAE Paper No. 820236. SAE International, Warrendale, PA.

6.26 Zhang, L. 1999. "A Study of Pilot Injection in a DI Diesel Engine." SAE Paper No. 1999-01-3493. SAE International, Warrendale, PA.

6.27 Minami, T., Takeuchi, K., and Shimazaki, N. 1995. "Reduction of Diesel Engine NOx Using Pilot Injection." SAE Paper No. 950611. SAE International, Warrendale, PA.

6.28 Ickes, A.M., Bohac, S.V., and Assanis, D.N. 2009. "Effect of Fuel Cetane Number on a Premixed Diesel Combustion Mode." *International Journal of Engine Research* 10:251.

6.29 Risberg, P., Kalghatgi, G.T., and Ångström, H.-E. 2005. "Autoignition Quality of Diesel-Like Fuels in HCCI Engines." SAE Paper No 2005-01-2127. SAE International, Warrendale, PA.

6.30 Li, T., Moriwaki, R., Ogawa, H., Kakizaki, R., and Murase, M. 2012.

"Dependence of Premixed Low-Temperature Diesel Combustion on Fuel Ignitability and Volatility." *International Journal of Engine Research* 13:14.

6.31 Schleyer, C.H., Duffy, K.P., Liechty, M.P., Hardy, W.L., and Bessonette, P.W. 2007. "Effects of Fuel Property Changes on Heavy Duty HCCI Combustion." SAE Paper No. 2007-01-0191. SAE International, Warrendale, PA.

6.32 Yun, H., Sellnau, M., Milovanovic, N., and Zuelch, S. 2008. "Development of Premixed Low-Temperature Diesel Combustion in a HSDI Diesel Engine." SAE Paper No. 2008-01-0639. SAE International, Warrendale, PA.

6.33 Siebers, D., and Higgins, B. 2001. "Flame Lift-Off on Direct-Injection Diesel Sprays Under Quiescent Conditions." SAE Paper No. 2001-01-0530. SAE International, Warrendale, PA.

6.34 Pickett, L., Siebers, D., and Idicheria, C. 2005. "Relationship between Ignition Processes and the Lift-Off Length of Diesel Fuel Jets." SAE Paper No. 2005-01-3843. SAE International, Warrendale, PA.

6.35 Mueller, C., Pitz, W., Pickett, L., Martin, G., et al. 2003. "Effects of Oxygenates on Soot Processes in DI Diesel Engines: Experiments and Numerical Simulations." SAE Paper No. 2003-01-1791. SAE International, Warrendale, PA.

6.36 Miyamoto, N., Ogawa, H., Nurun, N., Obata, K., and Arima, T. 1998. "Smokeless, Low NOx, High Thermal Efficiency, and Low Noise Diesel Combustion with Oxygenated Agents as Main Fuel." SAE Paper No. 980506. SAE International, Warrendale, PA.

6.37 Choi, C.Y., and Reitz, R.D. 1999. "An Experimental Study on the Effects of Oxygenated Fuel Blends and Multiple Injection Strategies on DI Diesel Engine Emissions." *Fuel* 78: 1303–1317.

6.38 González D., M., Piel, W., Asmus, T., Clark, W., et al. 2001. "Oxygenates Screening for Advanced Petroleum-Based Diesel Fuels: Part 2. The Effect of Oxygenate Blending Compounds on Exhaust Emissions." SAE Paper No. 2001-01-3632. SAE International, Warrendale, PA.

6.39 Sienicki, E., Jass, R., Slodowske, W., McCarthy, C., et al. 1990. "Diesel Fuel Aromatic and Cetane Number Effects on Combustion and Emissions from a Prototype 1991 Diesel Engine." SAE Paper No. 902172. SAE International, Warrendale, PA.

6.40 Yanagihara, H., Sato, Y., and Mizuta, J. 1996. "A Simultaneous Reduction in NOx and Soot in Diesel Engines Under a New Combustion System

(Uniform Bulky Combustion System—UNIBUS)." *17th International Vienna Motor Symposium*, pp. 303–314.

6.41　Hasegawa, R., and Yanagihara, H. 2003. "HCCI Combustion in DI Diesel Engine." SAE Paper No. 2003-01-0745. SAE International, Warrendale, PA.

6.42　Kimura, S., Osama, A., Ogama, H., Muranaka, S. 1999. "New Combustion Concept for Ultra-Clean and High-Efficiency Small DI Diesel Engines." SAE Paper No. 1999-01-3681. SAE International, Warrendale, PA.

6.43　Kimura, S., Osamu, A., Kitahara, Y., and Aiyoshizawa, E. 2001. "Ultra-Clean Combustion Technology Combining a Low Temperature and Premixed Combustion Concept for Meeting Future Emission Standards." SAE Paper No. 2001-01-0200. SAE International, Warrendale, PA.

6.44　Kimura, S., Ogawa, H., Matsui, Y., and Enomoto, Y. 2002. "an Experimental Analysis of Low Temperature and Premixed Combustion for Simultaneous Reduction of NOx and Particulate Emissions in Direct Injection Diesel Engines." *International Journal of Engine Research* 3/4:249–259.

6.45　Hashizume, T., Miyamoto, T., Akagawa, H., and Tsujimura, K. 1998. "Combustion and Emission Characteristics of Multiple Stage Diesel Combustion." SAE Paper No. 980505. SAE International, Warrendale, PA.

6.46　Mueller, C.J., Martin, G.C., Briggs, T.E., and Duffy, K.P. 2004. "An Experimental Investigation of in-Cylinder Processes Under Dual-Injection Conditions in a DI Diesel Engine." SAE Paper No. 2004-01-1843. SAE International, Warrendale, PA.

6.47　Dronniou, N., Lejeune, M., Balloul, I., and Higelin, P. 2005. "Combination of High EGR Rates and Multiple Injection Strategies to Reduce Pollutant Emissions." SAE Paper No. 2005-01-3726. SAE International, Warrendale, PA.

6.48　Keeler, B., and Shayler, P. 2008. "Constraints on Fuel Injection and EGR Strategies for Diesel PCCI-Type Combustion," SAE Paper No. 2008-01-1327. SAE International, Warrendale, PA.

6.49　Manente, V., Johansson, B., and Tunestål, P. 2009. "Partially Premixed Combustion at High Load using Gasoline and Ethanol, a Comparison with Diesel." SAE Paper No. 2009-01-0944. SAE International, Warrendale, PA.

6.50　Manente, V., Johansson, B., Tunestål, P., Canella, W. 2009. "Effects of Different Types of Gasoline Fuels on Heavy Duty Partially Premixed

Combustion." SAE Paper No. 2009-01-2668. SAE International, Warrendale, PA.

6.51 Manente, V., Johansson, B., and Canella, W. 2011. "Gasoline Partially Premixed Combustion, the Future of Internal Combustion Engines?" *International Journal of Engine Research* 12:194–208.

6.52 Hanson, R., Splitter, D., and Reitz, R. 2009. "Operating a Heavy-Duty Direct-Injection Compression-Ignition Engine with Gasoline for Low Emissions." SAE Paper No. 2009-01-1442. SAE International, Warrendale, PA.

6.53 Cracknell, R.J., Rickeard, D.J., Ariztegui, J., Rose, K.D., Meuther, M., Lamping, M., and Kolbeck, A. 2008. "Advanced Combustion for Low Emissions and High Efficiency. Part 2: Impact of Fuel Properties on HCCI Combustion." SAE Paper No. 2008-01-2404. SAE International, Warrendale, PA.

6.54 Sellnau, M., Sinnamon, J., Hoyer, K., and Husted, H. 2011. "Gasoline Direct Injection Compression Ignition (GDCI)—Diesel-Like Efficiency with Low CO_2 Emissions." SAE Paper No. 2011-01-1386. SAE International, Warrendale, PA.

6.55 Sellnau, M.C., Sinnamon, J., Hoyer, K., Husted, H. 2012. "Full-Time Gasoline Direct-Injection Compression Ignition (GDCI) for High Efficiency and Low NOx and PM." SAE Paper No. 2012-01-0384. SAE International, Warrendale, PA.

6.56 Ra, Y., Loeper, P., Reitz, R., Andrie, M., et al. 2011. "Study of High Speed Gasoline Direct Injection Compression Ignition (GDICI) Engine Operation in the LTC Regime." *SAE International Journal of Engines* 4(1):1412–1430.

6.57 Borgqvist, P., Tunestal, P., and Johansson, B. 2012. "Gasoline Partially Premixed Combustion in a Light Duty Engine at Low Load and Idle Operating Conditions." SAE Paper 2012-01-0687. SAE International, Warrendale, PA.

6.58 Weall, A.J., and Collings, N. 2009. "Gasoline Fuelled Partially Premixed Compression Ignition in a Light Duty Multi Cylinder Engine: A Study of Low Load and Low Speed Operation." SAE Paper No. 2009-01-1791. SAE International, Warrendale, PA.

6.59 Ra, Y., Loeper, P., Andrie, M., Krieger, R., et al. 2012. "Gasoline DICI Engine Operation in the LTC Regime Using Triple-Pulse Injection." *SAE International Journal of Engines* 5(3).

6.60 Chang, J., Viollet, Y., Amer, A., and Kalghatgi, G. 2012. "Enabling High Efficiency Direct Injection Engine with Naphtha Fuel through Partially Premixed Compression Ignition Combustion." SAE Paper No. 2012-01-0677. SAE International, Warrendale, PA.

6.61 Weall, A.J., and Collings, N. 2007. "Investigation into Partially Premixed Combustion in a Light Duty Multi Cylinder Diesel Engine Fuelled with a Mixture of Gasoline and Diesel." SAE Paper No. 2007-01-4058. SAE International, Warrendale, PA.

6.62 Won, H-W, Peters, N., Tait, N., and Kalghatgi, G.T. 2012. "Sufficiently Premixed Compression Ignition of a Gasoline-Like Fuel Using Three Different Nozzles in a Diesel Engine." *Proceedings of the Institution of Mechanical Engineers Part D: Journal of Automobile Engineering* 226(5):698–708.

6.63 Won, H-W, Pitsch, H., Tait, N., and Kalghatgi, G.T. 2012 "Some Effects of Gasoline and Diesel Mixtures on Partially Premixed Combustion and Comparison with Practical Fuels, Gasoline and Diesel, in a Diesel Engine." *Proceedings of the Institution of Mechanical Engineers Part D: Journal of Automobile Engineering* 226(9):1259–1270.

6.64 Fan Zhang, F., Hongming Xu, Rezaei, S.Z., Kalghatgi, G., and Shi-jin Shuai. 2012. "Combustion and Emission Characteristics of a PPCI Engine Fuelled with Dieseline." SAE Paper No. 2012-01-1138. SAE International, Warrendale, PA.

6.65 Splitter, D., Reitz, R., and Hanson, R. 2010. "High Efficiency, Low Emissions RCCI Combustion by Use of a Fuel Additive." *SAE International Journal of Fuels and Lubricants* 3(2):742–756.

6.66 Kokjohn, S., Hanson, R., Splitter, D., Kaddatz, J., et al. 2011. "Fuel Reactivity Controlled Compression Ignition (RCCI) Combustion in Light- and Heavy-Duty Engines." *SAE International Journal of Engines* 4(1):360–374.

6.67 Splitter, D., Hanson, R., Kokjohn, S., and Reitz, R. 2011. "Reactivity Controlled Compression Ignition (RCCI) Heavy-Duty Engine Operation at Mid-and High-Loads with Conventional and Alternative Fuels." SAE Paper No. 2011-01-0363. SAE International, Warrendale, PA.

6.68 Hanson, R., Kokjohn, S., Splitter, D., and Reitz, R. 2011. "Fuel Effects on Reactivity Controlled Compression Ignition (RCCI) Combustion at Low Load." *SAE International Journal of Engines* 4(1):394–411

6.69 Kokjohn, S.L., Hanson, R.M., Splitter, D.A., and Reitz, R.D. 2011. "Fuel

Reactivity Controlled Compression Ignition (RCCI): A Pathway to Controlled High-Efficiency Clean Combustion." *International Journal of Engine Research* 12:209–226.

6.70 Kaddatz, J., Andrie, M., Reitz, R., and Kokjohn, S. 2012. "Light-Duty Reactivity Controlled Compression Ignition Combustion Using a Cetane Improver." SAE Technical Paper No. 2012-01-1110. SAE International, Warrendale, PA.

6.71 Nieman, D.E., Dempsey, A.B., and Reitz, R. 2012. "Heavy-Duty RCCI Operation Using Natural Gas and Diesel." SAE Paper No. 2012-01-0379. SAE International, Warrendale, PA.

6.72 Srinivasan, K.K., Krishnan, S.R., et al. 2006. "The Advanced Injection Low Pilot Ignited Natural Gas Engine: A Combustion Analysis." *Journal of Engineering for Gas Turbines and Power* 128:213.

6.73 Dempsey, A., and Reitz, R. 2011. "Computational Optimization of a Heavy-Duty Compression Ignition Engine Fueled with Conventional Gasoline." *SAE International Journal of Engines* 4(1):338–359.

6.74 Bhave, A., Coble, A., Mossbach, S., Kraft, M., Morgan, N., and Kalghatgi, G. 2011. "Simulating PM Emissions and Combustion Stability in Gasoline/Diesel Fuelled Engines." SAE Paper No. 2011-01-1184. SAE International, Warrendale, PA.

6.75 Krishnan, S.R., and Srinivasan, K.K. 2010. "Multi-Zone Modelling of Partially Premixed Low-Temperature Combustion in Pilot-Ignited Natural-Gas Engines." *Proceedings of the Institution of Mechanical Engineers, Part D: Journal of Automobile Engineering* 224(12):1597–1622.

6.76 Morgan, N., Smallbone, A., Bhave, A., Kraft, M., Cracknell, R., and Kalghatgi, G. 2010. "Mapping Surrogate Gasoline Compositions into RON/MON Space." *Combustion and Flame* 157:1122–1113.

6.77 "DiesOtto." Wikipedia. http://en.wikipedia.org/wiki/DiesOtto. Accessed July 1, 2012.

第7章 未来运输燃料

现在全球约95%的运输能源是由石油制成的液体燃料供应，且未来石油将继续成为运输行业的主要能源。全球对运输燃料的年需求量很大，即使生物燃料等替代燃料的供应可能增加，但它们替代传统石油基燃料的能力还是很有限的。对运输以及运输燃料的需求正在迅速增加，这主要是由非经合组织国家的增长所推动的。然而，这种需求的增长将非常偏向于商业运输（第1章）。目前，乘用车部门主要是使用燃烧汽油的火花点火（SI）发动机，而商业公路运输和海运部门主要是使用燃烧柴油的柴油发动机。如果这种状况没有改变，柴油燃料的需求预计将增加85%，而到2040年汽油需求量将比2010年预计下降10%[1]。为了使未来的燃料需求和供应保持平衡，燃料制造需要获得投资。同时，未来的压燃式发动机都将需要广泛使用除当前柴油燃料之外的燃料，例如，质量差的汽油（比如石脑油）、CNG（压缩天然气）和GTL（气体–液体）燃料。

如第4章、第5章和第6章所述，发动机技术也在发生变化，这将影响未来发动机的燃油需求。SI发动机相比较于相同排量的柴油发动机，其效率更低[2]，因此每千米行驶里程的 CO_2 排放量将更高。然而，柴油发动机会额外产生 NO_x 和颗粒物质（PM）排放，因为燃料和空气在燃烧之前没有很好地混合。控制这些柴油机排放变得越来越重要，但是也越来越困难。与相同排量的SI发动机相比，已经开发的后处理技术增加了柴油发动机的额外成本，这使发动机昂贵很多，并且这些技术可能降低发动机的效率。SI发动机的主要发展趋势是旨在提高其效率，而对于柴油发动机，目标是在控制成本的同时降低其颗粒和 NO_x 排放而不损害其效率。

7.1 SI 发动机发展趋势对燃料的影响

如第4章所述，燃油效率总是受到SI发动机爆燃的限制，任何提高效率的尝试都会增加爆燃发生的可能性。通过使用具有更高抗爆性的燃料能实现更高的效率，这可由辛烷指数描述

$$OI = (1 - K) \, RON + K MON = RON - KS$$

其中RON和MON是研究法辛烷值和马达法辛烷值（第2章），K 是常数，取决于气缸中燃料/空气混合气的压力和温度变化过程，S 是敏感性（RON – MON）。此

外，这些提高效率和功率密度的方法都增加了给定混合物温度下气缸中的压力，并且在给定温度下随着压力的增加，非链烷烃燃料变得相对更耐爆燃。辛烷值所基于的基础燃料是两种链烷烃（异辛烷和正庚烷）的混合物；实际燃料中含有许多非链烷烃组分。结果是，在给定 RON 的现代发动机中，较低的 MON 燃料具有更好的抗爆性能——现代发动机具有负的 K 值。提高效率的方法，例如小型化和涡轮增压，可以确保 K 值在这种发动机中是负的（第 4 章）。因此，SI 发动机的未来燃料需要尽可能与链烷烃燃料不同。在实际汽油中提高 RON 以及敏感性的主要来源是芳烃、烯烃、含氧化合物［如 MTBE（甲基叔丁基醚）］和乙醇。然而，如第 1 章所述，乙醇还存在相关的其他问题。甲醇也具有良好的抗爆性能，如果其处理和分配相关的问题能得到解决，甲醇可能成为未来燃料的重要组成部分。其他重要的燃料组分是芳烃（如甲苯）和烯烃［如二异丁烯（异辛烯）］。MTBE 也是一种具有高抗爆性能的优质燃料成分，但由于担心地下水污染问题，其近年来的使用量已大大减少[3]。

7.1.1 抗爆性能要求

燃料的制造旨在满足燃料规格要求。这些规格首先是必需的，并在必要时需要适当地确保发动机获得合适的燃料。在世界上许多地方，燃料要求的设定是基于 MON 有助于燃料的抗爆性能这一假设。因此，在欧洲，MON 的最低要求为 85，而在美国则规定的抗爆性能定义为（RON + MON）/2，这相当于假设车辆平均 K 值为 +0.5。这些要求是基于 MON 确实发挥作用这一假设的，但在效率更高的现代发动机中，情况不再如此。现代发动机在辛烷值要求高的运行条件下具有负的 K 值，因此对于给定的 RON，较低的 MON 燃料具有较高的抗爆性能，并且随着发动机对提高效率的不断探索，这种趋势将会继续下去，如第 4 章所述。在一些发动机中，当爆燃不太可能发生并且辛烷值要求低（例如，在高转速下）时，K 的值可能是正的。如果两种不同敏感性的燃料，在 K 为正的条件下满足发动机的辛烷值要求，那么当 K 为负值且抗爆性能更加重要时，敏感性更高的燃料将更接近满足发动机的高辛烷值要求，如第 4 章所述。

在世界上许多地方，汽油抗爆性能规格与当前和未来发动机在更可能发生爆燃的要求上不太一致，并且更多的努力和精力用在了制造可能不太适合现代发动机的燃料。例如，在欧洲，如果将 MON 规格降低至 84（RON 为 95）或甚至是废除，炼油厂可能会变得更加灵活，能耗更低。而且，汽油在现代和未来的发动机中将具有更高的抗爆性能，使它们能够发挥更多的潜力。当前辛烷值规格可能导致以较高成本制造不适当的燃料组分的另一个例子是 MTBE 装置的转型。在世界许多地区禁止使用 MTBE 后，MTBE 装置已经转化为生产 MON 为 100 的异辛烷[4]。但是，作为这个过程中一种中间产品的异辛烯或二异丁烯，其制造成本更低，并且与异辛烷相比具有更高的混合 RON，以及更低的混合 MON（更高的敏感性）。因此，与异辛烷相比，它在现代发动机中具有更好的抗爆性能。与 MTBE 相比，异辛烯也具有更高的能量密度,并且不会增加 RVP(瑞德蒸气压,参见第 2 章)。有些人担心像异辛烯这样的烯烃燃料可能会导致稳定性或喷射器沉积等问题(见第 2 章和第 3 章)。但是,对于线性非共轭烯烃,这些问题是不存在的[5,6];但如果将异辛烯用作主要的汽油组分,则需要对其进行适当的评估。

目前,因为很难在包括立法机构在内的若干利益攸关方之间达成共识,所以社会上没有太大的兴趣去改变燃料抗爆性能的指定方式或已制定的规范标准。汽车制造商通过使用爆燃传感器来处理燃料抗爆性能的偶然不足,并且容忍一些功率和性能的损失以避免爆燃。燃料制造商已经在他们的炼油厂做出投资以满足 MON 的要求(例如,通过建立烷基化装置)。然而,随着发动机对于提高效率的探索,燃料规格和发动机要求之间的这种不匹配只会越来越大,亟待解决。

有趣的是推测这个问题如何在将来得到解决。请记住,设置的最低性能要求(例如 RON 和 MON 的下限),以及如何描述燃料的抗爆性能(例如 K 值)都很重要。一种方法可能是假设车辆的平均 K 值,例如 -0.5,然后在 OI 上设定标准。因此标准可能会被修改为:对于定义为($1.5RON - 0.5MON$)的 OI,最小的 OI 需求值是 100。目前 RON 为 95,MON 为 85 的欧洲燃料可以满足这一要求,但同样满足这一要求的 RON 为 94.5,MON 为 83.5 的燃料将含有更高比例的高敏感组分,如烯烃、芳烃和含氧化合物。世界上有许多地方,例如日本和中国,那里的燃料抗爆性能仅由 RON 确定(即假设 K 为零),并且实际上这可能是可接受的折中选择。当然,在这种情况下,设置额外的 MON 规范将是倒退行为。当然还有其他的问题,例如是否应该提高最低的 OI 要求,以及应达到什么水平。爆燃限制动力,爆燃限制燃油效率,以及通过小型化提高效率这种潜力的增加不会随着 OI 增加而无限增加[7]——随着 OI 的增加,收益递减。提高燃料抗爆性能还可能需要使用更多的能源来制造燃料。为了评估通过提高燃料抗爆性能和小型化所产生能耗的真正效益,需要进行合适的"油井到车轮"的分析。

7.1.2　其他燃料规格

其他的燃料规格增加了炼油厂制造具有高抗爆性能的燃料的难度。例如,在欧洲和美国的汽油中,芳烃质量分数限制在 35%(第 2 章)。由于芳烃是高 RON 以及高敏感性的来源,因此过低的芳烃含量使得高抗爆性能难以实现。在 20 世纪 80 年代和 90 年代的汽车—石油联合工业试验之后,这些限制减少了苯的排放(第 2 章)。然而,从那时起,发动机和催化剂已经得到显著改善,并且现代发动机的尾气排放对燃料的芳烃含量不是非常敏感。如果放宽其中的一些要求,高抗爆性燃料制造过程中的能耗和 CO_2 排放可能会因炼油厂的灵活性增加而降低。随着发动机和催化剂的发展,燃料对排放和效率的影响也将发生变化。重要的是要有一个考虑到制造燃料的能源和 CO_2 成本的合理的燃料规格。例如,现在很清楚,燃料中硫和苯的含量,沉积物的形成和挥发性特征是重要的,需要加以控制,但需要重新评估抗爆性能，并且由于发动机和后处理系统的变化，可能需要重新考虑芳烃的要求。汽车和石油行业，监管机构和其他利益相关方必须继续进行讨论，以确保未来的燃料满足未来发动机的要求，同时最大限度地减少燃料制造中的浪费。

7.2 压燃式发动机发展趋势对燃料的影响

压燃式（CI）发动机的主要发展趋势，是在不影响效率和不增加成本的情况下，减少 NO_x 和炭烟排放。HCCI（均质压燃）燃烧（第 4 章）可以在非常低的负荷下实现这一结果，但即使这样，HCCI 也难以控制，因为缺少燃烧相位的循环内控制。因此，HCCI 发动机不太可能适合于实际运输应用，并且现在可用的唯一的实际 CI 发动机是使用常规柴油燃料（CN40～60）的柴油发动机。如果使用具有短滞燃期的传统柴油燃料，那么在柴油发动机中同时降低 NO_x 和炭烟排放将变得非常困难。如第 6 章所述，GCI（汽油压燃）方法（在柴油发动机中使用类汽油燃料）可提供相对便宜但高效的发动机和后处理系统，并具有可接受的排放。此外，所需的燃料可能需要具有比现在的汽油更低的辛烷值（70～85RON），并且可能含有柴油沸程内的组分。实际上，由于未来预期需求向商业运输倾斜，直馏汽油将来可能很容易获得，它的辛烷值接近该范围（70～85RON），在上述发动机上很少或不需升级就可以使用。

从短期来看，例如到 2020 年，柴油燃料（CN ＞ 40）将会继续应用于 CI 发动机中，因为所有原始设备制造商（OEM）都为这类系统的发动机和后处理技术的开发进行了大量投资。但是，他们会尝试尽可能多地使用 PCI（预混压燃）燃烧，并且必须使用更高的喷射压力（第 6 章）。这种系统将继续在高负荷下使用非预混燃烧。他们还必须广泛使用后处理设备来满足日益严格的 NO_x 和颗粒物排放标准，这将会增加发动机的成本，并且降低发动机的效率（例如，为了实现柴油颗粒捕集器的再生，需使用额外的燃料，或者为了增加滞燃期而降低压缩比）。在这种情况下，高十六烷值柴油可能在低负荷下降低噪声方面具有优势，因为它更容易发生扩散燃烧。较高的十六烷也将缓解由于降低压缩比导致的冷起动问题。此外，非预混燃烧不可避免的会导致颗粒物排放问题，而没有硫和芳烃的 GTL 燃料在颗粒物排放方面会有优势。

从长远来看，比如说在 2030 年之后，CI 发动机将可以使用 RON 在 70～85 范围内的低品质汽油，并且对挥发性没有严格的要求。很难预测短期和长期情景之间的转变，因为这将取决于 OEM 采用的发展战略。但是，GCI 发动机最初不得不使用现有燃料，尽管正在开发完全使用市售汽油的系统，例如美国正在开发（RON + MON)/2 值为 87 的汽油（第 6 章），如果使用单燃料 GCI 策略，这个概念的合适燃料可以是 90% 质量分数欧洲优质汽油（95RON）+ 10% 质量分数欧洲柴油（52 CN）。即使在双燃料活性控制压燃（RCCI）概念（第 6 章）中，大约 90% 质量分数的燃料也都是汽油。这两个概念，即在炼油厂升级汽油和柴油，然后在车辆上降级燃油，从长远来看是不可持续的。最终，燃料制造商必须为这种发动机制造和分配合适燃料，而生产这种燃料所需的加工处理工序少，能量需要也较少。

7.3　本章小结

随着高效率 SI 发动机的开发的推进，爆燃将变得更加可能。具有高抗爆性、高 RON 且低 MON 的燃料，将使未来的 SI 发动机能够充分发挥其潜力。在世界上许多地方，燃料抗爆要求是在假设较高的 MON 有助于提高抗爆性的基础上设定的。这些规格与现代发动机的燃料要求不一致，使得满足未来发动机的燃料需求变得更加困难。由于规格和要求之间的不匹配逐渐扩大，因此需要修改规范。在没有 MON 规范的国家，引入该规范将是一个倒退的政策。如第 4 章所述，可以开发一种新的评级方法，用于对汽油燃料的自燃特性进行排序。其他燃料规范（例如芳烃的限制）使得炼油厂难以生产具有高抗爆性能的燃料。在具有现代后处理系统的现代发动机中，可能不需要使用这些控制尾气排放的燃料规范。各利益相关方之间应该继续进行对话，以确保开发适合现代发动机的合理燃料规范，同时避免燃料加工中为满足不必要的规范，所导致的不必要的能源消耗。例如，关于硫、苯、挥发性和沉积物控制的现有汽油规范是必要且重要的，但是其他的规范可能需要进行相应修改。乙醇等替代燃料在提高未来燃料的抗爆性能方面发挥着重要作用。但是，乙醇还可能增加小型涡轮增压发动机早燃的可能性。考虑到增加的抗爆性能超过一定限度会带来收益递减。例如，RON 为 103，含有足够高抗爆性能的乙醇燃料，应该能够最大限度地降低早燃的机会。事实上，尽管乙醇可能使得早燃概率增加，但是由于其较高的自燃抵抗力，最终可能会降低引起超级爆震的早燃发生的可能性。这些是需要进一步研究的领域。此外，控制沉积物等其他要求将继续占有重要地位，特别是随着直喷使用的增加（第 3 章）。与旧式进气道燃料喷射发动机（PFI）相比，直喷火花塞点火（DISI）发动机中的喷油器沉积物的控制会带来不同的挑战。在未来，随着 SI 发动机的开发到达极限，从燃料配方中获得效率和性能提升将变得非常重要。需要做很多工作来量化这些小的收益，并为未来的 SI 发动机优化燃料。还需要基于"油井—车轮"情景下，评估汽油制造和成分的任何变化所带来的整体效益。

在短期内，柴油发动机将继续使用传统的柴油燃料，因为大多数发动机制造商对传统柴油发动机和催化剂技术进行了大量投资。然而，从长远来看，CI 发动机很可能使用在汽油自燃范围内（RON > 60）的燃料，但 RON 低于今天的汽油，并且对挥发性没有严格的要求。与现今的燃料相比，这种燃料在炼油厂需要的处理更少，并且更容易制造。此外，预计未来相对丰富的轻质馏分（如石脑油）可用于制造这些燃料，这几乎不需要深度加工过程。这样的发动机燃料系统至少与今天的柴油发动机一样有效，但明显会更便宜。在像中国这样对传统柴油机技术有执念和投资较弱的国家，开发此类 GCI 发动机的障碍可能较少。

人们可以想象一个长期的未来，其中大多数（60%）的发动机是 GCI 发动机，因为它们的效率高，使用的汽油燃料 RON（70～80）较低，而且与今天的汽油相比挥发性更低。其余发动机将是需要高 RON 且优选低 MON 汽油的 SI 发动机，乙醇在制造这种燃料方面非常重要。其他成分如异辛烯（二异丁烯）甚至甲醇，如果解决其实际应用的问题，他们可能也会很重要。需要更多的石油来满足全球对运输能源日益增长的需求，因此需要更强的炼油能力。然而，在这种情况下，这些未来的炼油厂需要比今天的普通炼油厂更加简单。由于全球需求增长倾向于商业运输，石脑油很容易获得，可用在辛烷值方面几乎不需升级的 GCI 发动机上。原油中较重的末端成分需要裂解，使其进入柴油沸程内，但与现在的做法相比，辛烷值或十六烷值的提升要求较少，并且可用于 GCI 发动机。常用成分将用于制造 SI 和 GCI 发动机的燃料，使炼油厂更加灵活。生物柴油目前的十六烷值超过 50，在这种情况下的作用非常有限。在向远景过渡期间，GCI 发动机将需要使用现有燃料作为汽油和柴油的混合燃料，或者使用 RCCI 等桥接技术（第 6 章）。

从中期来看，需要结合法案和行动以确保运输燃料需求与燃料制造保持平衡。当然，这无疑会受到市场的影响。即使为了满足日益严格的 NO_x 和颗粒物排放要求，使用传统柴油燃料的柴油发动机变得更加昂贵和复杂，也必须在全球炼油厂进行投资，以便将产品的重心转向更重组分的燃料，如柴油和航空煤油。与此同时，高效 CI 发动机将需要从使用传统柴油转向使用低质量汽油、CNG 和 GTL 等替代品。因此，由提高 SI 发动机的效率和减少柴油发动机 NO_x 和颗粒物排放的需要，所驱动的运输能量需求和发动机技术的变化，可能对未来燃料的性质、规格和生产产生深远影响。

7.4 参考文献

7.1 "2012 The Energy Outlook for Energy: A View to 2040." ExxonMobil. http://www.exxonmobil.co.uk/corporate/files/news_pub_eo2012.pdf. Accessed June 11, 2013.

7.2 Stone, R. 1999. Chapter 2. In *Introduction to Internal Combustion Engines*. SAE International, Warrendale PA.

7.3 "Methyl Tertiary Butyl Ether (MTBE): Drinking Water." U.S. EPA, http://www.epa.gov/mtbe/water.htm. Accessed August 13, 2012.

7.4 "MTBE Units Expansion/Conversion." CDTECH. http://www.cdtech.com/updates/Publications/Refining%20Papers/MTBE%20Unit%20Expansion-Conversion.pdf. Accessed August 13, 2012.

7.5　Pereira, R.C.C., and Pasa, V.M.D. 2006. "Effect of Mono-Olefins and Diolefins on the Stability of Automotive Gasoline." *Fuel* 85:1860–1865.

7.6　Pentkainen, J., Rantanen, L., and Aakko, P. 2004. "Effect of Heavy Olefins and Ethanol on Gasoline Emissions." SAE Paper No. 2004-01-2003. SAE International, Warrendale, PA.

7.7　Amer, A., Babiker, H., Chang, J., Kalghatgi, G., Adomeit, P., Brassat, A., and Guenther, M. 2012. "Fuel Effects on Knock in a Highly Boosted Direct Injection Spark Ignition Engine." SAE Paper No. 2012-01-1634. SAE International, Warrendale PA.

作者简介

高塔姆·卡尔加特吉（**Gautam Kalghatgi**），在英国与壳牌研究公司合作31年后，于2010年加入沙特石油公司。他是伦敦帝国理工学院的客座教授，曾任瑞典皇家理工学院、埃因霍芬理工大学和谢菲尔德大学的兼职客座教授。他获得孟买理工学院学士学位、布里斯托大学航空工程博士学位，在南安普顿大学完成湍流燃烧博士后研究。

译者简介

李孟良，湖北蕲春人，中国汽车技术研究中心有限公司教授级高级工程师，汽车排放节能研究领域资深首席专家。主要研究方向为车辆排放控制技术及其测试评价研究、车辆排放与油品关系研究、燃料与润滑油添加剂研究。获国家/省部级奖项二等奖6项、三等奖5项，国家/地方标准16项，发表核心论文篇几十篇，发明专利多项。社会兼职主要有中国汽车工程学会汽车环境保护技术分会秘书长、中国石油燃料和润滑剂标准化分技术委员会委员、全国内燃机标准化技术委员会排放测量与后处理分技术委员会副主任委员、发动机润滑油中国标准开发创新联盟特聘专家。

银增辉，河南漯河人，天津大学博士、博士后，中国汽车技术研究中心有限公司高级工程师，发动机润滑油中国标准开发创新联盟工作组副组长，"中国心"十佳发动机评选专家评委。主要研究方向为汽车油品测评与应用技术。近年来，主持或参与国家863子课题、国家重点自然科学基金项目以及省部级项目8项，发表SCI、EI检索论文22篇，国际会议大会报告5次，获国家发明、实用新型专利25项，参与编写专著2部，制修订国家、行业、地方标准6项。

潜心能源科技
承载环保动力

瑞孚恒标能源（大连）有限公司是专业从事法规基准燃料研发、生产和销售的高新技术企业。公司从成立至今，已有十余载，并一直本着"恒于品质、基于创新、至于信誉、准于精工"的企业理念，坚定不移地立足中国基准燃料领域，以用户需求为出发点，以为客户提供优质产品和服务为目标，并通过自主创新，推动中国基准燃料事业发展，实现环保减排科技产业升级。

推动中国特种燃料事业发展
实现环保减排科技产业升级

Promote the development of China's specialty fuel industry Realize environmental protection and emission reduction technology industry upgrade

优质产品 卓越性能
HIGH-QUALITY PRODUCTS, EXCELLENT PERFORMANCE

01. 中国法规检测基准油
公司以中国排放法规为依据，根据国内炼化水平和油品组成特质，研发具有良好指标稳定性的基准汽柴油。

02. 客户定制特种燃料
公司将客户研发需求放在首位，满足客户开发过程中特种燃料需求，并提供从生产到物流的一站式服务。

03.其他用油和燃料
公司与相关燃料商合作，生产的初装油、摩托车和赛车燃料、航空航天燃料不仅能适应不同气候和仓储条件下产生的诸多问题，而且具有高辛烷值、高氧含量特点，还可以使涡轮增压发动机性能发挥更佳。

全方位燃料服务
FULL RANGE OF FUEL SERVICES

01. 燃料调和服务
公司拥有多家石油院校和炼油机构技术专家，和众多炼油厂合作，并与相关实验室合作，利用丰富的油品组分，针对客户实验项目的特殊指标要求，提供丰富的燃料调和服务。

02. 燃料物流服务
公司物流网络四通八达，运输网络覆盖全国，还可提供海外燃料进出口服务；对单一品种定制燃料，可提供存储服务。

 400-013-9091　　以需求为中心，以创新和品质为本

CHANGXIN 长信万林 TECHNOLOGY

北京长信万林科技有限公司

地址 | ADDRESS 北京市海淀区西直门北大街32号枫蓝国际中心A写字楼1501室
电话 | PHONE +86 10 62271767
邮箱 | MAIL cxwl@ccmaz.com
网址 | WEBSITE http://www.ccmaz.com

清净 Clean

促燃 Promote

节油 Fuel Saving

减排 Emission Reduction

☑ 公司简介 About Us

- ⊘ 2004年在北京成立，注册资本900万美元。
- ⊘ 长期致力于燃油添加剂的高端研究和深度开发。为国内外交通运输及领域相关行业提供清净、促燃、节油和减排的燃油添加剂。
- ⊘ 研制出具有显著节油、减排功效的MAZ燃油清净增效技术系列产品，促进提升燃油质量，节油、降碳、减排。MAZ技术取得国家发明专利，获得科学技术进步奖，通过EPA认证。
- ⊘ MAZ技术是国家主管部门发布《绿色技术推广目录（2020年）》节能环保产业的首项推荐技术—基于燃烧和润滑性能提升的车用燃油清净增效技术。
- ⊘ 荣获中国汽车燃油清净增效剂(CAFAC)认证。

MAZ汽油添加剂系列

促进燃烧，增加动力，减少油耗，清除沉积物，减少污染物排放。

MAZ柴油添加剂系列

提高着火性能，改善燃烧，清除积炭，降低油耗和排放。

MAZ重油添加剂系列

改善油质，促进燃烧，清除积炭，增强动力，降低油耗和排放。

▨ 证书 Certificates

发明专利

科学技术进步奖

CAFAC认证

中国环境标志认证

美国环保署认证

发明专利

道骐"铨能环"是道骐科技遵循"让能量利用更高效"的品牌理念所研发的新一代润滑技术。道骐"铨能环"技术打破了传统润滑油行业只求保护和单一保护的固有思维,在增强润滑油分子的结构牢固性和增强添加剂的活跃性方面实现了双重突破,并将两种突破进行了大胆的技术整合,从而达到合磁锁护,循环保护的目的,使润滑效果更持久,并促进发动机内部的能量转换更充分,使发动机运行更节能,更环保。

道骐DQ1 酯类全合成汽油机机油

规格和认证

API:SP
ILSAC:GF-6
SAE:0W-40, 0W-30, 0W-20, 0W-16
ACEA:A3/B4, C5

道骐DQ1成功挑战20,000千米超长换油周期

道骐DT1酯类全合成柴油机机油

规格和认证

API:CK-4
SAE:5W-40 10W-40
ACEA:E4, E9
满足欧VI/国VI排放标准

道骐DT1成功挑战150,000千米超长换油周期

公司成立

道骐科技有限公司, 华中地区颇具影响力的润滑油企业之一, 国内专业的润滑油研产销运营商。始于1994年, 总部位于郑州市国家经济技术开发区, 下设技术研发中心、生产检测中心、品牌运营中心等八大中心。业务覆盖润滑油品牌运营、OEM/ODM品牌孵化、基础油进出口贸易等领域。主要经营产品涵盖车用润滑油、变速器润滑油、工程机械润滑油、船用润滑油、工业润滑油、金属加工液等200多个品种。

车间实景

资质荣誉

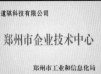

服务热线:400-0607-967

官方网址:www.dochi.cn

XSQT-Ⅲ汽油清净增效剂
XSCT-V柴油清净增效剂

汽油剂4kg

柴油剂4kg

175kg

山东吉利达能源科技有限公司
Shandong JLD Energy Technology Co.,Ltd.

★ 国家主管部门《绿色技术推广目录(2020)》——"汽柴油清净增效剂生产技术"

★ 国家主管部门《国家重点节能低碳技术推广目录》——"车用燃油清洁增效技术"

★ 环境保护科学技术奖

雄狮品质 绿色技术 清净增效 提质降耗
为实现机动车减碳目标提供有效技术支撑

企业介绍

　　山东吉利达能源科技有限公司创立于2005年,位于烟台市国家高新技术产业开发区。公司致力于车用汽柴油功能性的燃油添加剂等产品研发、生产,与山东大学共建"山大吉利达减排技术研发中心"。作为技术支持单位多次参加编写制定山东省"车用清净汽柴油""汽柴油品质提升剂""汽柴油清净增效剂技术要求"等六项地方标准。公司是国内具有影响力的精细化工移动源绿色技术研发生产的国家高新技术企业。

　　XSQT系列汽油清净增效剂和XSCT系列柴油清净增效剂,是国内应用的治理移动源排放污染精准技术,连续三年被列入《国家重点节能低碳技术推广目录》中"车用燃油清洁增效技术", 2020年被列入《绿色技术推广目录》中"汽柴油清净增效剂生产技术",是当前我国燃油添加剂绿色技术产品,是推动我国社会经济发展全面绿色转型,机动车节能降耗、绿色低碳,实现减碳目标的重要技术支撑。

产品特点

● 有效提高燃油品质性能,提高燃油经济性、动力性,同时减少污染排放性的汽柴油清净增效剂绿色生产技术。满足国Ⅵ排放要求对高性能汽柴油的需求。

● 有效提高发动机燃烧效率,降低汽车燃油消耗,发动机台架性能试验节油率2.6%左右。

● 优化发动机燃烧过程,减少汽车CO、HC、NOx等气体和微粒排放,综合污染物降低约20%左右。

● 经国家主管部门六项安全指标检测:产品安全可靠,不属于危险化学品。

● 经国家主管部门检测:相容性良好、无铜片腐蚀、不分层、无沉淀、无浑浊,不改变汽柴油技术指标。

国Ⅵ汽柴油+燃油清净增效剂=高性能绿色汽柴油

雄狮品质,绿色技术——不止于清净,更注重增效

办公地址:山东省烟台市环山路付199-16号E座
厂　　　址:山东省烟台市高新区凯莱路39号
电话:0535-6652777/6276999
传真:0535-6687337　服务热线:400-6582-699

www.sdjldnykj.com

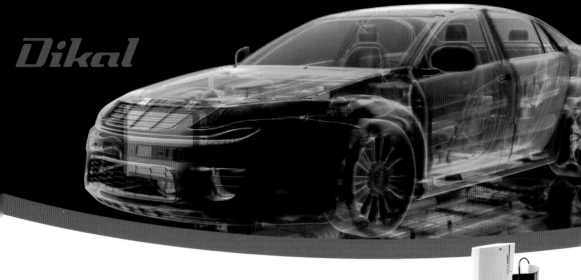

Dikal

数字化信息技术
解决方案供应商

Digital information
technology solution provider

迪卡尔科技是全球科学仪器及技术服务提供商，致力于把前沿的科技和先进的仪器设备引进中国，以科学严谨的理念为广大用户提供先进、专业的技术解决方案。

迪卡尔在全球前沿和富有吸引力的领域拥有众多品牌，我们是一支多样化的团队，一直秉持实事求是、精益求精的理念，该理念引领我们在日益激烈的商业竞争中始终持续发展。

未来，我们将继续坚持这一理念，为客户提供更优质的服务。

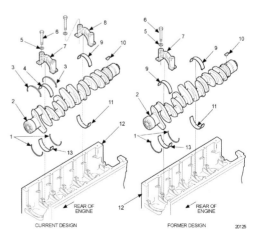

▲ 汽车零部件形位公差测量

02 智慧引擎，共赋未来
Smart engine, give the future together

- **提供数字化信息技术解决方案**

迪卡尔科技作为数字化信息技术解决方案的提供商，秉持"智慧引擎，共赋未来"的理念，凭借"双智战略"带动制造业的智能与创新，推演智慧工厂的演进之路。

- **打造完整的智能制造生态系统**

迪卡尔科技以"推动以质量为核心的智能制造"为核心，打造了完整的智能制造生态系统，实现覆盖设计、生产以及检测的全生命周期闭环管理，达成绿色、高质量、低成本的智能工厂目标。

 03 见微知著——严格控制汽车质量
See the micro-knowledge-strictly control the quality of the car

- **部件达到严苛标准**

一辆车的整体质量取决于其各个部件的质量，确保每个部件达到严苛标准的优质水平，是每个汽车制造商义不容辞的义务，也是检测部门的责任。

- **技术清洁度符合严格要求**

随着汽车零部件变得日益复杂，汽车制造商也更加着力强调技术清洁度一定要符合严格的要求，而使零部件达到规定的标准，在最终产品的长期耐用性、可靠性及预期寿命方面都发挥着举足轻重的作用。

- **提供完整成像解决方案**

从材料分析到精密检测，迪卡尔科技为各种应用提供完整的成像解决方案。

 04 全方位内燃机机械损失检测方案
A full range of engine mechanical loss detection scheme

对于活塞与活塞环的摩擦损失、轴承与气门机构的摩擦损失、驱动附属机构的功率消耗、流体节流和摩擦损失、驱动扫气泵及增压器的损失，我们凭借在工业测量和光学检测多年经验和专业知识，为汽车、内燃机行业的客户量身定制了检测解决方案。

05 7x24小时应用保障
7x24 hours application guarantee

迪卡尔科技提供认证标准化服务人员，帮助企业客户对业务设备进行7x24小时的监控、故障响应、系统优化和应用升级，旨在协助客户完成运维工作，让客户能更加专注于自身业务。

06 我们的愿景
Our vision

迪卡尔科技作为京津冀地区创新型企业之一，我们将全球范围内科技含量高、技术先进的仪器引入国内，助力企业客户发展，为国内工业技术改革添砖加瓦；助力企业客户弯道超车，加速国家由从"世界工厂"到"世界发动机"的转型，为实现中华民族伟大复兴而奋斗。

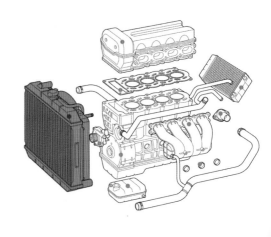